华南师范大学高层次引进人才科研启动基金项目资助

生态学哲学译丛

肖显静 主编

自然平衡：生态学中经久不衰的神话

The Balance of Nature: Ecology's Enduring Myth

[美] 约翰·克里彻（John Kricher） 著

肖显静 梁艳丽 译

杜建国 校

科学出版社

北　京

图字：01-2020-3890 号

内 容 简 介

　　自然平衡的思想一直是西方哲学的主导内容，它在大众的观念中一直经久不衰，甚至在今天的一些生态学家中也是如此。约翰·克里彻证明了在地球史的任何阶段，自然界都不是平衡状态。那么这种自然平衡的观念如何以及为何会经久不衰？为何我们必须接受并理解进化？鉴于此，本书追溯了生态学史和进化生物学史。进化是如何在历史中逐步推动生态的变化，自然又是如何从恒变到很自然地就失去了平衡？对立观念是如何被误导，最终对人类造成危害的？理解生态和进化的动态性质，对制定环境伦理政策的影响是什么？等等。本书对这一系列问题进行了阐述。

　　本书可供高等院校和科研院所生态学、科学哲学等相关专业的师生参阅，也可供对生态学感兴趣的大众读者阅读。

Copyright © 2009 by Princeton University Press
All rights reserved. No part of this book may be reproduced or transmitted in any form or by any means, electronic or mechanical, including photocopying, recording or by any information storage and retrieval system, without permission in writing from the Publisher.

图书在版编目（CIP）数据

自然平衡：生态学中经久不衰的神话/（美）约翰·克里彻（John Kricher）著；肖显静，梁艳丽译. —北京：科学出版社，2022.10
（生态学哲学译丛 / 肖显静主编）
书名原文：The Balance of Nature: Ecology's Enduring Myth
ISBN 978-7-03-073326-9

Ⅰ.①自⋯　Ⅱ.①约⋯　②肖⋯　③梁⋯　Ⅲ.①自然平衡—自然哲学—研究　Ⅳ.①N02

中国版本图书馆 CIP 数据核字（2022）第 184589 号

责任编辑：郭勇斌　彭婧煜 / 责任校对：彭珍珍
责任印制：赵　博 / 封面设计：刘　静

科 学 出 版 社 出版
北京东黄城根北街 16 号
邮政编码：100717
http://www.sciencep.com

北京九州迅驰传媒文化有限公司 印刷
科学出版社发行　各地新华书店经销

*

2022 年 10 月第 一 版　开本：720×1000　1/16
2024 年 1 月第三次印刷　印张：14 3/4
字数：230 000
定价：98.00 元
（如有印装质量问题，我社负责调换）

"生态学哲学译丛"编委会

主　编

肖显静（华南师范大学）

顾　问（按姓氏拼音排序）

桂起权（武汉大学）	郭贵春（山西大学）
刘大椿（中国人民大学）	颜泽贤（华南师范大学）
余谋昌（中国社会科学院）	周成虎（中国科学院）

编　委（按姓氏拼音排序）

包庆德（内蒙古大学）	曹孟勤（南京师范大学）
崔骁勇（中国科学院大学）	范冬萍（华南师范大学）
葛永林（华南师范大学）	郇庆治（北京大学）
雷　毅（清华大学）	李建会（北京师范大学）
李建军（中国农业大学）	刘孝廷（北京师范大学）
卢　风（清华大学）	田　松（南方科技大学）
谢扬举（西北大学）	严火其（南京农业大学）
杨通进（广西大学）	叶　平（哈尔滨工业大学）
赵建军（中共中央党校）	郑慧子（河南大学）

丛 书 序

生态学自古就有。不过，成为一门专门的学科是 19 世纪下半叶的事情。生态学是研究生物（包括人类）与环境之间关系的科学，鉴于此研究对象的有机性、整体性、复杂性、历史性和开放性，生态学家从一开始就面临着如何看待生态学的研究对象，如何采取相应的认识论、方法论和价值论的原则和具体的方法去进行研究的问题。对这些问题的努力探讨和解决，决定了生态学既是具体化的科学认识探索，也是抽象化的哲学思维变革，既是科学，也是哲学，是科学与哲学的交融。由于生态学研究的是自然界中生物（包括人类）与环境之间的关系，目的是实现自然和人类社会的可持续发展，因此，它要摒弃人类中心主义，而以非人类中心主义为基础，这决定了生态学家总体上坚持有机论、整体论、理性论、实在论。但是，理想是美好的，现实是复杂的，一种完全的有机论、整体论、理性论、实在论的生态学不可能一步达到，需要生态学家在具体的科学研究过程中，就所涉及到的科学和哲学问题进行探讨，展开有机论与机械论、整体论与还原论、理性论与经验论、实在论与反实在论的争论。这种争论是生态学研究的哲学层面的新的范式的追求和科学层面范式的确立，是对近代科学机械自然观以及在此自然观基础上的方法论原则如祛魅性原则、简单性原则、还原性原则、决定性原则的反抗，是一次新的科学革命，属于现代科学革命。

革命性的生态学哲学需要生态学家在具体的科学认识过程中展开哲学探索，并且在哲学认识的基础上推进生态学研究。可以说，国外一些生态学家就是这样做的。他们自发地或自觉地展开哲学探索，进而提出了相应的科学理论。这方面典型的代表有 F. E. 克莱门茨（F. E. Clements）的群落演替机体论、H. A. 格利森（H. A. Gleason）的群落演替个体论、A. G. 坦斯利（A. G. Tansley）的生态系统"准有机体论"、E. P. 奥德姆（E. P. Odum）的生态系统整体论、H. T. 奥德姆（H. T. Odum）的"能值"概念以及生态系统能量说、B. C. 帕滕（B. C. Patten）的"环境子"概念以及生态系统分析理论、R. E. 乌兰诺维奇（R. E. Ulanowicz）的生态系统现象学以及优势理论、S. E. 约恩森（S. E. Jørgensen）的"生态㶲"概念以及生态学热力学定律等。这些生态学家都是著名科学家，而且还是"哲人科学家"。还有很多科学家也在进行着生态学哲学的探讨，比如大卫·福特（David Ford），他撰写并出版了《生态学研究的科学方法》（*Scientific Method for Ecological Research*）一书，自觉地将科学哲学（科学方法论）相关知识用于生态学研究方法的构建上。

中国生态学研究与国外生态学研究几乎同时开始，但是，国内生态学家几乎没有创立革命性的生态学理论，革命性的生态学理论基本都由国外生态学家创立。与国外生态学研究相比，中国的生态学研究缺乏对生态学研究对象本体论的有机整体性探讨，相应地也就缺乏在此基础上对生态学研究的认识论、方法论、价值论的探讨，也就是缺少生态学哲学层面的探讨。这种缺乏导致的直接后果是，中国生态学研究在很大程度上没有意识到生态学研究对象的特殊性，也没有意识到这样的特殊性是需要进行认识论、方法论和价值论的变革的，结果是根本没有意识到生态学科学是革命性的科学，生态学研究是需要进行科学革命的。

这种状况必须改变。改变的路径之一就是筛选并且翻译出版国外有代表性的生态学哲学著作，介绍给国内学界，让国内生态学研究者以及相关领域的学者，如地理科学学者、环境科学学者、生态学哲学学者，了解国外生态学研究与哲学研究之间的关系，理解生态学哲学对于生态学研究的基础作用；并自觉地在具体的研究过程中加强哲学素养，进行哲学探索，从科学和哲学两个方面推动中国生态学发展，进而赶上世界范围内的生态学革命的步伐。这也是我们翻译出版"生态学哲学译丛"的根本目的。

考虑到国外生态学哲学研究者从 20 世纪下半叶开始就已经参与到生态学家的生态学哲学论题的研究中，因而"生态学哲学译丛"书目的选择不单纯着眼于生态学家综合生态学和哲学的相关著作，也着眼于生态学哲学研究者的专门研究著作。另外，本套丛书在书目的选择上考虑到了生态学哲学的历史性，并将生态学哲学分为理论生态学哲学和应用生态学哲学，以保证本套丛书时间跨度大、具有理论性和实践性。

  参加"生态学哲学译丛"翻译和校对工作的人员,主要来自华南师范大学生态学哲学研究团队。该团队获得了国家社会科学基金重大项目、重大项目子项目、重点项目、一般项目,以及教育部人文社会科学规划项目和其他项目的资助,开展了相关研究,取得了一系列成果,得到了学界的高度评价,这为顺利完成本套丛书的翻译和校对工作奠定了坚实的专业知识基础。

  本套丛书的翻译出版得到华南师范大学高层次引进人才科研启动基金项目的资助,在此致谢!科学出版社编辑的辛苦工作,使得本套丛书得以面世,并从内容到形式更臻完美,在此致以特别的感谢!

肖显静

2022 年 6 月

译 者 序

1. "自然平衡"思想的起源及其历史演变

"自然平衡"(balance of nature)是西方的一个古老概念,在古希腊就有。毕达哥拉斯学派在宇宙中听到了音乐的和谐,希波克拉底学派的医生们认为只有在保持体液平衡的情况下,才能保持健康。这些都表明自然是和谐的,其中的内涵与"自然平衡"的观念相一致。

不仅如此,希罗多德(Herodotus)在《历史》(History)中指出,尼罗河(Nile River)是造物主送给埃及人的礼物,生活在尼罗河中的鳄鱼和鹬保持着平衡。当鳄鱼上岸时张开嘴,让鹬(埃及短翅鸻)在其嘴里面吃水蛭,但不伤害鹬。这是最早有关种群互利共生的报告,表明物种之间的关系是被造物主精心设计以维持"自然平衡"的。

柏拉图(Plato)受到毕达哥拉斯数学的影响,在《蒂迈欧篇》(Timaeus)中,利用造物主来解释宇宙的生成,认为只有造物主才知道不同元素如何混合而形成整体,其中蕴含了超级有机体的"自然平衡"观念(super-organismic balance of nature)。在《普罗泰戈拉篇》(Protagoras)中,柏拉图讲述了厄庇墨透斯(Epimetheus)设计动物物种的内容。重点是让每一物种在自然界中都有一个特定的位置或生态位,同时也具有相应的生存能力和繁殖能力,不至于灭绝。

与希罗多德和柏拉图的思想相比,亚里士多德(Aristotle)则利用生理上的必然性来理解捕食物种和被捕食物种之间繁殖能力的差异。比如,希罗多德是将物种之间繁殖能力的差异,解释为神为防止捕食物种吃掉所有猎物而设定的,但亚里士多德则认为这种差异是由于大胚胎物种比小胚胎物种需要更长的发育时间所致。

概括古希腊"自然平衡"的思想,具有以下内涵:生物物种是造物主创造的,创造之后物种的种类是不变的,其数量保持基本稳定;即使偶尔由于各种原因如自然灾害、瘟疫等会发生种群数量的变化,但长远来看种群数量会恢复和维持稳定;每一物种在自然中有其特殊位置,每一物种都有其存在和生存的手段。

弗兰克·埃杰顿(Frank Egerton)对古希腊"自然平衡"的思想作了系统分析,将此概括为"神意生态学"(providential ecology),即古希腊自然哲学家在神学思想的指导下观察自然,获得"自然平衡"的观念,并通过博物学的路径解释物种为什么具有"自然平衡"的特征,来体现并理解造物主的智慧。[①]

之后,进入中世纪,宗教神学一家独大,自然哲学成为神学的婢女。鉴于这一时期的大多数欧洲思想家普遍接受对全能上帝的信仰,因此,他们就无须再借助对"自然平衡"的讨论来为神学辩护,有关"自然平衡"的研究在中世纪几乎消失了。不过,即使如此,仍然有一些思想家对"自然平衡"作了零星的探索。

到了17世纪和18世纪,机械自然观被提出并逐渐被更多的自然哲学家或科学家所接受。不过,在这一时期,机械自然观并没有立即取代神学自然观,许多自然哲学家或科学家援引"自然平衡"观念维护神学,防止科学导致无神论。如此,导致的结果是,在这两个世纪中,"自然平衡"的神学背景并未随着科学实证的发展而发生任何实质性的变化,延续的仍旧是"神意生态学"。此时,几乎每一位科学家都认为神对整个自然的设计和管理才确保了"自然平衡"。

这方面典型的代表人物有英国首席大法官马修·黑尔(Matthew Hale)爵士、博物学家吉尔伯特·怀特(Gilbert White)以及卡尔·林奈(Carl Linnaeus)、神学家兼科学家威廉·德哈姆(William Derham)、博物学家和自然神学家约翰·雷(John Ray)等。如处于18世纪的怀特就认为,蚯蚓是许多鸟类的食物来源,而鸟类又是狐狸、人类等物种的食物来源。除此之外,蚯蚓在土地里缓慢的爬行还能为农地松土,起着通气、施肥的作用。怀特认为这种精妙的"自

[①] Egerton F N. Ancient sources for animal demography[J]. Isis, 1968, 59 (2): 179.

然安排"体现了神创造世界的智慧,神让不和谐的动物之间可以相互作用。①

托马斯·摩根(Thomas Morgan)对17、18世纪这些科学家的观点给予了概括:"自然是一个圆满的统一体。在某种智慧的预设下,统一体内每一个体有秩序地、和谐地相互联系着。这说明预先有一个有智慧的大脑或者原动力存在,进而对这个统一体进行有计划的设计、管理以及指导,让统一体能够一直处于有秩序的、和谐的运转状态。"②

既然如此,为什么自然界中还存在各种捕杀或者竞争等暴力因素?为什么弱者要被强者吃掉?为什么物种之间会有相互残杀的行为?为什么会有流血事件存在?这些似乎与"自然平衡"相矛盾。对此,约翰·布吕克纳(John Brückner)是这样解释的:各种捕杀、竞争等暴力行为的存在并非是神智慧的不完美,而是生命自身不可或缺的本性。不同生命之间的相互斗争并不能让自然中的任一物种走向消亡……而且也正是因为这一生命规则的存在保证了物种能够一直处于永续的、充盈着生气的状态。神将暴力赋予生命,依旧是神仁慈的体现。③

到了19世纪,情况发生了改变。首先是德国博物学家亚历山大·冯·洪堡(Alexander von Humboldt),他开始蔑视神对自然界和其中各种物种特性的创造及控制,强调气候因素对整个植被的影响,如此,他就把重点放在整个植被之上而非某一个体或某一物种上,相关的"自然平衡"思想就表现在自然界中所有有关事物稳定、和谐的相互联系上。地质学家查尔斯·赖尔(Charles Lyell)一改世界按照上帝设计好的轨道运行之观念,认为自神将世界创造出来以后,世界就连续不断地保持在一个被造、再造的状态中。紧接着,赖尔引入了暴力(violence)等不平衡的主题,即不同的物种或者同一物种的内部通过凶恶的斗争,能够让它们获得生存所需的空间以及食物。不过,他进一步认为,不论因暴力所产生的动乱有多严重,自然终将存在一个

---

① White G. The Natural History of Selborne[M]. ElecBook, 1788: 22.
② Worster D. Nature's economy: A history of Ecological Ideas[M]. Cambridge University Press, 1994: 38.
③ Bruckner J. A Philosophical Survey of the Animal Creation, an Essay. Wherein the General Devastation and Carnage that Reign Among the Different Classes of Animals are Considered in a New Point of View; ... Translated from the French[M]. J. Johnson and J. Payne, 1768: 160.

平衡,至于这一平衡什么时候会出现,则可能需要很长的一段时间。①由此可见,赖尔虽然注意到了自然的不稳定,认为自然中存在各种冲突、动乱,但其本人仍旧认为自然最终处于一个稳定的平衡状态。

可以说,洪堡自然的和谐思想和赖尔自然的冲突思想都影响到了达尔文(Darwin)。达尔文认为,自然是一个和谐运转的有机整体,在这个有秩序的有机整体中,任何物种或者个体都不可能永远处于同一个特定位置而不发生变动。为了占据有利地带,每一物种或个体都在竭尽全力为自己的那份适宜位置竞争。但是,即使竞争到了适宜位置,这一位置也并非永恒,而只是短暂的安定。由此,物种的种类是可变的,物种的数量也是可变的,两者与生物的环境紧密相关。过去静态的自然平衡观念被动态平衡观念所代替,神意的自然和谐和秩序观念被科学的博物学实证所代替,博物学不再是自然神学,而变成了科学,一门研究"自然平衡"的科学,这种科学就是生态学。②

19世纪下半叶,生态学诞生了。它研究的就是生物与环境之间的关系,其中不可避免地牵涉到"自然平衡"思想。比如斯蒂芬·福布斯(Stephen Forbes)、弗雷德里克·克莱门茨(Frederic Clements)、阿瑟·坦斯利(Arthur Tansley)、伊夫林·哈钦森(Evelyn Hutchinson)、雷门德·林德曼(Raymond Lindeman)、尤金·奥德姆(Eugene Odum)、罗伯特·麦克阿瑟(Robert MacArthur)等。对于生态学家来说,"自然平衡"的观念一直是其预设前提,它影响着生态学家构建生态学理论和制定环境保护的政策。③④

随着生态学研究的推进,20世纪下半叶的一些生态学家对物种之间的作用以及物种数量的变化有了进一步的认识,逐渐怀疑"自然平衡"的存在。其中,典型的代表人物是约翰·克里彻(John Kricher),他的《自然平

---

① Lyell C. Principles of Geology, Volume 2[M]. University of Chicago Press, 1991.
② Kricher J. The Balance of Nature: Ecology's Enduring Myth[M]. Princeton University Press, 2009: 66.
③ Wu J G, Loucks O L. From balance of nature to hierarchical patch dynamics: A paradigm shift in ecology[J].Quarterly Review of Biology, 1995, 70 (4): 439-466.
④ Colwell T B, Jr. Some Implications of the Ecological Revolution for the Reconstruction of Value[M]// Human Values and Nature Science. Lazlo E, Wilbur J B. Gordon and Breach, Science Publishing Company, 1970: 245-258.

衡：生态学中经久不衰的神话》（*The Balance of Nature: Ecology's Enduring Myth*）[①]，就是在这样的背景下撰写完成的。

2. "自然平衡"是人类的建构而非自然的展现

克里彻在《自然平衡：生态学中经久不衰的神话》一书中努力向读者展示的核心内涵是，任何类型的"自然平衡"都是人类的建构，而不是经验上真实的东西。这样的核心内涵贯穿全书。

该书由前言、正文十四章以及结语等构成。

在"前言"部分，克里彻首先概括说明该书有三个主题贯穿其中：一是生态学发展的历史，二是"自然平衡"的观念，三是公众理解生态学。这三个主题也决定了它虽然是一本关于生态学的书籍，但是，它不是通常类型的生态学书籍，而是一本整合了生态学哲学、生态学历史、生态学科学的书籍，是面向大众的。

在第一章"对自然运作方式的看法为何重要？"中，克里彻首先回顾了古希腊"自然平衡"的目的论思想，然后指出这样的思想非常重要，一直延续到现代，直接影响到人们对自然的看法和态度，并进而影响到人们的行动，从而对地球产生相应的影响。在此基础上，克里彻进一步指出，"自然平衡"的思想是错误的，不再对科学家和大众有帮助，它实际上成了科学家的一个哲学包袱，需要被摆脱。

为什么说"自然平衡"的思想是错误的呢？它在生态学中的体现如何呢？如何摆脱"自然平衡"的错误思想呢？克里彻在书中的余下章节对这些问题作了历史学的、哲学的和科学的分析，得出的结论是：应该改变"自然平衡"的观念，用新的思想去看待自然的运作方式。

根据前面的论述，"自然平衡"的思想来源于神学，含有生物目的论的内涵。生物具有目的性吗？克里彻在第二章"蚊子存在的目的是什么？"中，结合自己与他人就是否使用杀虫剂杀灭蚊子的争论，说明公众的"自然平衡"观念将会直接影响到他们的行为。根据这一案例，克里彻进一步说明，

[①] Kricher J. The Balance of Nature: Ecology's Enduring Myth[M]. Princeton University Press, 2009.

蚊子这种生物不是被设计出来完成相应的目的并进而去维护"自然平衡"的，而是作为个体性的和基因的存在，并且是通过进化产生的。至于人们为什么相信"自然平衡"，除了神学信仰外，一个主要原因是人类个体的存在是短暂的，他们很多时候只能从小的时空尺度去观察自然，此时，生物之间的相互作用看起来是平衡的。事实上，从一个长远的时期看，自然并不平衡。如此，就需要人们不要将"自然平衡"看作是一个不证自明的科学原则，而应该将此看作是应该去批判的范式，进而改变有关"自然平衡"的观念。

要改变关于"自然平衡"的看法，首先就要弄清楚"自然平衡"是从哪里来的，又是如何演变的。该书第三章至第六章对此作了系统阐述。

在第三章"创建看待自然的科学范式"中，克里彻回顾了史前人类认识自然的神学超自然方式，以及它们对于"自然平衡"观念起源的意义；介绍了古希腊自然哲学家所持有的"自然平衡"思想，涉及希罗多德、爱奥尼亚（Ionia）、柏拉图、亚里士多德，并说明这样的"自然平衡"思想具有唯物主义（materialism）和目的论的意涵，开创了看待自然的实证的、可检验的科学范式。不过，这并不意味着古希腊自然哲学就是科学，它更多的是一种博物学，而且这样的博物学与自然神学紧密关系。当然，克里彻也指出，这样的博物学也是生态学，生态学是随着亚里士多德的博物学的产生而产生的。

之后，克里彻回顾了达尔文进化论产生之前17、18世纪博物学关于"自然平衡"的看法，涉及的人物有雷、林奈、托马斯·杰斐逊（Thomas Jefferson）、乔治·居维叶（Georges Cuvier）、詹姆斯·赫顿（James Hutton）等。结论是：他们基本上都是在"神意生态学"的思想背景下，进一步研究"自然平衡"的；虽然这一时期已经出现了反例，如生物化石表明有某些曾经存在的生物在现代未见，可能灭绝了。但是，他们仍然提出某些特设性假说，如代表这些动物化石的动物存在于地球的某个偏僻之处，从而使得人类不能发现它们；他们还提出"红皇后假说"来为现实中所发生的"自然平衡"的破坏辩护，从而认为被破坏的"自然平衡"不仅得到了恢复，而且还得到了改善。一句话，在这一时期，"自然平衡"的观念虽然被各种新发现所挑战，但是，这一观念不仅没有被打破，反而还被不断赋予新的内涵，得到了加强。这是第四章"生态学 B.C.（'查尔斯之前'）"的内容。

在这种情况下，要想深入理解和评价"自然平衡"思想，就必须改变科学认识的范式，由神学目的论的哲学论证以及特设性假设的不可观察辩护，走向真正的科学范式，即可观察的、可检验的实证范式。可以说，达尔文进化论以及之后生态学的发展表明了这一点。

在第五章"生态学 A.D.（'达尔文之后'）"中，克里彻首先讲述达尔文进化论的创立过程，然后对进化论的内涵作了进一步分析，指出达尔文的生物进化论之新物种的产生表明"自然平衡之物种不变"是错误的。但是，缺乏目的性和"改进"方向的自然选择所导致的生物进化并非是随机的。由此，达尔文仍然相信"自然平衡"观念。最后，克里彻回顾了达尔文之后的 19 世纪生态学的出现，以及这一时期生态学家应用"自然平衡"思想于生态学研究中的情况。结论是：生态学自达尔文以后就开始变得不一样了，博物学不再是自然神学，它变成了一门科学。

生态学产生后，"自然平衡"思想在其中的体现如何呢？这是第六章"20 世纪：生态学时代的到来"的内容。

在第六章中，克里彻系统地叙述了 20 世纪（尤其是 20 世纪上半叶）生态学的发展，并从生态学研究的以下几个方面阐述其所蕴含的"自然平衡"思想：一是群落演替的克莱门茨"机体论"，坦斯利的生态系统"准有机体论"；二是生态系统生态学的能量理论，如埃尔顿（Elton）的食物链理论，林德曼的营养动力学理论，奥德姆兄弟的生态系统能量说等；三是将马尔萨斯（Malthusian）参数作为自然选择的先决条件，来努力理解是什么因素调节了种群密度；四是哈钦森的生态位理论（1959）、麦克阿瑟的岛屿地理学理论（1958）以及麦克阿瑟和他的同事爱德华·威尔逊（Edward Wilson）的《岛屿生物地理学理论》（*The Theory of Island Biogeography*）等。

不仅如此，在第六章中，克里彻还介绍了与克莱门茨群落演替机体论相对立的格利森（Gleason）的"个体论"，认为其显然不是基于任何平衡的假说，并说明其思想得到种间排列以及梯度分布相关研究的支持；指出了物种调节可分为密度制约和非密度制约，对于非密度制约，进一步提出了"自然平衡是否存在"这一问题；说明了从 20 世纪 60 年代开始，数字计算机已经用于数学模型的建构，并进一步用来研究物种之间的相互作用，而此应用并没有假设均衡是终点。但是，这些非均衡模型也很好地解释了实验和观察中所获得的数据，因此"自然平衡"观念自然而然地受到了生态学家的质疑。

如果"自然平衡"不存在,则这种不存在的理由有哪些呢？克里彻在第七章至第十章中对这一问题系统地作了分析。

第七章的标题是"拜访博迪镇：生态学的时间和空间"。克里彻在这里之所以用"拜访博迪镇"，主要原因在于他和他的家人在拜访该镇时发现了一个标语——"唯有变化才永恒"（Nothing Endures But Change），而这正好契合他从时间和空间对自然的考察结果，即生物物种在不同的时间、空间中会发生变化，"自然平衡"不存在。事实上，从大尺度的时空看，地球有45亿年的历史。地球的变化史表明，现在存在的过去都不存在，如今形成自然群丛的各种物种实际上都是历史上偶然事件的产物。不仅如此，在地球演化的某一个特殊时期，如冰河期，有些物种也会在短时间内大量灭绝。更何况，自从更新世智人的出现，人类对环境的影响加大。现在家喻户晓的是，人类活动对自然生态环境造成了巨大影响，如生物多样性锐减、外来物种入侵加剧等，"自然平衡"还没有强大到能够抵御外来物种入侵。而且，即使不考虑上面几点，考察现实中的生态系统，也会发现短时间内有些物种衰落了，而有些物种则进化了，物种之间并不存在平衡。人们之所以说"自然平衡"存在，是由于自然界中的生物进化太慢了，似乎有一种恒定不变性。因此，对许多人来说，究其一生都很难发现生物进化的新形式，然而相反地却更加容易发现自然界中存在着诸多的"自然平衡"。这方面的代表人物有亨利·梭罗（Henry Thoreau）、尤金·奥德姆、詹姆斯·E. 洛夫洛克（James E. Lovelock）等。该是放弃自然存在某种有意义的"自然平衡"观念的时候了，自然是动态的而不是静态的。

如果说第七章是从时间和空间的角度，即生态学的时空动力学，来谈论生物演化的某种非自然平衡性，那么，第八章"生态与进化，过程与范式"，就是从生物进化的过程和范式，即生态动力学和进化动力学之间的相互作用，来谈论自然的非平衡性的。

在第八章中，克里彻首先明确了生态与进化之间的区分和关系，认为生态系统是剧场，与过程相关联，其中有着进化的演员和场景。而进化则是这些演员在那里表演，表演的方式就是范式。照此，进化应该与生态紧密关联在一起，要分析物种数量的变化，就必须结合生态变化，运用自然选择理论即进化理论来进行。在此，克里彻以辣椒植物的食物链作用与进化的关系，以及橡树与鸟类和其他哺乳动物的关系，说明生物的适应性特征是历史地形成的，其中是不存在"自然平衡"的，存在的只是各个物种在相应的生态系统剧场中，按照自然选择的法则进行的表演。这点就像洋葱上的多层表皮一样，不同时间和空间尺度的生态相互作用，决定了生态系统的动态性和生物本身的进化。

在第九章"有幸成为一个地球人"中，克里彻根据"人择原理"（anthropic principle），认为宇宙有许多特征，只要它们稍有变化，就会消除人类目前所知道的所有生命形式存在的可能性。换句话说，宇宙是如此的精致，以致产生了人类，宇宙好像是特地为人类准备的。不仅如此，地球各种得天独厚的特征，如液态水的存在，太阳下的光合作用，月球的"镇定"作用，木星（Jupiter）吸引小行星，等等，使得地球刚好满足生命存在的条件。否则，地球上的生命和人类就不可能诞生。人类的诞生是小概率的事件，成为地球人是一件很幸运的事情。

这也催生了一个观点，既然一个极小概率或极不可能发生的事件发生了，那么这样的事件的发生是必然的，是有目的或目的论的，必然的背后是上帝，有目的或目的论的结果是人类。在此情形下，个人以自我为中心，人类以自身为中心，看起来就是理所当然了。

但是，在第十章"人生就像买彩票"中克里彻话锋一转，说明地球上所发生的事件并不是必然的、有目的的。如果从大的时空尺度来看，它们的发生就如同人生买彩票那样的事件一样具有偶然性、随机性。正是一系列的随机事件改变了世界，产生了万事万物，也产生了人类。恐龙的灭绝是如此，奥陶纪（Ordovician Period）（4.39亿年前）、泥盆纪（Devonian Period）（3.64亿年前）、二叠纪（Permian Period）（2.51亿年前）、三叠纪（Triassic Period）（2.14亿～1.99亿年前）、白垩纪（Cretaceous Period）（0.65亿年前）的5次生物大灭绝事件也是如此。据此，克里彻批判了生物进化之"进步论"

（progressionism）的观点。对于这种观点，克里彻认为是站不住脚的，进化是没有预定的方向和进步路径的，是随机的。

如果是这样，即使我们在短的时间尺度内观察到"自然平衡"的现象，也不是自然有目的的必然结果，更何况这样的结果还可以被各种偶然事件所打破。全球气候变暖以及所带来的生态环境变化证明了这一点。

在第十一章"为何全球气候与新英格兰天气一样？"中，克里彻首先声明当今气候变化就像新英格兰的天气一样，变化无常；之后系统性地叙述气候变化与多种因素如纬度、海拔等有关，并且随着这样的气候变化以及降雨量的改变，不同类型的群落分布以及生态系统产生了。不仅如此，作者还进一步指出，在地球演化的某一个时期，气候急剧变化，从而导致生物物种分布以及生态系统演化发生变化。最后，作者结合人类对含碳燃料的燃烧，说明海洋对二氧化碳的吸收已经与人类对二氧化碳的排放失衡，直接影响地球生态系统的时空格局，也会给某些物种的进化带来影响。在这种情况下，作者认为谈论"自然平衡"显得幼稚。

不过，有人会认为，即使如此，自然界中所存在的食物链仍然存在。其中，捕食者与被捕食者的关系不变，这还是支持"自然平衡"观念的。在第十二章"食物网的自上而下或自下而上"中，作者对这一观点进行了批驳。

在第十二章中，克里彻应用具体的例子表明，以单纯的食物链来解释现实中的物种变化，是把物种之间的关系简单化了。实际上，自下而上的和自上而下的力量，都会影响到食物网。如食草动物为什么没有把草吃光？这是由于其他食肉动物食用了这种食草动物，从而限制了食草动物的数量。不过，克里彻认为，这种观点是错误的，隐含着"自然平衡"的观念。事实上，食物网随时间和空间尺度的不同而有所不同，它们包含具有不同进化史、生命周期特征和生理耐受极限的生物。而且食物网里还会有食物网，如试想一下在野生种群（如灰松鼠）中，原生动物（protozoa）、蠕虫和跳蚤类的节肢动物的寄生群落。在一些食物网中（绝不是全部），某些"关键种"（keystone species）会对食物网产生更大的影响。对于这些关键种，可能会由于人类的捕食或者其他并不以此为主食的动物捕食而数量减少。而且，需要指出的是，在一些"生态崩溃"(ecological meltdown)例子如岛屿碎片化中,会发生自上而下的作用。

所有这些都表明,自然界中食物网结构是错综复杂的、动态的、持续变化和脆弱的,既有自下向上的作用,也有自上而下的作用,与"自然平衡"的观念相悖。

在第十三章"忠于生物多样性(和稳定的生态系统?)"中,克里彻首先澄清了生物多样性的三种含义:物种多样性、遗传多样性和生态系统多样性,并且声明如果没有注明,则一般指的是物种多样性。对于物种多样性的减少,克里彻认为,人类活动所造成的物种生存环境的丧失或严重破碎化是其重要原因。不仅如此,森林生态系统的丧失、外来物种入侵、某些地区人口的增长等,也是造成生物多样性丧失的重要原因。生物多样性的丧失肯定会对生态系统的稳定性、生产力等产生影响。不过,对于究竟产生什么样的影响,生态学领域对此是存在争论的。作者总的观点是,生物多样性确实影响着生态系统的功能。这是生物多样性-生态系统功能范式(biodiversity-ecosystem function paradigm),可以简称为 BEF 范式。这样的研究范式重心已经转向了确定生物多样性是如何影响多种生态系统功能的性能水平、稳定性、冗余度的问题上,而不再是试图去梳理生物多样性对单一功能,如初级生产力和生物或地球化学循环的影响上。如果是这样,是否已经到了放弃"自然平衡"的时候了?

克里彻认为,这样的时候已经到了。问题是:如果放弃"自然平衡"的观念,像克里彻那样肯定自然进化的非目的性、偶然性、随机性以及变动不居性,那么是否意味着自然就不需要保护了呢?

克里彻认为,不应该这样。他在第十四章"面对马利的幽灵"中,借用埃比尼泽·斯克鲁奇(Ebenezer Scrooge)以前的商业伙伴雅各布·马利(Jacob Marley)的幽灵之口,给出了他的基本观点。马利向斯克鲁奇解释道,他所戴的笨重锁链,是他自己生前一环又一环打造的,他心甘情愿地把它缠在身上,戴着它。言下之意就是,人类自己给自己套上了沉重的枷锁。对于这样的枷锁,如"自然平衡"观念,应该打破,应该以具体化的科学来认识自然,并进行相应的环境决策。不仅如此,还要打破旧的人类中心主义的枷锁，树立新的非人类中心主义的观念，建立新的环境伦理学，肯定自然的内在价值，改变过去重视自然的经济价值而轻视自然的生态价值的做法，统一政治学、经济学和生态学，将环境的外部效应内部化，以实现自然、社会、经济三者的协调发展。所有这些都需要科学和理性，形而上学的教条观念应该让位于具体化的科学，通过科学和理性认识自然并进行相应的环境决策。

最后，在"结语"部分，克里彻对生态学的范式作了进一步反思。他认为应该抛弃自然平衡的范式而走向新的范式。不过，他对生态学的所谓新的范式持保留态度，认为它们很可能不能成为真正的范式，而只能作为看待自然的不同视角。不管怎么说，该是人类重视生物多样性以及生态系统功能服务于人类的时候了。人类应该建立与自然之间的良好的伦理道德关系，将人类对自然的需求控制在自然所能提供的服务之内。这是一种真正有意义的自然平衡，一种完全不同于前述自然平衡概念的自然平衡。如果这一平衡实现了，将是人类的正确选择。

3. 抛弃"自然平衡"观念的意义和价值

"自然平衡"是西方古老的概念，一直被西方大众所信仰，并被生态学家长久地继承，用于生态学对象的研究和环境保护的实践中。如果"自然平衡"的观念是正确的，那么，上述西方大众对"自然平衡"的坚守和长久信仰，生态学家对"自然平衡"的继承和长期研究，以及社会层面基于"自然平衡"对物种和环境的保护，就是合理的。否则，就是不合理的。

克里彻在《自然平衡：生态学中经久不衰的神话》一书中，对"自然平衡"观念的内涵、起源及其在生态学中的发展，作了系统梳理，并对"自然平衡"观念的不合理性作了系统阐述。最后的结果是，"自然平衡"观念是我们所携带的一个哲学包袱，是错误的，应该被抛弃。这样的抛弃意义重大。

第一，克里彻在第一章、第二章提出，"自然平衡"的观念起源于神学和哲学，内蕴目的论的思想，与人类短期观察相一致，但与人类的长期观察相悖，是不正确的。不仅如此，人类看待自然的方式是重要的，以一种不恰当的"自然平衡"的观念来看待自然，实际上坚持的是目的论的自然观念，也是不恰当的。在这种情况下，应该以一种新的科学研究范式去重新认识

"自然平衡",摆脱神学和哲学的束缚。这对于读者树立科学的无神论思想,有一定价值。

第二,从第三章到第六章,克里彻系统地梳理了"自然平衡"观念的起源及其在生态学中被继承和发展的历程,展现了生态学在各个历史时期发展的特点及其演进。古代生态学与神学、博物学紧密关联,"自然平衡"的观念属于"神意生态学"下的创举;17、18世纪的生态学更多的是博物学,但是仍然没有摆脱神学目的论的影响;19世纪达尔文之后的生态学很大程度上摆脱了神学目的论影响,走向了完全的科学的生态学。只是,此时的生态学更多的是经验生态学或生理(实验)生态学;进入20世纪,生态学家在有机论(机体论)的生态自然观下,进一步推进生态学,并将"自然平衡"的观念作为预设前提,用于理论生态学或数学生态学的创建中。如果说物理学革命是在16、17世纪发生并推进的,那么,生态学革命应该更晚一些,它应该开始于19世纪晚期,发展于20世纪。在生态学的发展演进以及革命过程中,"自然平衡"的某些观点如"物种不变"发生了改变,但是其核心内涵如"种群平衡以及生态系统平衡"的理念没有改变。读者阅读这些材料之后,一方面可以了解"自然平衡"的内涵及其历史演变,另一方面可以理解生态学是如何产生和发展的,以及古代生态学、近代生态学以及现代生态学的不同之处。这对公众理解生态学的产生、发展,以及理解某一科学概念的演变,都具有重要意义。

第三,"自然平衡"的观念对于生态学的发展意义重大,它为生态学研究提供了哲学的基础。不过,随着"自然平衡"思想在理论生态学或数学生态学中的应用,也开始了对这种应用所产生的生态学理论或模型的评价,典型的有关于洛特卡-沃尔泰拉原理和岛屿生物地理学理论的评价。评价的结果是,现实中发生的与理论或模型的预测不相一致,这引起生态学家对"自然平衡"观念的质疑。正是在这样的背景下,克里彻强烈主张生态学是进化生物学的一个分支,把生态学看作进化生物学,从地球演化、生物进化等进化生物学的角度,对"自然平衡"观念进行了批判。结论是:万物皆变,地球演化的历史上发生了几次大的剧变,导致某些生物灭绝;地球上的人类对自然生态环境产生重大影响,也直接导致地球生物锐减;地球上的生物进化包括人的进化，不具有预设的目的性，一定意义上具有偶然性——进化不等于进步，据此，应该走出人类中心主义和生物目的论；全球气候变化所引发的极端气候现象对生物物种数量和分布的影响，食物网络的动态性、脆弱性以及不确定性等，无不表明"自然平衡"的不存在。为此就需要寻找新的生物多样性与生态系统功能之新的研究范式，代替原先的"自然平衡"范式，并且以一种非人类中心主义的伦理学保护环境。所有这些，对于进行新的生态学研究创新以及采取恰当的新范式展开相关研究，具有重要的意义。

不可否认，中国似乎是没有"自然平衡"这一词语及其观念的，但是，中国生态学家一直在吸收西方生态学的研究成果，并且也在依据"自然平衡"观念展开相关研究。就此来说，本书对于中国生态学学者了解"自然平衡"观念的得失，更好地运用新的范式推进生态学研究具有重要价值。不仅如此，在中国，普遍盛行的是"生态平衡"观念，"生态平衡"这一词语得到广泛传播，为大众广泛使用，成为社会大众普遍持有的观点，也被各级政府广泛应用于生态环境保护。问题是：生态平衡是什么？生态平衡的内涵恰当吗？据此展开生态环境保护合理吗？这些问题应该进入我们的视野，也许可以参照西方生态学界对"自然平衡"观念的质疑，批判性地考察生态平衡的内涵以及应用的合理性。

尽管《自然平衡：生态学中经久不衰的神话》一书是以适合其目标读者的对话方式来写的，而且对生态学、生态学的历史及其重要性的总体描述是准确的，但仍有一些不恰当的地方或者有待商榷之处。如克里彻认为"自然平衡"观念是不存在的，存在的是自然的均衡（natural equilibrium）。所谓"均衡"，对克里彻而言，是"高度动态的，经常发生变化的"。这样一来，我们如何对待基于"自然平衡"观念的一系列认识？对于群落机体论、生态系统控制论以及洛夫洛克的盖娅（Gaia）理论，是否就应该否定并且抛弃它们呢？就像克里彻在书中所做的那样，给予洛夫洛克的盖娅理论以负面评价？这是其一。其二，如果我们坚持这样的自然均衡观，一味强调自然的可变性、偶然性，则自然保护，保护的是什么呢？自然还需要保护吗？依靠自然之力保护自然，保护自然的什么呢？人类对自然的恢复，恢复的又是什么呢？在此情境下，着眼于小时空尺度的"自然平衡"承诺来认识自然和保护自然，应该也是一个有效的不可缺少的视域。关于此，可以作进一步探讨。其三，克里彻在书中最终走向了另外一个极端，过分强调了大尺度视域，过分强调了自然的剧变、自然的动态，也没有清晰地区分人类活动引起的物种多样性丧失与自然剧变所导致的生物大灭绝，等等。对此，如何去保护物种多样性和自然环境呢？是坚持大尺度的视域还是小尺度的视域？

当然，在书中，克里彻还提出了一些不恰当的观念。如他认为，土著文化中的传统环境知识是无关紧要的。事实上，土著生态知识的价值是不可否认的；他一开始声称生态学没有范式，而后又宣称生态学的研究范式可以转向进化生物学以及生物多样性与生态系统功能范式，这造成了自身的前后矛盾；等等。另外，在书中，他虽然重点介绍了林德曼的思想，但是，在他所列的哈钦森的学生名单中，并没有将林德曼列上。

尽管《自然平衡：生态学中经久不衰的神话》有着这样或那样的不足，而且还存在某些商榷之处，但是，该书仍然是一本值得一读的书籍。这本书是为广大读者设计的，试图说服读者相信有关自然界存在平衡的观念是错误的；这本书是以科普的形式撰写的，轻松、幽默、散文化，很少使用专业术语，当需要用到专业术语时，克里彻也会给出相应定义，由此使该书可读性更强。书中内容受众群体广泛，尤其适合那些经常使用"自然平衡"这一术语却又不作任何思考的人——从感兴趣的普通大众到专业的生态学家都包括在其中。

约翰·克里彻是惠顿学院（Wheaton College）的霍华德·梅尼利（Howard Meneely）生物学教授，是一名鸟类学家和生态学家，著有关于美洲自然的书籍，其中包括《加拉帕戈斯群岛：自然史》（*Galápagos: A Natural History*）和《新热带伴侣》（*A Neotropical Companion*），内容涉及新世界热带地区的生态和自然史范围。他也喜欢研究恐龙，我们可以听到他题为"看那强大的恐龙"的讲座（"Behold the Mighty Dinosaur"，CD 系列讲座：现代学者出版社，2007）。

肖显静　梁艳丽

2022 年 6 月

前　言

我经常在一家名为"冬青浆果"（Holly Berry's）的小咖啡厅享用午餐。在这里，人们会很快知道你的姓名，至少是你的名字。这里的人热情好客，食物也很可口。我曾和杰克（这家咖啡厅的一名主厨）聊过天，刚开始时，许多顾客都听说他是个大厨，直到品尝过他的美食后，才明白他没有浪得虚名。杰克曾问我是不是打算借着休假写本书，我说是的，一本关于自然平衡的书。杰克承认自己从未考虑过自然的平衡。但在他的工作中，他经常思考汤和三明治之间的平衡问题。不是什么汤和三明治都能随意搭配的，毕竟众口难调。杰克认为汤和三明治间的微妙平衡，本质上是一种主观判断。归根结底，汤和三明治搭配的味道如何，取决于谁去品尝。那天我吃了番茄罗勒汤、洋葱番茄烤奶酪，我认为这是非常完美的搭配。

这里的要点是平衡的概念。实际上，它经常引起旁观者的注意。其中包括关于平衡的一个最根深蒂固的假设，即存在着所谓的自然平衡。这样的认识可不是小事。

本书是一本关于生态学的书，但它不是通常类型的那种生态学书籍。有几个主题贯穿全书。第一个主题是关于如今的生态学是什么，以及生态学是如何变成现在这样的。我叙述的内容包括生态学是如何从观察和描述自然界的模式中诞生并成熟的，尽管它仍是一门经验的科学，但其正变得更具预测性和实用性，正如我将论证的，生态学基本上是没有范式的。第二个主题是，生态学是如何在最近才卸下一些最沉重的哲学包袱，即存在一种本能的"自然平衡"的概念。第三个主题是，为什么人们有责任去寻求一些对生态学的理解，特别是当它有助于理解气候变化，各种环保问题，以及如何处理自然生物多样性等复杂问题时。

生态学是进化生物学的一个分支，事实上，这是因为任何形式的生物学都是进化生物学的一个分支。如果不能理解进化是怎样进行的，就很难理解生物学和世界上正在发生的事情。生态学家研究地球上的生态系统是如何运作的，所需的相关知识远远超出了学术界的象牙塔的范围，它们应该成为每一个受过教育的人理解世界的一部分。

本书受众群体广泛，特别适合那些通过哲学、历史和科学看待不同学科之间的联系，在智力上茁壮成长起来的读者。尤其是在博物学的研究中，生态学有着深厚的哲学渊源，并在20世纪获得蓬勃发展。21世纪生态学的发展有希望自成一派。

我研究和讲授生态学已近40年，对生态学也形成了自己的看法，这些将在书中得到体现。我曾告诉我的学生，生态学的问题将会伴随他们的生活，贯穿整个世纪。自从多细胞生物首次进化以来，地球上丰富的生物正在经历第六次大灭绝事件，也在经历一个快速的气候变化时期，这种变化很可能是由人类活动造成的。自然界在21世纪与近几个世纪所经历的事情可能迥然不同。我们正处于人类世（Anthropogenic era），人类的影响在所有的生态系统中无处不在。

我希望本书能够帮助读者理解进化论、生态学和人类其他思想领域之间的联系，并意识到所谓的"唯有变化才永恒"。然而，有些变化要比其他的更好，而作为人类最大的优点正在于此，至少在理论上我们有选择权。如果我们掌握了这种控制权，我们的命运将在很大程度上掌握在我们自己手中，生态学也就不再是博物学的神秘研究。21世纪的生态学，也许会成为决定22世纪及以后人类命运之关键所在。

目　录

丛书序
译者序
前言
第一章　对自然运作方式的看法为何重要？ …… 1
第二章　蚊子存在的目的是什么？ …… 7
第三章　创建看待自然的科学范式 …… 18
第四章　生态学 B. C.（"查尔斯之前"） …… 35
第五章　生态学 A. D.（"达尔文之后"） …… 47
第六章　20 世纪：生态学时代的到来 …… 60
第七章　拜访博迪镇：生态学的时间和空间 …… 76
第八章　生态与进化，过程与范式 …… 88
第九章　有幸成为一个地球人 …… 103
第十章　人生就像买彩票 …… 117
第十一章　为何全球气候与新英格兰天气一样？ …… 129
第十二章　食物网的自上而下或自下而上 …… 142
第十三章　忠于生物多样性（和稳定的生态系统？） …… 156
第十四章　面对马利的幽灵 …… 171
结语 …… 186
致谢 …… 188
索引 …… 189

第一章　对自然运作方式的看法为何重要？

生态学家们谈论的"自然平衡"是什么？

——斯图尔特·L. 皮姆①

自然界存在一种平衡，这是对自然界，对我们所知的地球，最根深蒂固的假设之一。自从我们人类有能力认真思考我们的世界，我们就试图在混乱中找到秩序。世界是广袤无垠的，当我们的群体知识远比今天少的时候，它无疑更显辽阔无边。比如，生活在一万年前农业兴起之时的人类，一定认为自然极其复杂，也许是美丽的，非常神秘的，当然也是相当可怕的。这些看法已经发生了不同程度的变化。今天，从人类对地球生态系统的集体影响来看，智人已经成为这个星球上的主导物种。在地球历史上，没有哪一个物种比我们给地球带来的变化更大。我们需要理解这一现实，并采取行动。但这是为什么呢？首先让我带你走出地球，穿越时空，你很快就会明白"为什么它很重要"。

我们生活在繁星闪耀的时代。从前没有恒星，并且在遥远的未来也会有一段时间，只有冰冷、黑暗的恒星残余，那时宇宙中任何地方都绝对不会存在任何形式的生命。所有人类存在的痕迹或任何其他形式的生命都可能早已消失。

宇宙，我们的宇宙将会消亡。人类居住的宇宙在早期有过短暂的对称和秩序，虽然只持续不到一秒钟，但是微小的不对称，使宇宙中注定永远膨胀的元素、恒星、星系的最终形成成为可能。从那时起，宇宙和宇宙中的一切基本上是不对称的，并在不断演化。②

---

① 本章开头引自 Stuart L. Pimm, *The Balance of Nature? Ecological Issues in the Conservation of Species and Communities* (Chicago: University of Chicago Press, 1991), p. 4.

② 有几本书很好地概述了本章所讨论的天文学和宇宙学的内容。可参阅 F. Adams and G. Laughlin, *The Five Ages of the Universe* (New York: The Free Press, 1999); B. Green, *The Elegant Universe* (New York: W.W. Norton, 1999); T. Ferris, *The Whole Shebang* (New York: Simon and Schuster, 1997); M. Rees, *Just Six Numbers* (New York: Basic Books, 1999); L. Smolin, *The Life of the Cosmos* (New York: Oxford, 1997).

宇宙的大部分是充满暴力的地方。恒星周期性地爆炸，成为巨大的超新星，然后坍缩，释放出其外层气体，以冰冷的黑矮星的形式结束了它们的存在，其中一些像以令人眩晕的速度旋转的脉冲星（pulsar），恒星死亡后成为了太空星标。巨大的黑洞邪恶地潜伏在星系的中心，像太空流沙般地吞噬着大爆炸后的星体残骸。太阳不亚于一个集结了数以亿计不断爆炸的氢弹，像一个热核熔炉，持续地进行着已知的最剧烈的反应，源源不断地给我们提供温暖，给绿色植物光合作用提供最重要的原料，并晒黑我们的皮肤。是的，当你靠得太近的时候，宇宙是暴力的，基本上是令人不快的。宇宙飞船之外的空间是相当恶劣的，想想那些统治着甚至定义着宇宙的惊人力量，会让人类和生命看起来脆弱不堪。

恒星从形成，到发光，再到变暗，它们的核燃料终将消耗殆尽。这样的命运最终会降临到我们的恒星——太阳上。这些数以亿计的巨大气体重力凝结物，浓缩成转瞬即逝的热核能，所需要的只是大量的时间，并且已经用了很多时间了。据估计，宇宙已有137亿年的历史，[1]约是太阳以及太阳系年龄的3倍，而且宇宙还会变得更老。

1994年7月，苏梅克-列维彗星的碎片反复撞击木星，木星的轨道被超级行星的巨大引力场改变，而它本身就是死亡之星。[2]木星实际上是把彗星从太空中拉扯了出来，在这个过程中把它撕碎，彗星的碎片在木星表面留下了明显的撞击痕迹。如果这种情况发生在地球上（就像过去那样），那就太糟糕了。我们安全吗？不，我们并不安全。这是一个概率的问题，我们以前曾被撞击过，很可能被再次撞击（第十章）。甚至在太阳周围的局部领域，在我们的兄弟行星中，也潜藏着致命威胁。也许我们有充分的理由害怕黑暗。

但是，另一方面，在一个温暖且漆黑的夏夜，当我们称之为银河（Milky Way）中的众多壮丽恢宏的恒星，沿着天空中蜿蜒的路线行进时，我们人类认为周围的宇宙静谧安详。当人们看到尘埃大小的流星快速划过大气层，并留下瞬间的火光残痕时，也并不会想到小行星撞击地球的厄运即将来临。当

---

[1] 可参阅 http://map.gsfc.nasa.gov/universe/uni_age.html 获取关于如何计算宇宙年龄的讨论。
[2] 撞击的图片可见 http://nssdc.gsfc.nasa.gov/planetary/sl9/comet_images.html。

我们仰卧在凉爽微湿的草地上，注视着天空中成千上万的星点缓慢旋转的全景时，往往会有一种深沉的宁静和安详的感觉沁入心脾。从地球人的角度来看，宇宙似乎永远是那么平静、永恒、可预测和有魅力。月亮以一种最有秩序的、可预见的方式变化且具有周期性。太阳从不让人失望，每天都会从东边升起，从西边落下，从不反其道而行。星座似乎是永恒不变的（尽管并非如此，还是那句话，这只是时间问题），行星可预测地沿着各自的轨道围绕太阳运行，从黄道带（zodiac）的一个星座移动到另一星座[遗憾的是，这使得占星家（astrologer）仍有利可图]。

宇宙是精美的，并且从不介意各种狂放的力量支撑并维持着其表面的美丽。在那些相信天堂存在的人们看来，天堂就应该位于那片星光灿烂的某个地方。狂暴的宇宙欺骗了我们，它似乎在欢迎我们，但其本身却并不祥和宁静。它的各个部分在和谐的幻觉中运作，即所谓的"天体音乐"。

这里的重点是，事物，包括自然中的所有事物，并不总是像它们看起来的那样，它们也不一定像我们所希望的那样，它们就是它们自身。有些人对宇宙的看法可能是极其不切实际的。即使这些想法不是很准确，但是一想到我们头顶上存在天堂就会令我们感到满足和愉悦。或者就像天文学家所说的那样，有些人可能设想宇宙伴随着所有的激烈反应，这些反应从大爆炸开始就定义了恒星的诞生和死亡。无论是哪种情况，只要想到外面的世界，就能让人着迷，在精神上得到满足。

就宇宙而言，我们怎么想真的不重要，怎么想都可以。无论宇宙是什么或不是什么，你我都无能为力。我们不能引爆土星（Saturn）、污染太阳，或导致任何恒星的消失。无论我们赞同与否，星系团还是会随着时空的膨胀继续彼此飞离。我们没有任何能力来影响发生在距离我们星球几十、几百、几百万或几十亿计光年之外的事件。我们人类对居住的宇宙运转的总体影响是微不足道的，一只苍蝇对地球大气层的影响都比我们人类对宇宙的影响还要大。

但恰恰相反，我们对地球的运行方式有何看法却很重要。因为地球拥有了无数被我们称为有机体的生命系统，包括超过 60 亿的人类。我们可以而且确实以各种方式影响着地球的生态。如果我们做错了，就会产生后果和代价，而且，如今代价已经产生了。我们的所作所为很大程度上取决于我们对所影响的系统结构和运行方式的看法。因此，再说一遍，我们对地球、生态、自然以及我们自身的生物和进化的看法都很重要。

我们正在开始所谓的 21 世纪，但实际上并非如此。因为确切地说，地球的历史已经有 45 亿年了。而持人类中心说的人类只是自命不凡地确定了那些从耶稣基督诞生开始的世纪，以及在那个特定的历史事件之前的几百个世纪。事实上，智人在这个星球上的居住时间（假设作为"现代人"生活了大约 10 万年）里，约有 45 000 年是缺席的。但是我们现在就在这里，并且作为 20 世纪最值得关注的物种——我们人类已经影响到地球的生态。在地球 45 亿年的历史中，从来没有一个物种对所有物种产生了如此巨大的影响，而且是在如此短的时间跨度内。并且这种影响每秒钟都在增长。

本书的目的是探究地球上的生命如何运作的某些重要问题。全书贯穿一条主线把各部分内容联系起来，构成了本书的基本观点：真的不存在"自然平衡"这样的东西。自然也没有目的。自然，只是它所处的庞大宇宙中的一个无限小的部分，仅此而已。

我们对自然的认知可能是错误的，这不是一个无关紧要问题。事实上，了解大自然是如何运作的非常关键。这确实很重要。我们以及许多人的福祉，也许还有大多数其他非人类生命形式的福祉，最终取决于我们根据对生物圈（即覆盖在地球表面薄薄的那层生命）运作的了解所作出的判断。

我并不相信有圣诞老人，尽管我曾经相信。我认为，给孩子讲一个神话，讲一个穿红衣服、留着白胡子、喜欢热可可的老年慈善家的童话故事，不会有什么坏处。意识到这是一个童话，其实并不是很痛苦，至少对我来说不是。我并不因为我的父母帮助传播了这个美丽的谎言而怨恨他们。恰恰相反，那是美好的圣诞节，给我留下了最美好的童年回忆。在我相信圣诞老人存在的那段日子里，我狠狠地摔了一跤，一根生锈的钉子深深地扎进了我的头皮，我很快就患上了败血症。当时我可能会死掉，然而我的父母发现后，很快带我去看了医生，医生给我注射了大剂量的青霉素。经过几天糟糕的日子之后，我康复了。我非常高兴我的父母相信医学，而不是精神治愈之类的东西。我的生命是由一种真菌（fungi）进化出来的化学物质拯救的，这种化学物质是应对细菌（真菌的主要竞争对手）施加的集体竞争压力进化而来的。我的生命应归功于种间竞争的进化副产品，它来自一种霉菌物种。顺便说一下，其特性是被偶然发现的。当涉及生命维持系统时，数百万的人也像我一样都得到过它的惠施，而神话是不可行的。

　　知识是不容易获得的。树立信念要比探索发现容易得多。仅举一例，古埃及木乃伊的制作者十分擅长他们的工作，他们经常穿过鼻孔提取大脑并将其丢弃，完全不知道大脑的功能和重要性[①]，其他器官却被精心保留并储备，以陪伴法老踏上来世的旅程。可怜的法老！眼睛、耳朵、鼻子、心脏、肝脏、肺、身体都有，唯独没有大脑。这是一个不太好的来世。想象一下，古埃及已故的皇族们在遥远的世界里混在一起，除了发出"呃呃"的声音，彼此之间无话可说。

　　经过几个世纪的医学研究和实验，人类才弄明白心脏不是灵魂的中心，而是一个复杂、协调的血泵。大脑的运作方式还远未得到充分理解。不过我们对以下这一点了如指掌，就是我们会用大脑思考、感知、施爱，也会用大脑感受烦恼、产生欲望、树立信仰。古埃及人是错的，他们关于人类生理机能的看法是有缺陷的。一些当代文化相对论者，可能辩解说古埃及人的观点与现代人的观点"同样有效"，应该被"颂扬"。你可以去尽情颂扬，但这仍然是错的。

　　在这个例子中还有一些问题需要注意。科学是一种认知方式，实际上获得正确的答案是完全可能的，尽管在这个过程中可能会出现许多错误。由于科学真理必然被发现，有许多或者说大多数，在直觉上远非显而易见，不可避免地会得出错误的答案，通向真理的道路是曲折的。造成这种困难的一个原因是，从科学上获取的知识往往是非直觉的，甚至是反直觉的。用一些大学生的话来说，"科学太难了"！然而，只要有理性开放的心态和坚持不懈的精神，我们就能获得正确的答案和认识。

　　从早期人类文明开始，古希腊人最显著的智力贡献，就是设想地球上的生命是既平衡又有目的的。这样的观念在哲学上是非常令人满意的，甚至可

[①] 有大量的文献记载木乃伊的筹备工作，可参阅 http://www.civilization.ca/civil/egypt/egcr06e.html。

能对那些身着长袍的早期思想家的心理来说都是至关重要的。尽管在肤浅层面上，这种观点得到了大量的直观证据支持。如今有很多人怀有类似的信念。神创论者现在被重塑为"智能设计的学生"，他们继续不遗余力地让科学向宗教教条卑躬屈膝，因为他们愈发竭力地在哲学上提出一个"驴唇不对马嘴"（whacking a very square peg into a round hole）的观点。再如，完全相信进化论（包括人类进化论）的生态环保主义者，担心自然失衡会对地球的生命维持系统造成不可挽回的伤害。遗憾的是，大多数美国人对生态学中与进化生物学有关的知识一无所知，更不知道这些信息、知识、事实如何能够影响关于环境问题决策的制定。我的任务是说服你们去相信，地球上的生命既没有与生俱来的平衡，也没有目的，至少在通常与这些词相关的意义上是这样。我无意贬低人类或任何其他物种的存在，恰恰相反，我希望探究生命如何影响进化以及如何在生态方面发挥作用的重要性，以便我们人类能够在管理地球的任务中承担更现实和最终更负责任的角色。

哲学家们指出，科学真理本身不应该导致规范性的伦理学。所谓的"自然主义谬误"（naturalistic fallacy）主张，人们不应该假定"是"即"应当"（what is, is what ought to be）。①根据"自然主义谬误"，科学，特别是进化生物学，是与哲学，尤其是伦理学相分离的。然而在20世纪下半叶，科学和哲学的关联越来越密切，以至于一些哲学家开始反驳"自然主义谬误"的大部分观点。以生态学科学为基础的生态系统的恢复和管理思想，已经被应用于关于我们是否应该努力保护濒危物种的道德决策中。对动物行为和分子遗传学的研究表明，人类和类人猿（ape）之间具有深刻的达尔文式的联系，这就提出了重大的道德问题，即有知觉的或部分有知觉的非人物种是否应该忍受医学试验。

在我看来，现在是时候把我们从一些几乎与文明本身一样早的观念中解放出来了，这些观念与其说是一种帮助，不如说是一种阻碍。我们仍然背负着太多的哲学包袱，现在是时候将其中的一些抛诸脑后了。

---

① 有大量关于自然主义谬论的网站和书籍，可参阅 http://www.iscid.org/encyclopedia/Naturalistic_Fallacy。

第二章　蚊子存在的目的是什么？

只有一次我被指控为婴儿杀手。确切地说，我被指控为帮凶。真正的凶手是一只不知名的蚊子。对了，谋杀还没有发生，但肯定会发生，除非这个新英格兰小镇喷洒杀虫剂。喷洒杀虫剂可能有望消灭夏季成群结队的蚊子，其中一些蚊子可能是东方马脑炎病毒（the virus of eastern equine encephalitis）的携带者，这种病毒不仅可以杀死婴儿，还可以杀死成年人。

作为一名有着沼泽生态学研究经验的科学家和学者，我受邀参加了一次城镇会议，就喷洒灭蚊剂可能对当地生态的影响发表意见。这里需要注意的是，在那个夏天的蚊子种群中，还没有发现有问题的病毒，这也是我反对大规模喷洒灭虫剂的原因。当地的一些居民并不满意这个建议。他们中的许多人似乎很激动，其中一个人从喧闹的人群中站起来，尖锐地问我是否想杀死她的孩子。我猜想此时我被大多数人看作是一个愚蠢的学者，远离普通人所关注的东西，而做那样一种可能致命的害虫的捍卫者。我自己处在一种不太友好也很尴尬的境地。

会后，一个朋友安慰我。她说，她确信蚊子在大自然的平衡中有某种用途（喷洒杀虫剂可能会破坏这种平衡）。但她只是无法解释蚊子的这种特殊用途可能是什么。

这种同情不是我想要的。我不相信蚊子有任何目的，我也不相信包括人类在内的其他任何形式的生命有什么目的。适用于生命形式的最贴切的目的就是繁殖，但繁殖不是真正的目的。像其他所有的生理机能一样，生殖是功能，是新陈代谢和生命周期的一部分。生殖的冲动，以及使生殖成为可能的身体构造和生理机能，都在基因中被编码而来的。如果蚊子不能繁殖更多的后代，它们便将绝种。蚊子知道这一点，可以这么说，因为每只蚊子都是其基因的忠实奴仆，而基因是DNA分子（脱氧核糖核酸），即一种具有精确（不总是完美）的自我复制特性的化合物，因此，DNA造就了蚊子，包括它们的大脑、感觉器官、味觉和生殖冲动，而蚊子的行为只是其基因中一套精心编制的生命指令的真实表现。在地球上短暂停留期间，昆虫忠实而盲目地服从其 DNA 的指令。与其他生物一样，蚊子只是作为基因而不是个体永存。①

把繁殖定义为有目的是不恰当的，就像把呼吸定义为有目的一样。说把你放在地球上是为了繁衍后代，并不比说你出生在这里是为了吸入和呼出空气更准确。生命一旦存在，就一定要繁殖与呼吸。

在科学语境中，"目的"（purpose）和"功能"（function）之间的区别并非微不足道。在驾驶汽车时，说活塞的目的是为驱动轴提供动能是可以接受的，就像说活塞的功能是为驱动轴提供动能同样是可以的。汽车工程师按照自己的想法设计汽车。因此，目的和功能，在这种情况下，基本上是同义的。但是，生物不是汽车，它们是进化而来的。因此"目的"这个词意味着一些不精确的东西，至少对进化生物学家来说是不精确的。蚊子在被设计时没有任何内在目的，因为它们最初就不是被当作蚊子设计出来的。它们之所以能成为蚊子，是因为它们是通过盲目和机械的自然选择过程进化而来的。

人类来到这里，其所经历的生物过程与蚊子、水牛、长毛猛犸象、金丝雀以及其他所有现在和过去的生命形式完全相同。断言人类这个物种在生物学上缺乏目的性，并非意味着我们认为人类的存在没有意义。恰恰相反，人类是独特的，这种独特性是经过 500~1000 个世纪演化出来的，它使我们与地球上的其他生物群（包括我们智力较低的原始人类的直系祖先）截然不同，②我们是真正有知觉的，很难想象还有什么能比这更有意义的了。

我反对大规模喷洒灭蚊剂的做法是务实的。蚊子，像其他所有生物一样，受到自然选择的影响。查尔斯·达尔文（Charles Darwin）和阿尔弗雷德·罗素·华莱士（Alfred Russel Wallace）在 19 世纪发现并描述了自然选择（第五章）。自然选择在很大程度上解释了生物的外观、行为、声音、气味为什么是这样。或者说，在已灭绝的形式中，它们确实是这样的。DNA 有其偶然突变的特性，多数时候，突变是有害的，或者至少没有好处。然而，

---

① 参阅 Richard Dawkins，*The Selfish Gene*（Oxford：Oxford University Press，1989）。
② 古人类包括阿法南方古猿（*Australopithecus afarensis*）等。我们是智人，唯一的"智者"。毫无疑问，其他古人类也是"聪明的"，但我们可能在智力上远远超过他们。

有些时候，突变可能会在某些情况下提高生物的存活率。蚊子接触的杀虫剂越多，杀虫剂就越能在种群中选择最抗杀虫剂的蚊子。那些少数具有更强耐受杀虫剂基因的蚊子当然不会受到杀虫剂的影响（或受其影响较小）。这些具有抗性基因的蚊子保持健康，在喷药后存活下来，并在繁殖上超过了无耐受性的蚊子（这些蚊子有的生病，有的死亡，这些都是繁殖的重大障碍）。因此，下一代具有耐受性的个体比例要高得多。[①]是的，你可能会杀死90%甚至99%的蚊子，但幸存者，虽然最初幸存者数量很少，但是它们将全部被用来繁殖下一代，一个由具有更强耐受性的动物组成的下一代。不久，种群的数量就会反弹，喷洒杀虫剂（至少是特定剂量的杀虫剂）就会变得不再有效。如果昆虫传播某种病原体，如东方马脑炎病毒，而恰巧大多数昆虫对杀虫剂都有相当大的抵抗力，那就真该担心了。在有些地区，蚊子几乎对所有常用的杀虫剂都有抗性，即使是在非常高的剂量下使用时也是如此。

同样的理由也适用于抗生素（antibiotics）。现在使用抗生素比过去几年要保守得多。抗生素会筛选出耐药性细菌，就像杀虫剂会筛选出耐药性昆虫一样。耐抗生素的细菌可以杀死你，而你却没有办法阻止它们。同时，越来越多的耐药性菌株一直在进化着。

回到蚊子身上，它们确实会携带东方马脑炎病毒。根据地理位置的不同，它们还携带各种形式的疟疾、黄热病（yellow fever）、西尼罗病毒（West Nile virus）、登革热（dengue fever）和其他一些令人不快的疾病。这些疾病加在一起所导致的死亡数量，可能比历史上所有可怕的人类冲突中死亡人数要多得多。例如，世界卫生组织报道，每年大约有5亿个疟疾病例（约有100万人死亡），87个国家的23.7亿人面临感染疟疾的危险。这样看来，蚊子确实相当危险。

我在镇民会议上遭遇不幸冲突的那个夏季，还没有东方马脑炎的病例发生，因此我认为在还没有发现真正问题的时候，冒险培育一种抗性基因更强的蚊子是不明智的行为。我真的是被他们要喷洒杀蚊剂的叫声喊下台了。

---

① 参阅http://www.nature.com/nature/journal/v400/n6747/full/400861a0.html，这篇论文追踪了蚊子对杀虫剂抗药性的进化过程。

蚊子是昆虫，而昆虫是众多动物群体中最多样化和最丰富的物种。昆虫的体形一般都很小（已知最大的一种，是生活在大约 3.5 亿年前的一种类似蜻蜓的生物，其翼展约为 1 米）。体形小是一种适应能力，因为体形小意味着地球上有足够的空间容纳昆虫，而它们当然也充分利用了这些空间。它们有惊人的特异功能，有的生活在叶脉内，有的生活在树皮下，有的制造蜂蜜，或者建造精致的巢穴，或在新鲜的伤口上产卵，或掩埋粪便，或给玫瑰授粉。

蚊子适应各种各样的栖息地：沼泽、冻原、草地、沙漠、热带雨林的凤梨树叶、树洞、罐子和盆子、废弃的旧轮胎，以及任何类型的水坑，包括牛和马的蹄印。蚊子一共有 3500 种左右，它们都是吸血昆虫。至少雌性是；而雄性的吮食活动仅限于植物汁液。首先向来自特兰西瓦尼亚（Transylvania）著名的德古拉伯爵*表示歉意，从我们人类的角度来看，吸血可能看起来奇怪而又令人厌恶，但雌性蚊子对血液有食欲是有适应意义的，因为它们需要大量的蛋白质来形成健康的卵子，而血液中充满蛋白质。因此，蚊子吸血是一种适应性的行为，可以帮助蚊子产下健壮的卵子，进而长成健康的蚊子幼虫。然而，无论你适应与否，吸血仍然不是一个讨人喜欢的特性。

一般来说，即使蚊子不传播致命疾病，通常也总是令人恼火的。我们大多数人可以从个人经历中知道这一点。几年前的夏天，我在巴厘岛的一个叫乌步德（Ubud）的小镇上，窗户上没有遮挡的纱布，而我的房间紧挨着稻田。当时是晚上，我正试图在这个热带天堂里进入梦乡时，发现一只蚊子在我的左耳附近盘旋，并发出不间断的鸣叫声。当我在黑夜中挥动手臂时，蚊子的同伴也加入进来，飞来飞去。我想象自己是金刚，在帝国大厦楼顶上拍打着这些讨厌的"小飞机"。我忘记点上蚊香，这种蚊香会提供持续剂量的除虫菊素（pyrethrum），它能将这些饥饿的雌性蚊子适当击退。鉴于恶性疟

---

* 德古拉伯爵（Dracula，或译为德拉库拉、卓库勒），原型来自中世纪时瓦拉几亚大公弗拉德三世（Vlad al Ⅲ-lea Țepeș），弗拉德三世在 1456～1462 年统治现在的罗马尼亚地区（Romanian region）。当时的敌军奥斯曼帝国（Ottoman Empire）的土耳其人在德古拉城堡前看见两万人被插在长矛上任由腐烂，被这恐怖的景象吓得拔腿就跑。尽管多数人将德古拉视为虚构的嗜血怪物，但罗马尼亚人视他为民族英雄，而德古拉的敌人很乐见于历史将他变成民间故事中邪恶的吸血鬼。——译者注

原虫（*Plasmodium falciparum*）是导致疟疾最致命和最耐药的原生动物物种之一，我觉得下床点上蚊香可能是明智的，因此我就这么做了。当这一切完成之后，蚊子也基本上不来打扰我了。

那么，为什么会有蚊子？这是一个错误的问题。问"为什么"就等于在问题中假设了一个目的。但假设目的又有什么错呢？这就是问题所在。假设我有目的，你也有目的，一般的生物都有目的，那么每一生物个体都应该有自己的目的。因此 3500 种蚊子都应该有自己的目的。那么它们为什么会出现在这里？蚊子在这里是为了在大自然的平衡中充当一些重要的，也许是至关重要的角色吗？如果蚊子从地球上突然消失了，那么生命的多米诺骨牌会倒下吗？

像其他科学问题一样，这样的问题比乍看起来要复杂得多。正如我在后面的章节中所描述的那样，物种是生态系统的一部分，它们影响生态系统稳定性的程度各不相同。蚊子在所属的生态系统大厦中究竟属于"承载"（load-bearing）部分，还是属于"基石"（keystone）部分，它们的消失对其所处的生态系统影响大还是不大？如果人类想在地球上成为谨慎的管理者，就必须知道这些问题的答案。

神创论（creationism），至少是原教旨主义基督徒所遵守的各种神创论，认为世间万物是由上帝创造的。但如果这是真的，你肯定想知道，为什么上帝创造了这些小吸血虫，而且还是这么多。然后，还有马蝇和水蛭，这些只是生活在我们体外的一些寄生虫。身体里面还有肤蝇类（botflies）、利什曼原虫（leishmanias）、疟原虫（plasmodiums）、虫体（shistosomes）、锥虫（trypanosomes）、绦虫（tapeworms）、吸虫（flukes）和蛔虫（roundworms）。显而易见，上帝很喜欢创造这些寄生虫。

而这还不是全部。上帝显然对创造这些昆虫固执得很，而人们也对此有所觉察。英国进化论者 J.B.S. 霍尔丹（J.B.S. Haldane）曾经被一位牧师问到，霍尔丹对进化论的研究让他了解了造物主的什么意愿。据说，霍尔丹回答道："他对甲虫情有独钟。"上帝的确喜欢甲虫。[①] 目前，居住在地球上的 1 032 000

[①] 在 http://www.fond4beetles.com/prologue.html 上可了解更多关于霍尔丹以及他回答的细节。

个被描述的动物物种中，近3/4（约751 000 种）是昆虫，其中超过300 000种是鞘翅目（Coleoptera），即甲虫。仅蜣螂就至少有2400 种。而这些昆虫的生命周期取决于所发现和掩埋的粪便！因此，如果上帝创造了所有的动物物种，那么他让1/3的物种都是甲虫（这些数字很可能严重低估了全球物种多样性的实际情况。至今对昆虫还没有确切的认识，而且可能永远不会有精确的认识）。甲虫的种类远多于高等植物，高等植物大约有248 000 种，脊椎动物只有43 000 种，其中一半以上是鱼类。很显然，到目前为止，我并不相信神创论的信条，因此，我不必解释为什么上帝如此执着于六条腿、一根触角和一双大复眼。

大多数生物学家认为，蚊子是在持续的过程中进化而成的，其存在原因，在很大程度上是由一个普遍的生命法则，即生物学范式——自然选择来解释的。自然选择的进化是否意味着或暗示了目的？草率的科学作家似乎是这样认为的。我们经常可以读到这样的文章：鸟类的翅膀是为了飞行而设计的，它们的目的是提供推力和升力，即使作者实际上是在以鸟的翅膀为例来解释自然选择理论！而这种例子很常见。

有些人可能会说，进化有某种固有的方向，也许是所有生物共同进化的伟大生命进化的一部分，每个生物都有自己的角色要完成。请不要相信这些观点。自然选择只不过是基因生存的统计游戏，被称为"终极生存游戏"（ultimate existential game）。你除了去玩游戏之外别无选择（尽管对人类来说，你确实有选择权），但你永远无法真正获胜，你只有赢得继续比赛的权利（也就是说，你所能希望的最好结果就是存活足够长，来繁衍和抚养后代到生育年龄）。根据这一推理，蚊子被视为各种基因组合的临时储存库，这些基因组合成功制造并利用矮小的吸血虫在时间中穿梭，开始了数百万年的长途跋涉，当时恐龙仍然占据着世界上大部分的陆地生态系统[因此，理想的化石载体——恐龙，就是被DNA抢来作为其储存库，最终在《侏罗纪公园》（Jurassic Park）中繁衍]。

很多陈词滥调困扰着我们，其中有一个很有道理，那就是自然界厌恶真空。换句话说，没有任何潜在的栖息地会被空置很长时间，尽管有些栖息地肯定比其他栖息地更容易被拓殖。在新开发的环境中许多生命适应了生存，不久就把这片死气沉沉的地方变成一个繁荣的生态系统，其中充满了各种各样的细菌、原生动物、真菌、植物和动物。大多数情况下[深海热液喷口（the deep ocean heat vents）是一个例外]，这些无数的生命最终通过光合作用从太阳获取能量而生存，但只有少数几种生命形式，如某些细菌、原生动物，以及绝大多数绿色植物，具有捕捉太阳辐射并将其与原子结合以生成高能化合物（如葡萄糖）的生理能力。我们不能躺在太阳下发胖，玉米却可以。因此，我们要通过吃玉米来获取太阳的能量（或者我们吃被喂过玉米的牛、猪或鸡）。因此，不仅是生命非常富足，也不仅是生物多样性填补了生态真空，而且还是各种生命很快以其他生命作为食物，建立起了紧密的依赖关系。

电影《大力水手》（*Popeye*）对我们大多数人来说印象并不深刻，但它确实有一首令人欢快的歌曲："万物皆为食物，食物，食物。"[1]这是多么真实的啊。生活在树林里的松鼠被蚊子、黑蝇（black flies）、扁虱（ticks）、螨虫（mites）和其他体外寄生虫所食。松鼠的皮肤可能在滋养着几种真菌。在松鼠体内，它可能和许多肠道蠕虫和原生动物共享着自己所消化的橡子。它的血液可以支持几种原生动物寄生虫的群落。这时，一只胃口大开的红狐狸出现了。它迅速埋伏好，在松鼠的脖子上狠狠咬了一口，迅速结束了松鼠的生命，狐狸在仍然温暖的、如蒲扇状尾巴的尸体上大快朵颐。吃饱了的狐狸满意地离开，很快松鼠的尸体就有了苍蝇卵。不久之后，大量的蛆虫出现。细菌和真菌也迅速占领了这即将消失的尸体。它剩余的肌肉、筋肉、皮肤和内脏成为微生物的食物，最后只剩下一副骨架。而骨头上的有机物很少，没有什么东西进化到可以吃它们，因此残骸仍留在原地。从热量上讲，大自然中，一只小松鼠可以走很长的一段路，松鼠以来自太阳能量的橡树果实为食。太阳的能量通过几十种，甚至上百种生物传播，它们利用松鼠体内的大量有机物来进行。无数生物之间的这种相互依存关系令人印象深刻，但不应该被误解为是某种形式的自然平衡。

食物供应远不是大自然中唯一的相互作用。例如，一些兰花的花朵与蜜

---

[1] 这部电影在 http://www.imdb.com/title/tt0081353/ 上有 4.8 分（满分 10 分）的评价。

蜂的背部惊人地相似，这一特点吸引了雄蜂。雄蜂的 DNA 正告诉它们要尽一切努力将自己的 DNA 植入雌蜂的后部。于是，探入兰花的雄蜂不经意间从一朵兰花中粘上了黏稠的花粉，又落入另一朵骗过雄蜂的兰花上。如果没有蜜蜂，兰花不会繁殖。①就像数以千计的开花植物一样，兰花依靠动物载体将含有精子的花粉从一株植株转移到另一株植株上，使植物交叉授粉。这种物种间相互作用的例子数不胜数，正是这些例子让博物学如此引人入胜。这些很容易让我们产生一种想法，即事物之间很显然是相互依存的，所以它们一定处于一种平衡之中，一种自然的平衡。

  从历史上看，部分自然平衡的概念是观察性质的，部分是形而上学的，但无论如何都不是科学的。这是一个被称为目的论的古老信仰体系的例子，这种观念认为我们所说的自然有一个与其组成部分相关的预定命运。而且，这些组分，包括蚊子，都适合于一个综合的、有秩序的并且是设计创造出来的系统。这种对自然和谐的信念需要目的，这种目的大概是由一个（或多个）神灵的善良和深刻的智慧强加的。这种关于自然如何运作的观点主导了人类几千年的思维。对许多人来说，有可能是对大多数人来说，今天它仍然是一种世界观。

  从更现代意义上说，认为自然是以某种平衡的方式构建的观点，是生态学家所说的"尺度效应"（scale effect）的结果。②正如我们将看到的，生态学家迟迟没有意识到"尺度效应"问题，因此，自然平衡的思想被允许从其目的论的根源毫发无损地转移到以物质为基础的科学中。如果你在一个非常小的范围内观察自然，就像植物和它的传粉者一样，事情看起来确实是平衡的。但是这种平衡是虚幻的，这是自然选择的结果，它使生物体为了自身利益而采取适时的行动，从而使得它们的命运变得相互交错。从生命开始以来，生物体就一直是其他生物体的资源。自然界中最错综复杂的相互关系通常可

---

  ① 达尔文就这个问题写了《兰科植物的授粉》(*The Various Contrivances by Which Orchids Are Fertilized by Insects*, 1862)一书。

  ② 参阅 S A Levins, "The Problem of Pattern and Scale in Ecology," *Ecology* 73, no. 6 (1992): 1943-1967.

以和相互寄生*的情况一样得到令人满意的解释。说一只蜜蜂与兰花合作传授花粉，并不比说一只驼鹿与狼群合作，让自己被撕成碎片以便被狼群吃掉更准确。

你也可以在更大的范围内观察自然，并错误地得出结论，认为有一个真正的平衡在运作。多年来，生态学家一直认为，森林等生态系统经历了一系列的演替"阶段"，最终达到了所谓的"顶极"状态。那时的森林生物多样性趋于稳定，持久地保持均衡状态。这个概念我将在第六章中详细解释。如今这一概念在很大程度上是不可信的。森林（以及其他类型的生态系统）被视为是动态的和不断变化的。然而，很可能是因为树木比人类的寿命要长得多，所以人类最初觉得森林是平衡而稳定的。

现在，再次回到蚊子的问题上。蚊子是许多鸟类的食物，如紫崖燕（*Progne subis*）。这些优美的燕子和其他鸟类，吃掉了大量的蚊子。许多鱼类以蚊子幼虫为食。如果没有蚊子，这些生物会发生什么？它们要么转向其他食物资源，或者，最不可能的结果是，直接灭绝。蚊子的减少肯定会对一些物种产生显著的影响。物种多样性和丰度模式将会变化，有些物种可能受到强烈的影响，但有一些，或许很多，却根本不会受到影响。

这些主要以蚊子为食的物种，同时也会受到杀虫剂应用的影响，因为它们会食用含有毒素的昆虫，从而开始在整个食物网中不断传播毒素。通过这种方式，当杀虫剂从小型消费者体内转移到顶级食肉动物体内时，其浓度会急剧增加。例如，在DDT和其他氯化碳氢化合物（用于喷洒蚊子和其他昆虫）被禁止之前，游隼（*Falco peregrinus*）、褐鹈鹕（*Pelecanus occidentalis*）和鱼鹰（*Pandion haliaetus*）等物种的数量都在急剧下降。

鉴于鱼鹰从来不吃蚊子，但却依赖它们（食物链：从蚊子幼虫到小鱼到中号鱼到大鱼到鱼鹰到鱼鹰蛋），我们是否应该保护蚊子以确保鱼鹰的未来？蚊子的最终目的是为大型猛禽提供热量吗？假如这些蚊子是疟原虫的媒介呢？保护这些蚊子不仅可以保护鱼鹰的食物，同时还可以保护另一物

---

* 互利共生和相互寄生，两者是不同类型的种间关系。寄生是对一方有利，对另一方有害，是负相互作用；互利共生则对双方均有利，是正相互作用。——译者注

种，即疟原虫的原生动物。但疟原虫以人类的红细胞为食，在此过程中会引发衰竭性的疾病。如果把鱼鹰当作受疟疾感染的人类，那么鱼鹰是否有权食用无杀虫剂的鱼类？蚊子有繁殖的权利吗？因为许多不同的生物都依赖蚊子。蚊子的目的是要形成一个鱼鹰食物链的基础，还是为疟原虫提供庇护？就这一点而言，两者都是它们完成其生命周期的必要条件，那么疟原虫是否有接触蚊子和人类的道德权利呢？

在前面的段落中，有两种观点被故意纠缠在一起。第一种观点是科学、生态学意义上的自然平衡观念，即自然界中确实存在一种实际的、可测量的"正常"状态。在这种状态下，种群之间相互依赖，可以准确地描述为处于平衡状态。破坏这种平衡将会产生一连串的影响，而且大多数都是消极影响，因为这种隐含的平衡概念意味着这种平衡是最理想的。这就好比一台机器（自然界），其组成部分（生物体）以这样的方式排列，使机器正常运转，打乱这种安排，很可能会降低机器的效率或功率，甚至使机器无法运转。

第二种观点是，生物体必须具有内在价值，这大概是因为它们都是大自然巧妙制作的复杂机器的一部分。你的心脏对你的身体来说有很大的价值，没有人会反驳这一点。蚊子种群和沼泽有相似的价值吗？如果沼泽里的生物与构成你身体的器官一样复杂地相互依赖，答案似乎是肯定的。但是，蚊子种群更像脚趾而不是心脏。也许一片沼泽地没有蚊子也能存在，就像你没有一个脚趾也可以生存一样。那么这个问题就变成一个环境伦理学的问题。如果有的话，应该对各种生物赋予什么价值？这种价值是取决于生物对其生态环境的重要性？还是取决于它必须是巨大平衡的一部分的假设？抑或是取决于它对我们人类的吸引力？或者是取决于它对我们人类的威胁程度？还是说取决于其他的一些参数？

人们通常会对非人类生物作出价值判断。一个人可能认为把一条金鱼冲进马桶没什么大不了的，但当得知他的邻居刚刚把一只小猫冲进马桶时，会感到愤怒和厌恶。一个猎人可以驻足欣赏在灌木上歌唱的鲜红的雄性红雀（cardinal），也可以毫不犹豫地转身射杀从灌木底部飞出的小丘鹬（woodcock）。作出这种价值判断的标准是什么？是否鱼鹰比疟蚊更有存在的权利？如果有，为什么会有？如果没有，那又为何没有呢？这些问题来自于拥有独特感知能力的人类是如何看待他所称作的自然。

最引人注目的是"自然平衡"这一观念的经久不衰。它一直是一个模糊的、定义不清的概念。但由于它似乎是不言自明的，所以在整个时代都有很大的启发式吸引力。自然平衡始终是一个假设，而不是一个被证明的科学原则。在许多人的头脑中，自然平衡仍是他们看待自然的一个不加批判的范式。一旦这种范式被抛弃，会产生什么后果？自然到底是什么？

第三章 创建看待自然的科学范式

"自然平衡"是一个范式,也是一个关于自然是如何组织起来的古老且很少受到质疑的信念。几乎所有人都会告诉你,他们认为自然界存在某种"平衡",而人类往往会破坏这种平衡。许多网站都致力于这一观念,这个观念的历史已经被很好地记录下来。[①]人类创造范式有很多明显的原因。我们希望理解我们的世界以及宇宙的一部分,但在这样做的过程中,我们希望简化和统一那些乍看起来似乎极其复杂和分散的信息。我们也希望被赋予力量,让我们真的知道那些对我们有重大意义的事情。

范式是一种包罗万象的思想,提供了一种观察世界的模式,如此一系列不同的观察结果就被统一在一个信念的保护伞下,从而使一系列相关的问题得到解答。范式提供了广泛的理解,一定的"舒适水平",以及与解决谜题相关的心理满足。但是,重要的是,一个范式确实可以与现实没有太大关系。它不必是事实,它只需要满足它所服务的人。例如,所有的创世神话,包括犹太教和基督教关于亚当和夏娃(Adam and Eve)在伊甸园(Garden of Eden)的故事,它们都是范式,至少对那些认同产生该神话的特定信仰的人来说是如此。创世神话"解释"了或许是人类曾经提出的最大问题,即我们是如何来到这里的。世界上不同文化中的许多不同的创世神话都是正确的吗?有没有确切的说法?当然,很有可能的是,没有一个是准确的,但每一个都为其特定群体服务了很长时间。从历史上看,各种范式都是以不同方式组合起来的,大多数是从历史观察中推导出来,然后再由"伟大的思想家"注入大量的直觉和诗意进行外推。在过去约 2500 年的时间里,出现并逐渐发展出来一种独一无二的范式。我们称之为科学。

---

① 更深入和详细地回顾这段历史,可参阅 F. N. Egerton, "Changing Concepts of the Balance of Nature," *Quarterly Review of Biology* 48(1973): 322-350。

第三章 创建看待自然的科学范式

科学范式不同于其他信仰体系，因为它不仅能回答问题，更重要的是可以产生问题，产生可加以检验的预测，从而使范式得到验证、修正、加强或者丢弃。例如，量子理论表明中微子是存在的，它是"隐身"的奇异粒子，经过数年的探索，终于发现了它的实际存在，这是对量子理论另一个组成部分的有力证实。因此，科学范式往往与科学"革命"联系在一起，即一个范式推翻另一个范式。[1]

科学范式是一种信仰体系，它不是基于任何绝对意义上的信仰，而是建立在归纳、分析的数据体系之上，并不断受到创造性的怀疑探究和挑战。正如物理学家理查德·费曼（Richard Feynman）所写："要想真正学习科学，你必须质疑权威。"[2]费曼描述的是由哲学家卡尔·波普尔（Karl Popper）阐明的科学范式的一个核心原则[3]，要想成为科学，范式必须经得起证伪，它必须以这种方式进行检验，即它的原则可以被质疑并不断地经受检验。这种观点与基于信仰的范式完全相反，后者基本上都是教条式的。人们期望科学范式能够对宇宙的运行方式产生一种不断改进的、可预测的以及实用的理解。此外，科学范式不是文化特有的，而是跨越文化差异的。世界上从来没有"穆斯林化学"、"基督教生物学"或者"印度教物理学"这些东西。量子力学（quantum mechanics）、板块构造理论或者其他任何基于科学的范式，同样适用于所有民族、宗教及种族。也就是说，它与任何文化都没有什么联系，它就是独立存在的！

诚然，科学，尤其是科学家，极其不情愿放弃他们之前信奉的范式，然而正是这种不情愿最终会导致所谓的科学革命。例如相对论取代牛顿力学（Newtonian mechanics）成为一种普遍范式时，爱因斯坦不愿承认其在相对论上的工作预示着宇宙在膨胀。这一点被埃德温·哈勃（Edwin Hubble）的观察所证实，后来被解释为宇宙大爆炸的结果。爱因斯坦曾经说过："上

---

[1] 关于科学革命最权威的参考文献是托马斯·S. 库恩的《科学革命的结构》（*The Structure of Scientific Revolutions*）。有很多网站专门介绍了库恩的著作，这本书也很容易获得。也可参阅 I. Bernard Cohen，*Revolution in Science*（Cambridge，MA：Belknap Press，1985）。

[2] R. Feynman，*The Pleasure of Finding Things Out*（New York：Perseus，1999）。

[3] 有关波普尔的更多信息，可参阅 http://plato.stanford.edu/entries/popper/。

帝不会和宇宙玩掷骰子的游戏。"①他更愿意认为宇宙处于稳定状态，实际上是"平衡的"状态。但爱因斯坦最终还是欣然接受了宇宙正在膨胀的结论。

在历史上，科学范式也确实与人们所珍视的社会宗教或政治范式发生过冲突。从最严格的意义来说，这种冲突不是科学革命。但是越过这一层面看，它影响到了社会结构。举两个最著名的例子：一个是伽利略（Galileo）证实了阿利斯塔克（Aristarchus）假说以及后来哥白尼（Copernicus）提出的日心说而非地心说，但这并没有为伽利略在罗马天主教会（Roman Catholic Church）高层中赢得很多朋友。原因很明显，这种证实似乎直接挑战（实际上是反驳）了一直被认为是正统的教会教义，然而这些教义被认为是不可更改的。另一个例子是达尔文的自然选择学说对信奉传统基督教的教徒来说仍然是个诅咒。当平民党威廉·詹宁斯·布赖恩（William Jennings Bryan）起诉约翰·斯格普斯（John Scopes）讲授进化论时，布赖恩对达尔文理论的反对意见并不科学，他甚至不能准确地描述这一理论。布赖恩认为，从圣经的字面意思上来说，如果人们广泛接受了人类是由猿猴进化而来的解释，这将会动摇人们心中的信仰，并且会削弱《圣经》（Bible）中的美德教化以及社会的维系作用的基础。②

至少在现代意义上，科学范式把自己完全限制在一个没有超自然或目的论成分的物质世界中，这是与其他范式的一个本质区别，而其中许多范式在历史上一直占据人类思维的主导地位。很明显，在人类历史的长河中，作为理解世界和宇宙运作的信仰系统，形而上学基础上的范式，已经越来越多地被人们所抛弃，取而代之的是基于唯物主义的科学范式。如今，受过教育的人理解世界和宇宙的普遍科学范式，包括哥白尼对太阳系的观点——日心说[包括拉普拉斯（Leplace）和康德（Kant）关于恒星-行星系统形成的星云假说]、达尔文的生物进化观、原子理论和量子力学、爱因斯坦的相对论（Theory

---

① 许多网站都对此展开过讨论。可参阅 http://www.eequa lsmcsquared.auckland.ac.nz/sites/emc2/tl/philosophy/dice.cfm。

② 可参阅 Edward J. Larson, *Summer for the Gods: The Scopes Trial and America's Continuing Debate over Science and Religion*（New York: Basic Books, 2006）。

of relativity）、时空概念、宇宙大爆炸和随后的宇宙膨胀说、板块构造学说以及大陆漂移说等。这些科学范式没有一个是包含"自然平衡"观念的，它们彼此之间相互重叠，共同为我们提供了科学的世界观。

正如我所描述的那样，自然平衡作为范式，起源于一个形而上学的、目的论的概念，尽管一些古希腊哲学家试图用今天所谓的科学手段去认识它。在各种现代科学范式中，自然平衡的概念并非独立存在，而是被包含在达尔文进化论的范式中被检验。

在进化理论和生态学中，自然平衡范式是毫无意义的。因为它从未有过清晰的定义，基本上是误导性的。但是，自然的平衡在审美上是令人满意的，这一事实在很大程度上是其长盛不衰的原因。

如上所述，科学范式并不会自动包含美学成分，当然它们也不一定凭直觉。人类通过有限的感官去观察世界（例如，人类肉眼看不到紫外光，也听不到超声波），而人的感觉可能具有欺骗性。大多数的科学范式实际上是违反直觉的。生物体，至少在人类的几代人中，似乎并没有进化。太阳看起来确实在一天之内穿过地球的天空，当然，这是地球绕其轴心每天旋转的结果。或许世界上只有不到1%的人真正理解爱因斯坦的相对论，无论是狭义的还是广义的。对量子理论的准确理解已经超过了大多数人的认知能力。但是，即使理解了一个基于科学的范式，仍然不能保证它会被社会所接受。达尔文进化论从根本上是很容易理解的，至少在基本层面上是这样，但它仍然被许多受过其他教育的人广泛忽视。这是为什么呢？

由于人们在整个事物中所处的位置不同，因此科学范式并不总是易于理解的，也不会自动产生一种个人的满足感。然而，实际情况通常与之相反，从社会历史的大背景来看，科学范式往往会降低所想象或所期望的关于人类在宇宙中的地位，这种期望值的明显降低，或许能够解释为什么很多受过良好教育的人拒绝将科学视为认识世界乃至宇宙的一种方式。的确，有些人吹嘘自己在科学上的无知，仿佛这样做就可以在某些程度上为自己的无知开脱。例如，要理解大爆炸初期可能发生的宇宙膨胀已经很困难了（当时所有已知的宇宙都被压缩成一个小于原子大小的奇点），更不用说对它产生一种亲近感。得知一个电子在镁原子轨道壳层中的位置永远无法确定时，也许会令人不安，也许不会。被告知自然界真的没有平衡或目的，或者你的远古祖先是一只猿猴时，也会让你感到不安。但无论是否令人不安，上述说法似乎都是真的。

自从有了思想家，人类与自然界其他物种的关系就一直萦绕在他们的心头。当然，第一个应该被称为"哲学"问题的，一定是史前人类对非洲热带草原生态系统中漫游的其他生物的思考。那些看起来五花八门，与自己截然不同的生物是什么？人们很快意识到，有些生物显然是很危险的，要不惜一切代价加以避开，而有些则不是。有的数量众多，成群结队地聚集在一起，每天都可以在广阔的草原上游走，而有的则是独来独往，很少有人看到。当我们的远古祖先看到拥有鹿角、皮毛、牙齿、爪子的各种野兽时，有什么看法呢。他们有没有想过，为什么一些动物看起来不显眼，而另一些动物却显眼得多。他们有没有想过为什么我们现如今称之为豹子的动物，要比称之为羚羊的动物的数量要少得多呢，即便他们很害怕这些动物。他们是如何看待树木和草原的？他们是否和如今的我们一样，知道这些植物与岩石和土壤有着根本的不同，并且是有生命的呢？或者他们仅仅是对陆地上除了动物之外的许多其他生物进行模糊的区分。最为重要的是，我们的原始祖先是从何时开始将自己与其他动物区分开来的。对于这些问题的答案，我们或许永远都不会知道。

谁是我们血统中第一个认识到自己是个体的成员呢？是那个第一次凝视着静水湖面，意识到湖面中的倒影是什么的非洲阿法南方古猿（*Australopithecus afarensis*）吗？明确的自我意识是智力进化的第一步，因为从此开始，人类意识已经慢慢发展，随着自然选择的进行，类人猿的大脑慢慢进化到人类的大脑。例如，非人动物，如家猫，是相当自我的。有强烈的自我保护和自我维护、狩猎、进食、整理皮毛以及休息的本能。这种动物具有强大的记忆功能，强烈的个性特征，对某种信息超强的学习能力，还有很多细微的行为差别，这些细微差别不仅使它们成为猫，而且使它们成为个体。任何与动物共同生活的人都知道，动物真的很有个性！但猫真的知道自己是谁吗？当猫凝视镜子时，它知道看到的就是自己的影像吗？但人类就知道这些。南方古猿亚科（*Australopithecine*）的某一物种或许也会知道。这一物种可能是阿法南方古猿（*afarensis*），可能是非洲南方古猿（*africanus*），更有可能是能人（*Homo habilis*），抑或是直立人（*Homo erectus*），其中一个物种——在智人出现之前的原始人类——无疑获得了非常重要的自我识别特征。很大程度上，本能的自我行为是动物世界的基本，当然对于原始人类来说也是如此。但是在早期原始人的例子中，某一时间点，一些神经元连接以某种方式形成突触，从而提供了一个真实的自我意识，这是多么了不起的事情！借卡尔·萨根（Carl Sagan）的话来说，那是"一次伟大的思考！"①自我意识或许会被认为是第一个范式，一种局限于"我就是我"的世界观中的范式。

有了自我识别的智力能力，也就有了识别他人的能力，同样，这种特征并不局限于原始人。动物能像识别同类一样识别其他物种——例如，山羊能识别马，就像猫和狗能认出特定的人类并知道人类和它们不同。猫看到同类会发出嘶嘶声，而一旦看到大狗就会逃跑和躲藏。当狗在熟悉彼此后会互相闻一闻，并在任何可能的情况下追赶松鼠。人类和其他灵长类动物一样，在遗传和生态上都是社会性动物，有着适应群体生活的漫长进化史。事实上，这种群体依赖性在人类行为中是如此根深蒂固，以至于一个人所能受到的最残酷惩罚之一就是单独监禁，剥夺了几乎所有的人际接触。作为个体，社会群体具有相互了解的智力能力，相比独居物种，社会群体表现出一种更复杂的行为模式，具有更强的相互依赖性。

那些智力发育良好的社会性动物物种能够精确地辨识对方的身份，并以给个体带来回报的方式行动，以换取针对群体中其他个体各种形式的无偿行为。互相梳理毛发是人类、黑猩猩、狒狒（baboon）群体中的一个很常见的行为，这是一种"互惠的利他主义"（reciprocal altruism），即个体精准地记得谁在它身上摘了虱子，并以某种形式回报其礼遇。尽管这种互动并不总是完全对称的。但对双方来说都是受益的。有时，如果一个个体得到的要比它给予其他同伴的更多，那么它就比其他人受益更多。人类社会所采取的互

---

① 参阅萨根的精彩著作和电视连续剧《宇宙》（*Cosmos*）。该电视连续剧于 1980 年首次播出，有 DVD 版本。

惠的利他主义显然远远超出清除虱子的范围。实际上，它本质上是经济学的基础。

对人类而言，被达尔文称作"社会本能"的进化，以及与其匹配的复杂大脑的出现，足以去储存、整理和快速地处理大量的现实信息。这可能代表了人类历史上的第二个范式，即不仅相信"我是我"，而且还相信"我是我族群里的一部分"的范式。[①]这种自我与同伴之间存在社会联系的认识，可能解释了一个社会族群对另一个族群，或一个族群的成员对一个或多个陌生族群所表现出的仇外倾向的原因。它还能激发族群成员加强协作互动。但是强烈的自我认同和族群认同更进一步，也会造成族群认同并从心理上彻底远离自然界中剩余的其他的物种。这一特性成为人类主导范式的智力基础，即人类与自然界所有其他事物之间的二元对立。当"自然"被准确地设想为是什么的时候，人类就真正进入到了认识自我、群体和物种这一步。意识到大自然不是我们人类。

自然能够对人类进行惩罚或者奖赏，提供住宿和食物，或者发生无法预测的变化。大自然是复杂、神秘、可怕和变幻无常的。与此同时，它给我们提供了风和日丽的温暖白昼，繁星满天的凉爽夜晚，以及美丽的风景，当然，还有所有的食物和住所。也许最重要的是，大自然并不那么容易理解。自然界充满了神秘，充满了惊喜。但并不都是令人愉悦的。随着人类进化出智力，自然，包括日食、季风、干旱、捕食动物、有毒物质、病原体和昆虫群，一定会对人类的智力和情感构成挑战，这是 21 世纪的人们所无法想象的。人们怎么可能理解这些事件呢？在人类早期，世界一定显得非常反复无常。因此就很容易理解为什么众神被召唤来解释许多当时无法解释的事情了。

随着人类智力的不断进化，人类在应对并试图理解自然的同时，也在发展另一个极其重要的特性，它开始充分意识到死亡。人们很快就会知道其他人去世了，而且这些事件立即让他们失去了与曾令他们非常愉悦和他们所依

---

① 达尔文在《人类起源》（*The Descent of Man*，1871）一书中对各种社会性动物物种进行了比较，并提出道德等人类独有的品性在进化过程中植根于人的社会本能的观点。仅仅过了一个多世纪，爱德华·O. 威尔逊（Edward O. Wilson）在《社会学：新的综合》（*Sociobiology: The New Synthesis*. Cambridge, MA: Belknap Press, 1975）一书中再次对这一问题进行了讨论。

赖的人的进一步联系！悲伤和爱一样，是人类最重要的情感。更重要的是，不管喜欢与否，每个人都会死亡。这种想法甚至比"我是我"更重要。在1992年的电影《不可饶恕》（Unforgiven）中，主角是一个名叫威廉·穆尼（William Munny）的枪手[由克林特·伊斯特伍德（Clint Eastwood）饰演]。他说了一句很好的话："杀死一个人是一件很可怕的事情。你夺走了他现在和将来所拥有的一切。"① 这种认识在很大程度上解释了社会为什么会发展出宗教。几乎所有的宗教都包含一种信念，即个人的某些本质一定会在死后继续存在。当人类意识在大脑额叶进化膨大的过程中产生时，灵魂或者来世的概念很可能在人类文化中出现。灵魂、精神上的自我，将人类心灵和一个人的存在是有目的的信念联系在一起。我们有理由相信一个人的人生有一些深刻的目的。可以很容易地说："既然我是有目的的，那其他所有人不也有目的吗？"因此，对人存在目的（一种存在的原因）的信念，存在的理由，很容易导致人相信自然也一定有某种目的。目的论是一种哲学信仰，这让人类认为生命是有目的的，而且是有目的地被设计的。这实际上是一种人类利己主义的形式，并施加于整个自然和宇宙。它是一种迎合自我的形式，要求从短暂的生命中获得价值和目的。

　　认识到死亡的必然性后，人们需要并且相信在死亡之外还有可以实现的事情，加之人们希望从痛苦和疾病中解脱出来，再加上人类早期部落群体对自然的绝对神秘感和敬畏心，这些都赋予了人类智力上一种强烈的精神信仰倾向。这种精神信仰如此重要，以至于成为世界范式的主导驱动力。正如我们所指出的，生命是危险的、不可预知的。如何解释这种不可预知性，使之合理化，并以一种保持人类心智完整的方式来解释？相信一个精神世界，一个"更好的"世界、一个超越现存世界的有序的、优越的世界，对减轻生与死的悲惨现实方面大有帮助。因此，精神信仰是人类思维的普遍组成部分也就不足为奇了。事实上，很难想象世界上的任何地方出现的一种智力，在成熟过程中可以不经过一个"精神阶段"。一神或多神的概念，提供了一种将

---

① 这部电影有 DVD 版，参阅 http://www.filmsite.org/unfo.html 获取电影的详细介绍，其中也包括在本章中引用的台词内容。

精神和物质相结合的方式，也提供了平衡和目的。任何神灵都被视为是有序的，而不是无序的。而秩序所采取的形式，由于是由上帝所创造或强加的，所以肯定是有目的。如果自然是有序的，那么自然和在其中所有的事物都有目的。很大程度上，人们通过接受自然平衡假设，从而相信造物主赋予了自然某种秩序。

在古代文化中发展起来的范式，包括自然最终平衡，在历史上有着精神的、形而上学的根基，这一点并不令人惊讶。在大约 10 000 年前早期农业发展起来时，人类大脑就已经保持了现有的大小和神经系统的复杂程度至少长达 50 000 年或者更久。随着社会的形成、城邦的出现和语言的发展，文化吸收了对世界总体的精神观点，以帮助人类应对、组织和管理自己的生活。显然，自然是精神信仰体系中非常重要的一部分。例如，在许多文化中，了解洪水周期对何时种植作物至关重要。许多做法往往是为了迎合人们所幻想的自然之灵，比如活人献祭，这是互惠利他主义的一个极端例子，用人的生命换取全能的干预，以确保获得让人满意的气候条件。

关于自然的知识最初是口头文化中的一部分。据推测，书面文字（或者符号）在语言发展很久之后才出现，最古老的作品文字也仅仅只有 4000 年的历史，语言早在那之前就存在了。即使在今天，也有一些文化几乎没有文字记载，但有丰富的口述历史传统。这种文化，其中一些可以在亚马孙土著部落中找到，典型的就是他们对当地动植物的深刻理解。例如，民族植物学（ethnobotany）是研究土著居民如何利用庞大的植物群来萃取、制作他们所需的药物、毒品、纤维等。通常情况下，这些知识都掌握在萨满*手中，萨满综合运用实用技术和魔法举行仪式，将精神世界作为仪式的组成部分，通过仪式从雨林植物中提取药物。萨满认为，清除肠道蠕虫和清除个人身上的恶魔邪灵之间没有什么差别，这两个目标可以通过一个相同的仪式进行。自然被认为是精神性的，也是文字性的。任何关于自然的实用主义理解并没有推翻自然中存在着一个精神力量的观点。仪式通常用来治疗疾病，萨满可能

---

* "萨满"一词也可音译为"珊蛮""嚓玛"等。该词源自北美印第安语 shamman，原词含有：智者、晓彻、探究等意，后逐渐演变为萨满教巫师即跳神之人的专称，也被理解为这些氏族中萨满之神的代理人和化身。——译者注

会认为他或她工作中的仪式部分至少与制药技能一样重要。

口述传统并不能导致任何历史意义上的科学。只靠记忆的话，人很容易忘记或者记错。如果不写下来的话，很难进行数学计算。鉴于数学技能在大多数科学中的重要地位，我们很容易得出这样的结论：科学必须等待文字的出现。萨满的工作技能说明科学和技术不同。通过试错来发明技术是可能的（如从某些藤蔓植物中精确、细致地提取箭毒），但这样做并不会自动导致广泛的科学认知。直到文字的发明，科学才以有意义的方式出现。

在古埃及（ancient Egypt）和古巴比伦（ancient Babylonia），人类最初的想法被誊写在石板、莎草纸或其他载体上，从而使它们得以保存在除单纯记忆以外的东西上。图画文字、象形文字和象征性的符号，开始代表传递信息的组合。大概在公元前800年，古希腊人发明了字母文字（来自腓尼基字母*），一些学者认为这是导致后来哲学和科学出现的最关键的事件。之后人们就可以用比较准确的方式来比较他们之间的想法，因为这些想法已经被记录下来了。

古希腊人游历广泛，获得了古埃及和古巴比伦的数学知识。那时，占星术和天文学仍然是同一回事。将星群模式和运行轨迹与行星"漫游者"（wanderers）相比的研究，导致了黄道十二宫的发明。黄道十二宫位于太阳系的黄道平面上，太阳在一年的时间里都要经过这个平面。占星家将天空的数学研究与关于恒星和行星结构如何最终影响我们生活和事件的值得怀疑的预测结合起来。最值得注意的是，理性和神秘主义之间的这种历史性联姻至今仍然存在，甚至繁荣发展。但这个例子也说明，就算当时关于行星和恒星运动的复杂知识出现了，这些信息也仅被用来支持毫无根据的信仰，即精神影响的范式。原因很明显，那些了解恒星运动的人都是来自不同文化背景的祭司，是拥有特权和影响力的个人。他们之所以在社会中享有崇高地位，是因为他们能与强大的神灵进行沟通，人们相信神灵的满足或愤怒将决定事

---

* 腓尼基字母（Phoenician alphabet）是腓尼基人在埃及圣书体象形文字基础上将原来的几十个简单的象形字字母化形成。字母文字，几乎都可追溯到腓尼基字母，如希伯来字母、阿拉伯字母、希腊字母、拉丁字母等。腓尼基字母是辅音字母，没有代表元音的字母或符号，字母的读音须由上下文推断。——译者注

情发展的好坏。试图将客观分析与神秘解释分开是毫无意义的。这是一个有政治风险的行为，甚至可能是自我毁灭。

在书面文字发明以前，根本就没有关于人类文明是如何感知自然的记录。例如，某些文明一定遭受过瘟疫，这似乎是自然如何变得惊人的不平衡的明显例子。但是，大多数早期文化认为，瘟疫是由于他们没有款待好或不够尊敬他们的神灵而受到的惩罚。因此他们把瘟疫看作是神专门为惩罚他们而直接干预的一种形式。通过祈祷、祭祀和仪式的某种组合，神灵有望得到安抚，自然的平衡也将得以恢复。

随着字母文字的发明，古希腊人涌现出第一批哲学家和科学家。古希腊人的信仰各不相同，但是他们都试图做一件事，那就是理解自然界的秩序。"宇宙"（cosmos）这个词来自希腊语 kosmos，意思是"秩序"，就像"混沌"（chaos）这个词来自希腊语，意思是混乱一样。在长达数百年时间里，古希腊的思想家们会聚一堂，努力从混乱的世界中获取尽可能多的信息，并将其牢牢置于宇宙之中。土、气、火和水是古希腊宇宙观中的四种基本构成要素，这四种要素之间相互平衡，这或许是宇宙平衡的最初表达。

古希腊哲学大约在公元前 600 年发展起来，在接下来的几百年里，是目的论和唯物主义争夺统治地位的斗争时期。唯物主义认为，世界被一系列可知的自然法则操纵着，因此可以理性地理解各种现象，而不是基于被假定的设计和目的。在哲学上，更具吸引力的目的论最终"胜出"，至少在古希腊之后的文明中，人们从目的论的角度来看待自然和宇宙。人们首先引用了最伟大的目的论者亚里士多德（Aristotle）的作品。亚里士多德的宇宙论和亚里士多德自然观的统治一直持续到 17 世纪。这对整个科学，特别是进化生物学和生态学来说是令人遗憾的。至今亚里士多德的影响依然存在。这就是为什么今天有许多人至少在某种程度上仍然相信目的论，甚至更多的人不加批判地相信某种自然平衡的主要原因。

唯物主义在古爱奥尼亚兴起并繁荣起来。古爱奥尼亚位于现在的土耳其境内，从希腊横跨小亚细亚（Asia Minor）的爱琴海（Aegean Sea）。就是在这里，泰勒斯（Thales）、阿纳克西曼德（Anaximander）、德谟克利特（Democritus）等思想家开始注意到一个了解世界的重要方法：这个世界是可以通过研究而变得可知。我们现在称之为"科学"的东西就起源于爱琴海的萨摩斯岛（Samos）和米利都[Miletus，爱奥尼亚（Ionia）的城市]。爱奥尼亚人是唯物主义者，因为他们研究这个世界的现象，而不依赖于奥林匹斯山（Mount Olympus）十二神、荷马神和赫西奥德神的古怪行为，作为地球日常运行的因果因素。阿纳克西曼德的描述与大爆炸的说法有着惊人的相似之处，他认为宇宙起源于一个广阔无垠的混沌空间的无定（apeiron）中的一颗小种子。德谟克利特构想出原子论，他认为生命和其他的一切事物都是由原子（原子是不能再分的最小单位）构成的，是机械的，并遵守自然法则，与神灵无关。这种高度的机械观不只相信原子遵守严格不变的法则在空间中运动，而且认为这个由原子构成的世界没有固有的目的性，它只是存在着而已。德谟克利特并不要求灵魂的存在。原子论的自然观更接近后来的达尔文的范式，而不是最终在希腊和后希腊思想中占据主导地位的亚里士多德的范式。

爱奥尼亚人的自然法则观仍认为宇宙可以保持平衡状态，宇宙有一个内在的和谐存在。在爱奥尼亚哲学中，统治物理、生物世界的力量有一个自然的平衡。一些爱奥尼亚思想家认为，这种和谐最终可能产生于众神的行为，但和谐一旦就位，众神就不再干预和修补他们的创造物。爱奥尼亚人真正的贡献之处在于，他们相信有规律统治着这个世界，即自然法则，而这些基于物质的自然法则可以通过实际研究为人们所知。

这种获取信息的理性方法在古希腊帝国迅速传播开来。生活在公元前450年左右的阿那克萨哥拉（Anaxagoras），认为太阳和其他的恒星是遥远的球体，是火热的巨岩，而月球的光芒实际上是反射的太阳光。厄拉多塞（Eratosthenes）大概生于公元前276年，他利用三角测量法精确地测量了地球的周长，误差仅在几个百分点以内，这在当时是一项了不起的成就。约在公元前190年，出生于爱奥尼亚的喜帕恰斯（Hipparchus）制出一个太阳运行的数学模型（仍然假设以地球为轨道），后来被托勒密（Ptolemy）原封不动地写入他那不朽的（同时也是错误的）《天文学大成》（Almagest）中。阿利斯塔克（Aristarchus）在公元前310年左右出生于萨摩斯。他用毕达哥拉斯三角法计算太阳和月球与地球的实际距离。他提出，地球实际上是一个漫游者，是一颗绕太阳公转的行星，而不是相反。这个以太阳为中心而非以地球为中心的范式通常被认为归功于哥白尼，但是爱奥尼亚人阿利斯塔克第一次构想了这个范式。

虽然物理科学主宰了古希腊哲学，但生物科学并没有在古希腊被完全忽视。此时的生物科学研究主要涉及医学和生理学的内容。总的来说，生理学跟物理学一样，在根本上可以通过观察和研究进行了解。神灵不是瘟疫或疾病的起因，医学治疗也没有把注意力放在使用魔法上。最初关于健康的范式是：人体健康通过体液（血液、痰、黄胆汁、黑胆汁）的平衡来实现，各种疾病都可以通过恢复适当的平衡而得到治愈。古希腊医者的思想和古希腊其他学者的思想一样，认为获得平衡是至关重要的。在众多医学实践者中，希波克拉底（Hippocrates）是最有影响力的，他出生于公元前460年左右。在希波克拉底医学的指导下，人们进行了实际的人体试验，并试图开发出一系列常见疾病的治疗方法。很久之后，盖伦（Galen）继承并发扬了希波克拉底的治疗方法，尽管正如我们所看到的，盖伦用一种明显的目的论方式探究医学。[1]

在古希腊，人们普遍认为自然是一成不变的，处于一个稳定的状态，这与宇宙必须平衡的观念相一致。但是，这种信念很可能只是基于人们的直觉。例如，没有任何关于自然的研究可以等同于厄拉多塞的详细测量。除了亚里士多德的贡献之外，人们对自然的观察都是随意的，尽管有时会提出一些比较有意义的问题。希罗多德（Herodotus）是公元前5世纪的历史学家，他对一个后来引起达尔文兴趣的问题进行了讨论，即不同的物种有着截然不同的繁殖力。希罗多德注意到，掠食者不会吃掉所有的猎物。因此他认为上帝特意为被捕食动物（如野兔）提供了更强的繁殖力，以避免它们被掠食者全部吃掉，而掠食者一般繁殖力较低。希罗多德认为，动物在食物链上的位置与其繁殖能力之间平衡的关系是由上帝赋予的，而这播下了所谓的"自然神学"的种子，这种自然观在达尔文时代之前一直在欧洲文化中占据主导地位。现

---

[1] 我推荐 David C. Lindberg, *The Beginnings of Western Science*（Chicago: University of Chicago Press, 1992），书中有早期古希腊科学内容的更多细节。

在如此流行的"智能设计"(intelligent design)概念只不过是自然神学的一个重新包装的版本(见第四章)。希罗多德还注意到自然界存在着互利共生的现象,例如,尼罗鳄(Nile crocodile)会允许某种鸟在它张开的嘴中觅食,鸟儿从尼罗鳄身上取食蛭类,两者都会在这个过程中受益。这样的轶事观察为他的想法提供了很好的素材,即大自然是经过精心规划且完美平衡的。[①]

苏格拉底哲学和爱奥尼亚哲学有着很大的不同。苏格拉底(Socrates,公元前470~公元前399年)并不是专注于了解自然宇宙世界的运作上,而是专注于伦理学和政治决策的基本哲学基础。这种方法让人们开始利用逻辑和辩论来研究什么(因为没有更好的词)是"真理"的问题。著名的"苏格拉底问答法"(Socratic method)在后来的时代里被无数的大学教授所采用,它包括持久的、探究性的问题,试图建立所谓的苏格拉底式对话。爱奥尼亚的实验和分析方法是一种与苏格拉底分析思想截然不同的方法。毫无疑问,苏格拉底学派中最优秀的思想家之一就是苏格拉底的学生柏拉图(Plato,公元前429~公元前347年)。但柏拉图并没有将自己的哲学研究局限在伦理学和政治学上,而且在他的对话《蒂迈欧篇》(*Timaeus*)中也思考了自然世界和宇宙的问题。

柏拉图拒绝任何爱奥尼亚的观点,即宇宙仅仅是事物的原子性集合,只对它们自身的内在本性作出反应,并以某种方式实现秩序。正如历史学家大卫·林德伯格(David Lindberg)所写的那样:"柏拉图深信宇宙的秩序和理性只能被解释为外部思维的强加。"因此,柏拉图认为,宇宙及其中的一切,都有计划和目的,这是由他所谓的造物主(demiurge)或神的工匠强加给宇宙的秩序。[②]

在柏拉图的哲学中,灵魂是基本的,身体是次要的。身体只是理念的、不变形式的不完美的本质。为了说明这一点,我有时会问班上的学生,男生中谁愿意站出来做"理想男性"的榜样,而在女生中谁愿意站出来说自己是

---

① 关于此内容和其他例子的精彩又详细的论述,可参阅 F. N. Egerton,"Changing Concepts of the Balance of Nature," *Quarterly Review of Biology* 48 (1973): 322-350.

② 参阅 David C. Lindberg, *The Beginnings of Western Science* (Chicago: University of Chicago Press, 1992).

"理想女性"？一般没有人会回应我。柏拉图会告诉他的学生，他们每个人都是理念（eidos）的不完美复制品，完美的人类只存在于地球无法触及的地方。著名的柏拉图洞穴寓言就说明了这一点。柏拉图描述了被囚禁于洞穴中的人，他们只能看到人或物体在墙上留下的影子，最终会把影子当成是"现实"，当然，它们只是影子。从哲学的角度来看，我们的日常经验只是存在于其他地方的完美形式的不完美缩影。这些完美形式被造物主精心制作，它们是不可改变的、理想的。正如进化论者恩斯特·迈尔（Ernst Mayr）所指出的那样，柏拉图的本质主义哲学说明他是毫无掩饰的创世论者。他称柏拉图为"进化论的伟大反面英雄"。[1]在柏拉图式思维中的变异（variation），是通过将其平凡化（trivializing）来解释的。所有物种都被创造为完美本质在地球上的不完美形式的表现。这种不完美的形式并不重要。如果物种是在理想状态下创造出来的，并且是不可改变的，那么物种的组合，即我们称之为"自然"的东西必然也是如此。

　　柏拉图式的自然本质只能是平衡的，任何与之相反的现象都是没有意义的。像柏拉图所说，真正的知识不是靠单纯的观察就能获得的。也就是说，如果事物看起来不平衡或者改变了，就忽略它。埃杰顿指出，在《蒂迈欧篇》中柏拉图提出，地球上的各种物种都类似于某种超生命或超有机体（见第六章），这是一种自然平衡的概念，在整个 20 世纪的大部分时间里，它在生态学中保持着显著的活力！[2]

　　毫无疑问，柏拉图的得意门生亚里士多德（公元前 384～公元前 322 年）是生物学领域中最重要的在希腊哲学家。经过对自然深入细致的观察之后，亚里士多德形成了一个持续 2000 年的范式，在一定程度上，它的影响一直延续到今天。亚里士多德虽然不是一个实验生物学家，但他对海洋和其他动物都进行了深入研究，包括细致的解剖。他出版了几大卷动物学方面的著作，包括《论动物部分》（On the Parts of Animals）和《动物志》（History of Animals），这些书一直流传至今。在汇集大量的生物学信息的过程中，亚里

---

[1] 参阅 Mayr, *The Growth of Biological Thought*（Cambridge, MA: Belknap Press, 1982）, p. 304。
[2] 参阅 F. N. Egerton, "Changing Concepts of the Balance of Nature," *Quarterly Review of Biology* 48 (1973): 322-350。

士多德形成了一种优美而令人满意的自然观,但它是完全错误的。

亚里士多德认为,平衡也许是宇宙中最重要的一个组成部分。他将永恒、完整、平衡的宇宙信念直接应用于自然和天文学。除此之外,他将宇宙中的变化(无论是在地球上还是在地球之外)解释为四种可能原因的产物:形式因、质料因、动力因和目的因。在亚里士多德自然观中,最后一个原因——目的因是四个原因中最重要的一个。亚里士多德这样解释目的论:世界是由目的塑造和构建的,所有的事物都以有序的方式发生,它们的本性由一个神圣的宇宙计划支配。亚里士多德的自然观显然与原子论截然相反。后者认为机遇(chance)在塑造事物方面具有重要作用,亚里士多德对任何认为宇宙受到如此影响的观点都不以为然。

亚里士多德坚信充盈,这一概念认为,宇宙和自然界的一切都是尽可能完满(和平衡)的。这意味着每个栖息地通常都包含了它所设计的动植物的数量。从亚里士多德对因果关系的定义中可以看出:充盈也暗指自然界本质上就是平衡的。从蝴蝶花到孔雀,所有的生物都是为了特定的目的而存在的,从而发挥重要的作用。几个世纪后,亚里士多德自然范式的这一组成部分,对达尔文的进化论解释提出了特别的挑战。

亚里士多德最为著名的是,他依据动植物的完满程度和它们灵魂的发展水平,对动植物物种进行复杂的、有等级的排列。亚里士多德说,只有人类拥有"理性的灵魂",所以人类在自然的等级体系中占据较高的地位。这种等级制度是一种从最不完满到最完满的排序,亚里士多德称之为最顶端的原动力。在这个自然等级或"存在的巨链"上,男性的地位比女性高,猴子比狗高,但狗比蜥蜴高。植物因为只有一个"营养灵魂",因此它们处在底层的附近。[①]

在这条巨大的生存链条上,任何生物都不能改变它们的位置。否则,将违背其本质,并也暗示了其目的也已被改变。这种改变太过于严重,是亚里士多德对完满、平衡和自然的设计方案中所不允许的。一些亚里士多德生物

---

① 关于自然等级的经典参考文献是 A. O. Lovejoy, *The Great Chain of Being* (Cambridge, MA: Harvard University Press, 1936)。

学的解释者认为,这条巨链暗示了进化。但正如迈尔所指出的,情况恰恰相反。①亚里士多德生物学完全是神创论和目的论的。从他对胚胎学、发育生物学、解剖学和博物学的详细研究来看,亚里士多德毫不掩饰地坚持认为,所有的自然事物都通过一个原定的目的完成自己的功能,物种间的相互关系是平衡的一部分,这就是生命,事实上,这就是自然。

如果说亚里士多德对未来的思想家有很大影响,未免有点太轻描淡写了。他坚定地确立了柏拉图本质论和目的论作为自然的范式。几个世纪之后,极端目的论者盖伦阐述了人体是如何被完美地设计出来以满足其所有需要的,这显然是亚里士多德哲学向医学科学的延伸。亚里士多德关于有方向、有目的、平衡但静态的自然范式持续了2000年,直至进化生物学开始慢慢瓦解它。即使在今天,当代历史学家仍然对亚里士多德的范式抱有过多的同情。林德伯格在对亚里士多德科学的评论中指出:"不过值得注意的是,亚里士多德的目的论所导致的对功能解释的强调,将被证明是对所有科学都具有深远的意义,直至今天仍是生物科学中主要的解释模式。"②迈尔虽然注意到亚里士多德哲学严重阻碍了进化论思想的发展,但也肯定了亚里士多德的一个很有意义的贡献,他写道:"我们现在所认识到的进化,只能通过博物学提供的间接证据来推断。而正是亚里士多德创立了博物学。"③生态学也最终随之而来。

---

① 参阅 Mary, *The Growth of Biological Thought*。
② 我特别强调的内容。可参阅 Lindberg, *The Beginnings of Western Science*, p.54。
③ 参阅 Mary, *The Growth of Biological Thought*, p.37。

第四章 生态学 B.C.（"查尔斯之前"）

生态学这门科学到底是什么时候真正开始的？生态学一词源于希腊词 *oikos*，意即房屋、住所。这个词直到 19 世纪后半叶才被发明出来。1866 年，德国动物学家恩斯特·海克尔（Ernst Haeckel）[①]开始使用这个词的时候，已是达尔文发表他最著名和最具有影响力的著作《物种起源》（*On the Origin of Species*）的 7 年之后。海克尔宣称这个词简明概括了"自然之家"（household of nature）、"自然经济"（economy of nature）的概念。达尔文在《物种起源》中首次使用了这个词，用来描述自然选择的专业术语。达尔文写道：

> 我坚信，在整个自然经济的运行中，人们并没有完全认识物种分布现象、物种的稀有程度（rarity）和丰富程度（abundance）以及物种的灭绝和变异现象，甚至完全误解了这些事实。我们只看到了大自然美好的一面，我们常常看到丰盛的食物，却没有看见或是忘记了四处悠闲歌唱的鸟儿大多是吃种子或昆虫的，因此它们需要不断地吞噬生命。要不然就是忘记了猛禽是如何杀死这些鸟儿或它们的蛋和雏鸟的；尽管当前食物非常充足，但我们却误以为一年四季都是如此。[②]

这里重要的是，达尔文和海克尔都意识到，在非生物（无生命的）和生物（有生命的）环境中研究生物是多么重要。这种观点隐含的是，自然是"平衡的"，因此自然经济就是对这种平衡的形式化研究。

---

① 恩斯特·海克尔（Ernst Haeckel, 1834～1919）有许多贡献，包括描述和命名许多物种，但他仍是生物学领域颇具影响力和争议性的人物。他最著名的论断是"个体发育重演了系统发育"，这一论断源于他对胚胎及其发育的研究。海克尔关于种族进化的观点被认为是希特勒幼稚而悲惨政策的诱因。但这要怪希特勒本人，而不是海克尔。

② 《物种起源》的第 1 版第 62 页。

生态学在 130 多年前才出现，但它的实际历史可以追溯到更早。我把这一章称为"生态学 B.C.（'查尔斯之前'）"，是因为在 1859 年 11 月 24 日，即《物种起源》出版的前一天，对自然的研究还是一项完全不同的事业。一旦达尔文参与进来，事情就注定要发生改变。

尽管早在 12 世纪就出现了一批科学思想家（"理性主义者"），但从古罗马衰落到文艺复兴出现的整个时期，科学研究基本上处于寂静状态。[①]我在上一章节已经讨论过，亚里士多德是博物学的奠基人。如果他能在 13 世纪，也就是他去世的一千多年之后，与任何有学识的人交谈，那么这位传奇的古希腊哲学家并不会学到太多新的科学知识。中世纪时代，对骑士和修道院有利，对科学不利，当时流行的一个名称映射了这一现实，叫作"黑暗时代"（Dark Ages）。

大约从 15 世纪开始，由于人们对世界运行规则的好奇，科学研究慢慢在西方文化中重生。这是一个文艺复兴、现代世界观形成的时期，至少对一些人来说，他们的好奇心得到了满足，并且我们称之为"科学"的东西开始发展。真正刺激科学发展的是科学与技术之间的发展关系。人类开始懂得如何发明节省劳力的机器，并使用其去收集自然的馈赠。人们也逐渐开始研究人体解剖学、生理学和人体疾病。科学，尤其是自然科学出现了。科学的出现是好奇心驱使的结果，也是因为科学知识从根本上给人类带来了福利。

这是列奥纳多·达·芬奇（Leonardo da Vinci）和尼古拉斯·哥白尼（Nicholas Copernicus）等人充满活力、令人振奋的时代。在接下来的几个世纪里，充满智慧新意的舞台为一系列持续不断的科学革命奠定了基础。[②]这些脑洞大开的探索将深刻地改变我们对宇宙和人类在其中地位的看法，也将带动前所未有的、更为复杂的科技事业的发展，使我们的现代生活变得愈发愉快、健康和安全。想象一下，对于文艺复兴时期的人来说，现代世界会是怎样的。正如科幻小说作家阿瑟·C.克拉克（Arthur C.Clarke）

[①] P. Ball, "Triumph of the Medieval Mind," *Nature* 452（2008）: 816-818.

[②] 这两本书均记载了科学的兴起以及各种科学革命的出现。参阅 D. C. Lindberg, *The Beginnings of Western Science*（Chicago: University of Chicago Press, 1992）; J. B. Cohen, *Revolution in Science*（Cambridge, MA: Belknap Press, 1985）。

常常提到的一样，这一切都是神奇的！

　　对世界的好奇也与帝国主义的逐利性冒险有关。历史上的远航探索揭示了一个比人类曾经预想得更加广阔，物种更加丰富的世界。马可·波罗（Marco Polo）、费迪南·麦哲伦（Ferdinand Magellan）、克里斯托弗·哥伦布（Christopher Columbus）、瓦斯科·达·伽马（Vasco da Gama）以及许多其他的先驱探索者，带回了无数令人惊叹的动植物标本，而这些都是欧洲人之前不知道的。例如类人猿的例子，猿类包括大猩猩、黑猩猩和红毛猩猩等，它们确实激起了科学家强烈的研究兴趣。第一个被发现的是，1778年来自亚洲热带[尤其是婆罗洲的红毛猩猩（Borneo）]，然后1788年发现了黑猩猩，随后1847年又发现了大猩猩。猿类的兽性显而易见，但另一方面许多人也对它们与人类相似的身体形态感到不安。[1]达尔文对伦敦动物园中一只名叫珍妮（Jenny）的年轻雌性猩猩产生了强烈的兴趣，他对珍妮的观察经历无疑影响了他对人类起源的思考。尽管类人猿与人类很相似，但直到3个多世纪后，乔治·夏勒（George Schaller）、简·古道尔（Jane Goodall）、戴安·福西（Dian Fossey）和其他科学家才开始记录类人猿的感知能力。正如达尔文所说的，它们实际上是我们进化上最近的亲戚。

　　18、19世纪帝国主义的远洋航行使这一时期成为"博物学的伟大时代"，生物学稍显成形。博物学家加入船上公司成为习惯，尤其是在英国的探险航行中，收集、描述和处理所发现的新的动植物物种尤为常见。探索了热带太平洋大部分地区（并发现了夏威夷群岛）的詹姆斯·库克（James Cook）船长，曾在其第一次航行中，带着植物学家约瑟夫·班克斯（Joseph Banks）同行。班克斯后来为人们了解热带植物界的多样性做出了巨大贡献。在伦敦，英国公众惊叹于陈列在动物园和博物馆中从遥远大陆带回来的各种动植物标本，以及东印度公司和其他航海探险队或商业航行带回的各种战利品。[2]

---

[1] John C. Greene, The Death of Adam（Ames: Iowa State University Press, 1959）中有关欧洲人对猿类反应的精彩章节。

[2] 有关新发现的动物对伦敦市民的影响，参阅 Richard Conniff, "That Great Beast of a Town," *Natural History* 117, no. 2（March 2008）: 44-49。

亚历山大·冯·洪堡（Alexander von Humboldt）于1799年抵达南美洲，并周游了整个南美洲。他不仅详细记录了南美洲茂密的低地雨林，也详细记录了翻越安第斯山脉（Andes Mountains）时所遇到的丰富的生态区域。

更为重要的是，当时英国海军最年轻的指挥官罗伯特·菲茨罗伊（Robert FitzRoy）船长，选择了刚从剑桥大学毕业的年轻的达尔文，跟随英国皇家海军舰艇"贝格尔"号（HMS Beagle）进行环球航行，主要是去南美洲和加拉帕戈斯群岛（Galápagos Islands）。菲茨罗伊第一次见到达尔文时，最初被达尔文圆润、柔和的鼻子线条所困扰。因为菲茨罗伊船长是颅相学（phrenology）的信徒，认为一个人的头型可以反映此人的性格。他担心达尔文的鼻子反映了一个懦弱的性格。达尔文在其自传中写道：船长怀疑过有我这种鼻子的人是否能有足够的精力和决心去完成这次航行，不过我想，他后来很满意，因为我的鼻子说了谎。[1]

这次航行从1831年12月7日持续到1836年10月2日。其带来的影响深刻地改变了生物学的全貌。正是在"贝格尔"号的航行中，作为一名自然博物学家和科学家的达尔文逐渐成熟了。他做了详尽的观察和记录，收集了大量的生物。这些生物在他回到英国后，成为了他进化论、自然选择理论以及最终成为生态学研究的杰出见解的基本依据。但我们将推迟到下一章再接着讨论达尔文的内容。

随着越来越多的动植物种类被发现，思想家们开始寻求方法来有效地处理这些新发现的大量信息资源。人们进行远洋航行和环游欧洲的探险过程不断增加所谓"创世纪"的名单。为什么说是"创世纪"的名单呢？因为仅仅发现更多的生命形式，并不能改变神创论的范式或改变假定的自然平衡。这场科学革命尚未发生。

荷兰人安东·范·列文虎克（Anton van Leeuwenhoek）在17世纪发明的显微镜，揭示了动植物的基本组成单位是细胞，它们不为人知但真实存在，只是由于太小，人的肉眼无法看到而已。[2]当然，这应该让人好奇，为什么

---

[1] *The Autobiography of Charles Darwin* (New York: W.W. Norton, 1958), p. 72.
[2] 有许多专门介绍列文虎克的网站，可见http://www.ucmp.berkeley.edu/history/leeuwenhoek.html。

造物主会造出如此多我们看不到的东西。但是话说回来,当时这个问题并没有在哲学上引起困扰,这当然也不会让列文虎克感到不安。他是荷兰的改革派加尔文教徒,在显微镜下发现的任何游动的东西都只是进一步证明了上帝的全能和全知。这包括他在 1676 年从人类口腔中提取的细菌,以及在 1677 年所观察和描述的精子细胞。

而且,被发现的不仅仅是活着的、现存的自然生物,化石记录也开始被详细地揭示出来。这些石头中的印记到底是什么?从罗伯特·胡克(Robert Hooke)1665 年细致的研究开始,化石最终被认为是先前存在的生命形式的遗迹。这对神创论者中最坚定的信徒来说多少有些不安。地质学家认为,古代气候和现代气候之间几乎没有相似之处。这就提出了问题:为什么山坡上的沉积物中会有贝壳?为什么会在内陆干旱地区岩石上发现海鱼的印痕?三叶虫(trilobite)?它们是什么?除此之外,在詹姆斯·赫顿(James Hutton)的启发下,地质学家得到一些线索,表明地球的年龄比通常所认为的 6000 年要长得多,正如赫顿对地球所描述的那样:"没有开始的痕迹,也没有结束的预期。"①

1824 年发现了第一批恐龙化石,这种肉食恐龙后来被命名为斑龙(*Megalosaurus*)[一种有点像异龙(*Allosaurus*)但更小的动物)],在那时人们已经清楚地认识到,生命在时间上的全貌比之前所认为的更加漫长和奇特。法国解剖学家乔治·居维叶(Georges Cuvier)认识到,在遥远的过去曾存在过许多现已灭绝的动物群落。②苏格兰地质学家赫顿和其他地质学家收集的数据清楚地表明,地球比以前所认为的要古老得多。由于居维叶的努力,灭绝概念逐渐为人们所接受。毕竟,对于那些坚持严格的神创论教义的人来说,严重的洪水灾害可能会把他们都毁灭掉(尽管你会奇怪,这么多的鱼和蛤蜊是怎么淹死的)。

在居维叶之前,许多受过教育的人都不相信灭绝,其中包括托马斯·杰斐逊(Thomas Jefferson)。他从逻辑上假定,完美的造物主不会使生命形式

---

① 可见 http://www.amnh.org/education/resources/rfl/web/essaybooks/earth/p_hutton.html。
② 居维叶(1769~1832)开创了比较解剖学,并证明了物种灭绝确实发生过,而且是经常性地发生。更多信息可见 http://www.ucmp.berkeley.edu/history/cuvier.html。

不完美到导致它们最终灭亡的地步。①杰斐逊坚信自然等级，并宣称没有理由否认独特的化石动物能在世界某个遥远的、尚未被探索过的地方繁衍生息。他可能希望刘易斯（Lewis）和卡拉克（Clark）能在他们著名的探险中找到一些答案。但是，在明确那些动物具有智力而且已经成为化石后，居维叶坚定不移地表明，多种曾经存在于地球的动物如今已然不复存在，灭绝现象并非凭空想象。严肃的进化思想的第一缕曙光已经出现了。

退一步说，整个17世纪和18世纪，人们都致力于寻找一个令人满意的模式，来对不断增加的物种种类进行分类。约翰·雷（John Ray）以亚里士多德的理论为基础，创作了《剑桥郡植物名录》（*Catalogue of Cambridge Plants*，1660）和《创世作品中显现的上帝智慧》（*Wisdom of God Manifested in the Works of Creation*，1691）。雷的后一部作品的标题反映了更多的哲学思想，即不仅对自然进行分类，而且在基督教神学的框架内解释自然。这种思想背后隐含着自然是平衡的假设，即每一种动植物都在上帝创造的世界里有自己的位置和作用。雷的工作实际上是亚里士多德目的论的再生，经过修正以适应《创世纪》（*Genesis*）对自然的描述。与杰斐逊一样，雷认为，与现存物种没有明显相似之处的生物化石，只是代表了仍生活在世界某个偏远地区的还未被发现的物种。②上帝的造物怎么可能不是这样呢？

1735年，瑞典博物学家林奈（Linnaeus）撰写了《自然系统》（*Systema Naturae*）一书。这是一部极具影响力的著作，里面提出了一种基本上今天仍在生物的分类中使用的嵌套模式：界、门、纲、目、科、属、种。③林奈还发明了双名法，即用属和种命名每个物种，这些名称均为拉丁文，以确保不会因不同国家或地区对通用名称的不同使用而产生混淆。例如，美洲"知更鸟"与欧洲"知更鸟"是不同的物种，但两者均有红色的胸部。当欧洲定居者第一次在美洲发现这种鸟时，也把它叫作知更鸟。林奈的理论被接受后，

---

① 杰斐逊在研究一种已灭绝的地栖树懒（*Megalonyx*）的骨骼时，误认为灭绝的是一种大型狮子。更多信息可参阅 http://gsa.confex.com/gsa/2005AM/finalprogram/abstract_97116.htm。

② 许多网站对约翰·雷（1628～1705）进行过讨论。有关详细概述，可参阅 http://www.ucmp.berkeley.edu/history/ray.html。

③ 有关林奈的权威传记，可见 W. Blunt, *Linnaeus: The Compleat Naturalist* (Princeton, NJ: Princeton University Press, 2002); 另可见 http://www.ucmp.berkeley.edu/history/linnaeus.html。

美洲知更鸟被正式命名为旅鸫（*Turdus migratorius*），而欧洲知更鸟被命名为欧亚鸲（*Erithacus rubecula*），这样就消除了任何可能由它们的通用名称所引起的混淆。

为何林奈要专攻物种分类呢？同雷一样，林奈也认为物种是造物主的杰作，是自然平衡的一部分。事实上，正是这一信念鼓舞了林奈，这也是他毕生致力于分类工作的主要原因之一。

林奈对后来的生态学做出了重大贡献。1749 年，也就是在达尔文出版《物种起源》的 1 个世纪前，林奈提出了"自然经济"这一术语，他在一篇题为《自然经济学标本学院》（*Specimen Academicum de Oeconomia Naturae*）的论文中使用了这一术语。如前所述，达尔文在《物种起源》中也采用了林奈的这一术语。林奈依旧借用古希腊基本的哲学理论，试图证明自然界存在一种平衡。在这种平衡中，每一种生物都有独特的目的，发挥各自独特的作用。例如，他煞费苦心地认为蛆虫有分解尸体的能力，从而避免了世界被尸体淹没。林奈将卑微的蛆虫提升到一个高贵生物的地位（承认吧，被尸体淹没是不愉快的）。林奈也认识到整体环境的重要性（包括所有生命体和气候的组合）。他清楚地看到，生物在自然界中的相互作用，并掌握了生物在生态环境中发生作用的主要本质。但他也相信上帝是善的，是上帝创造了这个世界，而且这个观念一直很坚定。

目的论者认为，自然在伟大的上帝的统治和管理之下是平衡的系统。这种观点被能言善辩的英国作家威廉·佩利（William Paley，1743～1805）[1]进一步推广。他最著名的作品是 1802 年首次发表的《自然神学》（*Natural Theology*）。书中"手表"的例子常常被人们引用。想象你在田野中闲逛，遇到一块手表，你会认为它是什么呢？你会认为，这块手表是为达成某个目的而设计的吗？你当然会。佩利的类比很清楚：像手表这样复杂的东西，只有发明家才能发明出来；同样，自然中的设计，从脊椎动物眼球结构的复杂性，到自然界中动植物的众多适应性，再到大自然中神秘的平衡规律，如果没有智能的、有目的的设计，这些就不可能出现。鉴于这种目的，佩利进一

---

[1] 参阅 http://www.ucmp.berkeley.edu/history/paley.html 获取佩利的介绍。

步认为，自然的作品可以用来帮助理解上帝的意图。换句话说，佩利从根本上重复了弗朗西斯·培根（Francis Bacon，1561~1626）早期的断言，认为要想认识上帝，就要认识自然。

自然神学中没有任何新颖性、独特性或者科学性可言。无论是过去还是现在，这都是智力的死胡同。它只是认为，自然界中任何的相互作用、任何行为，无论多么暴力、残忍、优雅或其他，最终都是全能的、无所不知的造物主的行为，他的深邃智慧远远超过了人类解释自然为何是这样的微弱能力。这样的观点在某种意义上或许是令人满意的，但它仍然是惊人的空洞。当你预先假定，你对自然知之甚少时，这样的知识最终超越了你的全部理解。佩利的观点被不加批判地接受的原因是它很符合社会的主流思想，即所有的生物都是被智能设计出来的特殊产物。

文化上的惰性是很难改变的。值得注意的是，如今的高中和大学都致力于将智能设计引入其生物课程，然而作为"争论式教育"（teaching the controversy）的一种方式，在智力上却并不比佩利在前达尔文时代的论点更有说服力。事实上，情况还会更糟，尤其是倡导进化观点的人更应明白这一点。而且，正如在法庭上一再证明的那样，智能设计论，以及它所有关于"不可还原的复杂性"的辩护，并不是一种科学形式。

有一位不赞同佩利自然神学的科学家是法国动植物学家让·巴普蒂斯特·德·拉马克（Jean-Baptiste de Lamarck，1744~1829）。[1]拉马克名声不好，他经常由于错误的信念而在生物学书籍中受到指责，他的观点被称为"获得性状遗传"，首次发表于 1809 年的《动物哲学》（*Zoological Philosophy*）一书中。拉马克的观念是，在生物的一生中，身体形态的变化（例如更强壮的四肢）会以某种方式遗传给后代。这便意味着，一个人通过长期的锻炼从而拥有了发达的肱二头肌，同时又能用小提琴完美地演奏莫扎特作品，那么他生出的孩子将是肌肉发达的天才小提琴手。然而大多数父母都知道这通常是不可能的。

---

[1] 拉马克的最新传记可见 A. S. Packard, *Larmarck, the Founder of Evolution: His Life and Work* (Gloucester, UK: Dodo Press, 2007), 拉马克是许多网站讨论的主题，可参阅 http://www.ucmp.berkeley.edu/history/lamarck.html。

尽管获得性状遗传在现在看起来令人难以置信，但直到 19 世纪末拉马克提出的进化机制才被证明是错误的。即使在那时，也有人试图"证明"获得性状遗传，这种情况一直延续到 20 世纪。

即使是强烈反对拉马克进化观点的达尔文，也响应了获得性状遗传的召唤，他只是将其称为"泛生论"（pangenesis），这个想法是微小的、未被定义也未被证明存在的微小的"双生子"（gemmules），会以某种方式从二头肌或其他部位找到通往性腺的路，然后作出必要的调整，将所需的特征带给下一代。那时候，达尔文对格高里·孟德尔（Gregor Mendel）的遗传定律一无所知，他知道自己的想法可能是不正确的，或许他甚至后悔提出过这个想法。①

经过仔细的实验观察之后，19 世纪后半叶最有影响力的生物学家奥古斯特·魏斯曼（August Weismann）②，证明了体细胞（身体的细胞），不能直接或间接地向生殖细胞（携带实际遗传信息的卵子和精子）传递遗传信息。生物的外观，即其表型（phenotype），是由基因和环境因素共同决定的，生殖细胞只代表表型的一部分，它是遗传物质的集合（称为基因型）。因此，表型的一些变化，如对莫扎特的喜爱，并不直接受基因型的影响。无论我们多么希望它们是遗传的，但后天获得的性状却不是遗传得来的。

但请注意，拉马克是第一位重要的、有影响力的进化论者。他明确地指出，生物种群可以而且确实会随着时间的推移变成全新的物种。从生态学的角度来看，拉马克关于物种变化的观点很重要，因为它很大程度上依赖于生物（无论是植物还是动物）与环境的联系。拉马克完全接受了人们普遍持有的观点，即生物能巧妙地适应各种环境。但他也意识到，只要有足够的时间，

---

① 达尔文于 1859 年出版了《物种起源》（Origin），并在他的余生致力于出版有关自然选择进化论各个方面的书籍。遗传的过程深深困扰着他，尤其是所谓的生物器官的"使用和废弃"的遗传。他认为一定存在某种机制，通过这种机制对生物器官的"使用和废弃"遗传作出反应，因此出现了泛生现象。他在 1868 年出版的《动物和植物在家养下的变异》（The Variation of Plants and Animals under Domestication）一书中首次描述了这一现象。

② 奥古斯特·魏斯曼（1834~1914）证明了拉马克的遗传学观点是完全错误的。但是获得性状遗传的想法很有吸引力，并且一直存在。在 20 世纪，特罗菲姆·李森科（Trofim Lysenko）在斯大林的统治下领导了苏联的遗传学研究，这项研究是基于拉马克主义的确有效的假设，结果导致苏联的遗传学研究倒退了几十年。

环境通常会发生变化。拉马克认为，如果一个生物体在理论上已经非常适应特定的环境，而其环境发生了变化，那么这种变化必然会降低生物的适应能力。拉马克直接得出推论：生物要么努力适应环境，要么死亡。请注意拉马克的推理对自然平衡概念的潜在影响。如果环境（包括非生物和生物）最终都会在以前适应良好的生物周围恶化，那么，这本身就违背自然平衡。无论存在什么样的均衡，都必须不断地被重新创造，这就是某种平衡。

进化生物学家把拉马克观点的一个方面现代化了，他们称之为"红皇后"假说或进化论的"军备竞赛"。[1]简而言之，环境趋于变化（从而改变，或者更准确地说，阻止真正的自然平衡）的原因之一是，生物本身的进化。回想一下刘易斯·卡罗尔（Lewis Carroll）的《爱丽丝镜中奇遇记》（*Alice Through the Looking Glass*）中虚构的女王说过，为了待在原地，她总是要移动。从隐喻的意义上说，这就是进化。移动是以不断进化的适应性来衡量的，而不移动则是以灭绝来衡量的。如果你研究新生代开始时的哺乳动物的化石记录（我可以列举许多例子），会很快看到，在6500万年前至今的整个时期内，捕食者倾向于进化出许多解剖学上的适应性（如更长的跖骨允许更大的步幅），以提高捕食者的捕食和隐藏能力。例如，如果猎豹生活在始新世（Eocene Epoch）晚期，它们就可以捕捉任何会动的东西。在这场军备竞赛进行的同时，也发生了许多灭绝事件。

拉马克拒绝彻底的灭绝论，而是接受一种活力论（vitalism）的形式，进而认为生物拥有一种内在的生命"力量"，一种生命本身特有的"遗传驱动力"（genetic drive），使它们能够以某种方式改变，以便帮助它们适应环境的变化。这些新获得的适应性特征以某种方式传递给后代。伴随着这一理念的是拉马克对进步的信念。他认为自然界固有的活力进化驱动力最终改善了物种，使其变得更好。自然的平衡不仅得到了恢复，而且得到了改善！拉

---

[1] 第一个将"红皇后"假说比喻为军备竞赛的是利·范瓦伦（Leigh van Valen）。参阅 van Valen, "A New Evolutionary Law, " *Evolutionary Theory* 1（1973）：1-30。但在范瓦伦之前，20世纪30年代新达尔文综合论的关键人物之一罗纳德·费希尔（Ronald Fisher），在他的《自然选择的遗传理论》（*The Genetical Theory of Natural Selection*, Oxford：Oxford University Press，1930）一书中描述了自然选择的一个类似方面。

马克认为人类是由类人猿进化而来的，并将猩猩作为人类假想的祖先。

大多数科学家，包括达尔文，最终拒绝了拉马克关于进化变化的活力论观点，但他们依然接受进化本身的观点。拉马克明确表明了进化的发生，也只有进化才能解释自然的运行机制，他用生态学理论来支持这一观点。但拉马克对遗传或基因一无所知（其他人也不知道）。因此，他编造了一个对他来说似乎合乎逻辑但完全错误的概念。更糟糕的是（尽管大多数批评者似乎并不关注这一点），他的进化变化理论根本无法验证，也根本无法衡量活力的特征。

尽管如此，作为一个大胆的思想家，拉马克挑战了旧有范式。但对后来的生态学做出巨大贡献的却是另一位观察者——吉尔伯特·怀特（Gilbert White）。他的研究甚至早于拉马克。他在博物学领域的观察技巧，加上拉马克的开创性工作（有力地论证了进化思想的真实性），真正为达尔文的成就提供先决条件。

1985年7月，我当时正在英国牛津写作并且决定来一场瞻仰之旅。我来到塞尔伯恩（Selborne），瞻仰了我所认为的历史上第一个真正意义上的生态学家——吉尔伯特·怀特牧师，他在这里生活了73年。我怀着无限敬意拜访这里，回想着他为生态学领域所做的一切。

吉尔伯特·怀特出生于1720年，早于达尔文近100年，他曾就读于牛津大学。1747年，他被任命为牧师，除了代表塞尔伯恩教区居民履行职责之外，他还进行博物学的研究。在那个年代的博物学研究大都是通过收集航海带回的标本完成的。怀特的例子证明了，如果研究不用更深入的话，那么在自己家里的后院也同样可以进行。

怀特的观察成果发表于1789年，就在他去世（1793年）的前几年，该成果《塞尔伯恩博物志》（*The Natural History of Selborne*）已经成为生态学领域最经典的书籍之一。该书由一系列信件组成，所有信件最初都是寄给他的两位朋友中的某一位，后来经过修改和编辑才得以出版。这些信件带着读者穿越了塞尔伯恩的四季，探索了从昆虫到青蛙、乌龟、鸟类、哺乳动物等生物的行为，怀特的描写令人着迷，其中充满了复杂的观察和猜测。怀特也喜欢他的研究主题，他对冬眠现象的浓厚兴趣促使他对一只名叫蒂莫西（Timothy）的乌龟进行了长期研究，而这只乌龟原本属于他的姑妈。在研究蒂莫西行为的漫长岁月里，怀特一直在细心照料它，如今蒂莫西的龟壳被收藏在英国自然历史博物馆中并永久展出。

我对怀特最深刻的印象是他对自然一丝不苟的观察。他真是一位伟大的经验主义者！在那个时代，许多博物学家要么根据自己的思考，要么根据他人的著名发现进行写作，而怀特是根据该领域的第一手经验资料来写作。例如，他是第一个发现，当时通常被称为柳莺的一种不知名的小鸟并非只有一个鸟种，而是三个鸟种。如今，鸟类学家将这些鸟区分为林柳莺（*Phylloscopus sibilatrix*）、欧柳莺（*P.trochilus*）、棕柳莺（*P.collybita*）。乍一看，这三种鸟几乎一模一样：它们的体形、喙部特征和整体羽毛颜色都一样，而且它们都在高处的树叶中活跃地觅食，在那里能够捕食小型节肢动物。但仔细观察会发现，林柳莺毛色是比其他两种鸟更鲜艳的黄绿色；欧柳莺看起来比棕柳莺更丰满；棕柳莺的毛色比其他两种的毛色更灰暗。怀特注意到了这些微小的区别。他还注意到这些鸟儿的歌声各不相同。虽然这三个物种看起来很像，而且可能还出现在同一个区域，但它们并不会杂交，它们独特的歌声使它们彼此区分。生态学家现在已经发现无数这样的例子，物种看起来很相像，但在生态和繁殖上都是隔离的。一个物种与另一个物种通过羽毛、歌声、栖息地偏好，或者这些因素的某种组合而彼此隔离。约250年前，怀特第一个注意到它。并举例说明了如何将基于经验数据的方法应用于博物学研究，实际上，是如何做生态学研究。[①]

自然科学的其他领域也在蓬勃发展，如地质学、解剖学、胚胎学和生物地理学等，都为地球上许多种类的生物之间的内在统一性提供了证据。这些见解并没有对自然平衡的概念提出挑战。相反，它得到了加强。

我们需要的是一种新颖的观点，以及对这一日益庞大的信息库的大综合。一种健全的、符合逻辑的理论不仅证明进化事实的发生，而且证明了进化是如何发生的。不过，解决这个问题的任务将落在达尔文和另一位更年轻的人——阿尔弗雷德·罗素·华莱士身上。

---

① 可参阅 http://www.todayinsci.com/W/White_Gilbert/White_Gilbert.htm 了解怀特的生活概况，还可链接到《塞尔伯恩博物志》(*The Natural History of Selborne*) 文本。

第五章 生态学 A. D.（"达尔文之后"）

达尔文和亚伯拉罕·林肯（Abraham Lincoln）都生于1809年2月12日，林肯于1865年4月14日被刺杀，达尔文卒于1882年4月19日。两人不分伯仲，他们都是时代巨变的推动者。[①]

达尔文在年轻的华莱士[②]（1823～1913）的激励下，解决了算得上是生物学上最大的问题。达尔文借用"神秘之谜"（that mystery of mysteries）来形容物种形成的方式，这一短语最初来自天文学家约翰·赫歇尔（John Herschel）。达尔文和华莱士发现了物种进化原理，他们认为自然选择是盲目的、机械的过程，缺乏任何活力论的成分（因此它不是拉马克式的），这是非目的论的，即生物没有潜在的目的。这是一个盲目的过程，它不可避免地遵循两个事实：第一，遗传多样性赋予群体中的个体不同的表型特征；第二，自然界中的资源有限。当资源紧张时，那些特征与环境匹配度最高（适应）的个体在统计学上将有更高的生存和繁殖机会。因此，存活不是随机的，而是由种群中不同表型变异的特征决定的。自然选择似乎和万有引力以及电磁辐射一样是宇宙的一个特性。如果宇宙中某个地方的行星是有生命的，那么自然选择将会盲目地作用于这上面的各种生命形式。

达尔文和华莱士各自独立发现了自然选择理论。关于达尔文发现的记录，最早见于他在19世纪30年代后期保存的关于物种演变的笔记中，但直

---

① 有许多关于达尔文的传记。我认为有两种是最权威的。其中一种是珍妮特·布朗（Janet Browne）的两卷书。第一卷是《查尔斯·达尔文：旅行》（Charles Darwin: Voyaging, 1995），第二卷是《查尔斯·达尔文：地位的力量》（Charles Darwin: The Power of Place, 2002）。两卷都是由阿尔弗雷德·A.克诺夫（Alfred A. Knopf）出版社出版的精装版，有普林斯顿大学出版社的软装版本。另一种是 Adrian Desmond and James Moore, Darwin: The Life of a Tormented Evolutionist (New York: Warner Books, 1991)。我强烈推荐 Niles Eldredge, Darwin, Discovering the Tree of Life (New York: W.W. Norton, 2005); 也可参阅 http://www.aboutdarwin.com/，这个网站的内容非常完整，也有许多其他网站的链接，包括达尔文一些书籍的文本。

② 最近出版了几本关于华莱士的传记。我推荐 Peter Raby, Alfred Russel Wallace: A Life (Princeton, NJ: Princeton University Press, 2001); 另可参阅 http://www.wku.edu/~smithch/index1.htm。

到1842年，达尔文才第一次敢于写一篇概述。在这篇关于自然选择的首次试探性描述后，他又在1844年写了一篇更详细的文章。达尔文告诉妻子艾玛（她从来不接受丈夫关于进化论的观点），万一他生前没有完成自然选择和进化论的主要工作，她也要确保发表这篇文章。

1855年，在达尔文撰写关于自然选择的论文之前，华莱士写了一篇颇有见地的文章。华莱士认为所有的物种都来源于先前存在的物种，从那时起，华莱士就已经开始对物种进化确信不疑，并意识到他需要某种机制来解释物种的变化。1858年，在马来群岛病愈后的华莱士想到，自然选择可以解释这一切。华莱士知道达尔文作为博物学家的显赫地位，于是把自己的文章寄给达尔文请他帮忙发表。因此，至少，在华莱士之前整整16年，达尔文就已经写过（虽然没有发表）关于自然选择的文章。达尔文对进化论的信念可以追溯到更早一点的1836年。

在深刻揭示生物学是如何运作中华莱士所扮演的角色，学者们争论不休。自然选择范式的发现应该归功于达尔文还是华莱士？有些人认为达尔文是不公平的，他等了太久，被抢先一步，然后他攫取了其中大部分功劳，实际上，华莱士真的应该拥有优先权。达尔文被指责与他的密友赖尔、约瑟夫·胡克（Joseph Hooker）密谋，以确保他发现自然选择理论的优先地位，并哄骗华莱士接受他的次要角色。但在我看来，这些谴责显然是不准确的。

华莱士把他的自然选择文章寄给达尔文，因此达尔文陷入如何处理这篇文章的两难困境。达尔文读到华莱士的文章时肯定非常震惊，他的沮丧是可以理解的。几年前达尔文就已经把自然选择理论分享给了赖尔和胡克。他征询赖尔和胡克应该如何对待华莱士文章的建议，就是想对华莱士公平些。在赖尔和胡克的催促下，达尔文和华莱士的文章于1858年7月1日被送到当时有名望的伦敦林奈学会那里。有意思的是，文章并没有在当时的科学精英中引起轰动。直到16个月后，当达尔文的书出版时人们才真正注意到这个潜在的新范式。达尔文获得的大部分赞誉（或诅咒，这取决于谁的意见）得益于这项研究成果，"达尔文主义"至今仍在使用。华莱士是否能像达尔文的书那样引起人们的关注，这令人怀疑，因为华莱士并没有像达尔文那样，花多年时间收集证据来支持他的观点。可达尔文这么做了。

华莱士激发了达尔文，促使达尔文付诸行动，把长期以来一直不愿意公开的理论公之于众，最终发表了一个他思考了20多年的理论。而这正是华莱士的真正贡献。①

为什么达尔文一直不愿发表自然选择理论，直到华莱士促使他才发表？达尔文很可能知道这一理论将产生的深远影响，因此除非有充分的证据支持它，否则他不能说服自己去公开发表。达尔文无疑知道，一个机械论的理论要比某种神赋予的活力导向的理论更难被人们接受。此外，达尔文在1844年撰写了一篇关于自然选择的长文（这成为《物种起源》的基本大纲）时，一本维多利亚时代名为《创世的自然志遗迹》(*Vestiges of the Natural History of Creation*)的书出版了。②这本书的作者罗伯特·钱伯斯（Robert Chambers）匿名出版了这一著作，因为他非常清楚这会引起多大的骚动。而事实的确如此。钱伯斯对从宇宙到人类的进化内容做了全面概述，所以这本书并不易被读懂。在当时，没有哪本书像达尔文随后出版的书那样有如此严密或连贯的论证。在很大程度上，《创世的自然志遗迹》中的观点是目的论的，但它确实主张生物进化。这本书的观点遭到科学精英们的强烈反对，这使达尔文清醒了。社会似乎还没有准备好认真或友好地对待进化思想，因此达尔文似乎明白他这冷酷的机械论会被人们认为更具煽动性。

《物种起源》是达尔文思想的巅峰之作。几乎可以肯定的是，达尔文在"贝格尔"号上航行时，这一思想就开始萌芽了。他的许多观察，特别是对岛屿动植物群的奇怪分布的观察（尤其是在加拉帕戈斯群岛的观察），为物种的不变性埋下了第一颗怀疑的种子。1836年，一回到英格兰，达尔文就开始了漫长的学术之旅。1859年11月24日《物种起源》的发表，使他的

---

① 应该指出的是，尽管华莱士和达尔文对人类大脑的进化，以及自然选择在推动进化中的整体重要性等问题的看法方面截然不同，但华莱士仍对达尔文表现出钦佩之情。华莱士把他的经典著作《马来群岛自然考察记》(*The Malay Archipelago*)献给达尔文，并将其一本关于进化论的书命名为《达尔文主义》(*Darwinisn*)。

② 《创世的自然志遗迹》(*Vestiges of the Natural History of Creation*)可从芝加哥大学出版社获得，该出版社于1994年印刷了一份复本，这非常棒。

第一段旅程达到了顶峰。①达尔文随后继续撰写其他书籍，每本书都聚焦探讨生物进化的某些方面。虽然达尔文在《物种起源》中只暗示人类由猿进化而来（第一具尼安德特人的骨骼化石发现于1856年），但他在《人类的起源和性别选择》(*The Descent of Man and Selection in Relation to Sex*，1871) 中详尽地揭示了人类的起源，然后是《人类和动物的情感表达》(*The Expression of Emotion in Man and Animals*，1872)。他的最后一本书是《蠕虫活动对植物形成的影响》(*The Formation of Vegetable Mould, through the Action of Worms*，1881)。最后这本书探讨了微小而持续的干扰（蚯蚓在土壤中的作用）如何在很长一段时间内导致生态景观的巨大变化（如巨石阵的石头崩塌）。这是对自然选择的很好类比，说明自然选择是通过长年累月地雕琢导致重大的进化变化的方式。

达尔文将《物种起源》称之为"一个长篇论证"。他在书中提出了两个非常重要的观点。首先，地球上现存的所有生物，以及曾经存在但现已灭绝的生物，最终都有一个共同的祖先。在达尔文看来，所有的生命形式都通过一个深厚的谱系联系在一起，这个谱系可以追溯到地球上首次出现生命的时候。因此，生命的历史，可以看成是由不同形式的生命相互联系构成的密集基因丛（这一模式通常被称为"生命之树"）。生命形式会随着时间的推移而变化和进化着，许多物种会灭绝，但每一生命形式都与其他生命共享一种历史的基因联系。一个物种灭绝代表生命之树的茎尖死了，物种形成则代表新分枝的茎秆。达尔文用多枝灌木的隐喻来说明这一概念，他也多次把它称为"变异的后裔"(descent with modification)。

其次，达尔文提出了一种进化如何发生的机制，即自然选择。但什么是自然选择？是怎样的一种过程使得达尔文的朋友兼支持者托马斯·亨利·赫胥黎（Thomas Henry Huxley）②直呼"我真蠢，竟然没有想到这些"？

---

① 全称是《根据自然选择，即在生存斗争中适者生存的物种起源》(*On the Origin of Species by Means of Natural Selection or the Preservation of Favoured Races in the Struggle for Life*)。该书历经6个版本，每一版本都被大量修订，但其中的修订很多都很混乱，并不清晰。到目前为止，最好的阅读版本是第1版，有复本。我引用的所有页码都来自第1版的复本。

② 有关赫胥黎的更多信息，可见 http://www.ucmp.berkeley.edu/history/thuxley.html。

第五章 生态学 A.D.（"达尔文之后"）

选择，顾名思义，意味着改变。如果某些特征被选中，其他的将会被放弃。例如，如果一家餐馆里的食客从来不点比目鱼，而是经常点牛排，菜单很快就会改变，菜单里不再包含比目鱼，而有几种牛排则变成了特色菜。如果性状是基于遗传的，那么基因（或者更准确地说，等位基因）频率会随着选择行为而作出改变。

生物选择的最常见的例子是对动植物的驯化。这一点达尔文也没有忘记。他在开始写《物种起源》时就以驯化生物作对比。达尔文深入地了解了异域鸽子的繁殖，并在《物种起源》中详细评论了现代鸽子的繁殖。即所谓的鸽子品种，如球胸鸽（pouter）、翻头鸽（tumbler）、毛领鸽（jacobin）、扇尾鸽（fantail）、修女鸽（nun）都是原鸽（*Columba livia*）的直系后代。[①]他对现代犬种做出了基本相同的评论。认为尽管现代犬种各不相同，但它们的血统可能都可以追溯到血缘关系相差较大的狼和狐狸身上。这个类比的目的是让他的读者相信，每一种生物身上都隐藏着随自然选择而改变的强大遗传潜力。驯化非常清晰地证明了这一事实。

自然选择是适应环境的过程。你所看到的大多数生物的任何一种表型，都是自然选择日积月累的结果。选择作用于身体构建、生理机能以及动物行为。正是这种选择的力量塑造着自然界中的所有生物。自然选择理论解释了：为什么非洲狮（*Panthera leo*）有着长长的犬齿和强大的下颚；为什么某些黄蜂麻痹蜘蛛后，会在它们身上产卵；为什么红树林[美洲红树（*Rhizophora mangle*）]有翘起的树根；为什么有些花是管状的，颜色是红色的；为什么有的霉菌释放化学物质，以抑制细菌的生长。如果亚里士多德面对这些问题，也一定会惊讶。但自然选择究竟是如何运作的呢？

自然选择的关键来源于马尔萨斯经济学（Malthusian economics）。亚当·斯密（Adam Smith，1723～1790），自由资本主义的伟大倡导者（包括他对经济系统的"看不见的手"的类比），为自然选择提供了智力模型，为有限的资源（市场）提供了自由和不受限制的竞争模式（公司之间）。马尔

---

① 可登录 http://pigeonracing.homestead.com/Pigeon_Breeds.html 了解这些品种。

萨斯将斯密的观点用于人类社会政策，自此之后，有关马尔萨斯经济学的争论在整个学术界掀起了轩然大波。

达尔文和华莱士都拜读过马尔萨斯的《人口论》(*An Essay on the Principle of Population*)。[①]这本书首次发表于1798年，再版6次，最后一次于1826年出版，当时达尔文只有17岁。这本书对达尔文和华莱士产生影响的关键在于：马尔萨斯阐述了基本的环境资源如何制约人口数量，从而导致人类的生存之战。（由于人口增长）生存竞争是不可避免的，因此群体中只有一部分人会最终生存下来，其他人必然死亡。达尔文和华莱士所做的就是把马尔萨斯原理应用到自然界中，再额外补充一个关键点。他们知道种群中的个体在遗传上的差异，这种差异决定在关键时期谁会幸存。那些最适应环境的变异比那些具有不同性状的变异更容易存活和繁殖。

请注意，所发生的"选择"是隐喻的且不具有引导性。选择是一个统计的事实，是环境对种群造成影响的必然结果。关于这一点，我将在下文中详细说明。

艾萨克·牛顿（Isaac Newton）创立了精确的数学公式来预测物体间的引力，与牛顿不同的是，达尔文和华莱士用文字阐述了他们的自然选择理论。这是一个用纯逻辑表达的、科学的、经验上可检验的理论。达尔文和华莱士都知道自然界有那么一个马尔萨斯的"生存之争"（struggle for existence），竞争的强度由很多因素决定。如果环境适宜，种群数量不多，那么种群中的所有个体就会有足够的资源，因此这里的竞争会很小甚至没有，因此选择也是"宽松的"。但是，当任何关键资源变得有限时，种群内的个体为了得到那些资源，必然会导致某些形式的、直接或间接的竞争。并不是所有个体都会得到这些资源，如果它对个体的生存和繁殖至关重要，那么得不到这些资源的个体就不能生存或繁衍。

生存之争在种群个体之间并没那么显而易见，因为它也可能是与自然因素，如低温、冰暴、长期干旱或火灾等因素的斗争。例如，当气候变冷时，就会对适应温暖环境的生物造成威胁。当然，自然选择也可以来自捕食者、

---

① 这篇文章的网络版可见 http://www.ac.wwu.edu/~stephan/malthus/malthus.0.html。

寄生虫和病原体的影响。并不是所有的个体在捕食者面前都有同样的逃生技能，或对寄生虫和病原体的侵害有同样的抵抗力。达尔文写道："我应该给'为生存而斗争'这一术语设定一个广泛和隐喻意义的前提。"①

自然选择表明，生存和繁殖的成功在自然界中并不是随机出现的。这一点与许多人对自然选择的看法正好相反，这也是为什么他们不理解自然选择的原因。经常会有人说："我们不是通过随机的过程才到这儿的。"是的，确实如此。种群中的个体之间并不相似，而是具有明显的差异。这些差异在很大程度上是基于遗传的，而且事实上，当种群中的个体卷入生存之争的时候，这种差异会发挥至关重要的作用。从逻辑上讲，那些最适合环境条件的个体最有可能存活下来并继续繁衍后代。从进化的角度来看，这样的个体是最适合的。

适合度（fitness）是指生物体的相对繁殖成功率，取决于它在当时的环境条件下，相比种群中的其他个体它如何应对环境变化。如果环境变冷，种群中有最厚毛皮、最暖绒毛，或能找到舒适巢穴的群体最容易生存繁衍下去。一般来讲，它们比那些皮毛薄的个体有更高的适合度。这一概念是自然选择的精髓，通常被称为"适者生存"，这一概念虽然不是达尔文而是赫伯特·斯宾塞（Herbert Spencer）提出的，但也成了达尔文主义的流行语。

虽然自然界中有很多个体出生了，但并不是所有的个体都能够有幸繁殖后代。那些活下来的个体是原始群体中经过选择的、非随机的分支。由于遗传基因的不同，种群以不同的方式随着环境的变化而进化。如上所述，达尔文认识到，适合度在很大程度上是一个隐喻性的术语，并不需要从字面上理解为"大自然的残酷无情"（nature red in tooth and claw）。生物体可能会互相斗争，或与其他物种斗争，或与自然环境斗争。但最终，在生存斗争和适者生存的过程中，不同个体的遗传禀赋将是最重要的。

如果没有遗传变异的存在，自然选择可能就不会发生。这是有序的遗传变异。依据环境中的具体情况，这个有序的变异可以朝着任何一个方向发展。事实上，遗传变异取决于环境中的生命体和非生命体。许多因素导致了选择

---

① 参阅 *Origin*，p.62。

中遗传变异的发生：突变、种群间的基因流动、有性生殖过程中的基因重组。这就是随机性，因为突变，所有遗传变异的最终来源，在很大程度上是一个随机过程。

自然选择是不可预测的，它不可以预知未来。今天适应得很好的生物也有可能在明天灭绝。因此，自然选择没有固有的方向性，自然选择只在当下起作用，并不"规划"长远的未来，这是一个盲目的分类（sorting）过程。为了衡量自然界中的自然选择，有必要表明选择的动因是什么，以及什么环境因素对一个种群内的差异生存或繁殖负责。

自然选择在被达尔文和华莱士描述近1个世纪之后，才被证明在自然界中确实发生。其中，一个最有名的例子就是英国的桦尺蛾（*Biston betularia*）。现在几乎所有的生物学入门课本都将其描述为工业黑化现象（industrial melanism）。随着树皮被工业污染物所覆盖，颜色较浅的桦尺蛾成为了鸟类的猎物，但罕见的颜色较深的桦尺蛾，通常不太健康，由于更好地伪装（多亏了覆盖树皮的煤烟），存活得更好。所以桦尺蛾就由浅色种群向深色种群进化。自此以后，人们记载描述了许多自然界中自然选择的例子。[①]

另一个自然选择例子，是先前被记载的加拉帕戈斯群岛的中地雀（*Geospiza fortis*）。[②]加拉帕戈斯群岛位于厄尔多瓜以西600英里（1英里≈1.609千米）外的太平洋，该群岛遭遇了气候波动的影响，诸如周期性的干旱和偶然出现的厄尔尼诺现象（El Niño）造成岛上降雨的增多等。1977年，整个岛屿遭受了一场十分严重的干旱。

研究人员研究了大达夫尼（Daphne Major）群岛内某一个小岛上的地雀，在那里可以捕获任何一只地雀，给它们都系上带子，然后跟踪其以后的行踪。在干旱期间，大达夫尼群岛上的大多数植物种子的产量减少，而这些种子又恰恰是地雀的日常食物。岛上大多数小型种子植被的产种量因干旱减少，一些大型的、硬度较强的种子被保存下来。这时候中地

---

① J. A. Endler, *Natural Selection in the Wild* (Princeton, NJ: Princeton University Press, 1986).

② P. T. Boag and P. R. Grant, "Intense natural selection in a population of Darwin's finches (*Geospizinae*) in the Galapagos," *Science* 214 (1981): 82-84. 乔纳森·韦纳在其著作《雀喙》(*The Beak of the Finch*) 中记录了格兰特夫妇在大达夫尼群岛的研究。

雀就处于艰难的、几乎是毁灭性的食物短缺（由于干旱带来的）时期。从 1976 年 6 月到 1978 年 1 月，中地雀的数量急剧减少了 85%，大多数都是因饥饿而死。但也有一部分幸存下来，幸存下来的这些中地雀拥有比其他同种鸟类更大、更深的喙，这样它们就可以夹碎那些硬度较强的种子——这是干旱期间岛上留下来的唯一食物。在那些幸存下来和死去的中地雀中，喙的大小差异仅仅只有 0.5 毫米，观察者无法察觉这一差异，但可以用工具进行测量（用校准仪）。这里我要再强调一次：那些存活下来的地雀生存并不是随机的，只有那些喙比较大的才得以幸存下来。从遗传角度来讲，那些拥有大型喙的地雀，其后代也相应地拥有类似的大喙。这种由于干旱引起的高强度的自然选择，只需一代就可以发生如此强大的进化变化。

从 1982 年到 1983 年，加拉帕戈斯群岛又遭遇了由厄尔尼诺引起的强降水。因此，小岛又开始转绿，植物的种子又逐渐多了起来，这就给地雀提供了比较丰富的食物资源。但是，小型种子植物所产生的种子要比大型种子植物产生得更多。同样，中地雀种群的喙的大小又转变了。那些喙较小的中地雀获得了较多的食物且留下了更多的后代，喙的大小又回到了 1977 年干旱前的情形。这就是自然选择的本质，它只对眼前的情况作出反应。根本就没有绝对意义上的"好基因"或"坏基因"，这完全取决于食物资源的可用性，取决于选择发生时的条件。

最后，请注意，选择可能在以下三种方式中的任何一种发挥作用。其中，一种最常见却又常常被忽视的是稳定选择（stabilizing selection）。例如，如果一只白化病松鼠出生，它就不可能像正常色松鼠一样，在捕食者的发现下存活下来。因此，根据钟形曲线两端的选择，种群维持在一个狭窄的中间表型范围内，消除了极端。

对进化变化最重要的选择形式是单向性选择（directional selection）。当环境的某些方面发生变化时，单向性选择就会发生，从而带来新的选择压力。可以把它看作是作用于钟形曲线的一端，把曲线拉向不同的表型平均值。遭遇干旱袭击的达尔文雀类喙的进化就是一个很好的例子。

但当选择作用于部分表型范围，钟形曲线将分成几个更小、更窄的表型范围，分裂选择（disruptive selection）就会发生。分裂选择在某些物种的形成模式和拟态方面可能很重要。

自然选择从概念上很容易理解，但从哲学上却很难被理解。有些人十分排斥自然选择，因为它缺乏目的性和"改进"的方向，对其他人来说，它就像是不可思议的碰运气的游戏一样，然而事实远非如此。就生存所必需的适合度而言，生物不会"随机"进化。情况恰恰相反，那些认为自然选择是一个随机过程的人彻底错了。如上所述，只有突变，遗传变异的最终来源是随机的。

自然选择的另一个困境是，在19世纪末它几乎被扼杀了。因为生物学家们对后来称之为孟德尔遗传学[①]，以及后来的种群生物学领域，都没有确切了解。在他们看来，自然选择理论在实际工作中显得过于薄弱，无法真正发挥作用。对自然选择理论有这样一个类比：将一滴黑漆滴到一罐白漆里面，黑漆是最显眼且最得利的，但它很快就会"混合"淹没在一大片白漆中。那么，罕见但有益的生物性状实际上又是如何增加的呢？

这个问题在20世纪30年代得到了学者们的彻底解决。罗纳德·费希尔（Ronald Fisher）、霍尔丹和休厄尔·赖特（Sewall Wright）分别完善了自然选择理论。他们将自然选择理论与孟德尔遗传学和哈代-温伯格（Hardy-Weinberg）种群遗传学结合起来。此后，进化生物学家就能有效而又精准地利用数学来预测基因频率在不同自然选择方式下的改变。费希尔、霍尔丹和赖特所做的工作很快就被称为新达尔文主义，或者说它是进化理论的"新综合"（new synthesis），代表着20世纪中期进化思想的复兴。

《物种起源》对任何一个生态学家来说都具有深刻的意义，在我看来你可以把它称为第一本像样的生态学著作。自然选择的基础，即任何种群呈指数增长的趋势，是种群生物学研究的基础。当代生态学的许多其他观点也出现在达尔文的书中，只不过经常是以一种模糊或粗糙的形式出现。例如，他举了一个例子，说明生态系统如何因放牧等原因而发生根本性的变化。他还谈到了种内和种间斗争以及这种相互作用可能对物种进化和新物种形成的

[①] 当达尔文出版《物种起源》时，格里高尔·孟德尔（Gregor Mendel）就已经开始研究豌豆的遗传特性，但达尔文从来不知道孟德尔的研究工作，直到20世纪初孟德尔的研究才真正受到学界重视。

第五章 生态学 A. D.（"达尔文之后"）

影响。达尔文写道：种子散布在泥土上，这些泥土粘在远处飞行的水鸟的脚上进行传播。他思考了为什么热带地区的植物和动物种类比温带或极地地区多得多，他还描述了不同种类的昆虫，如何以一种独特的结构为特定的、唯一的植物授粉。这是现在被生物学家们所说的协同进化的一个例子。达尔文在《物种起源》的最后一章以这样一个生态例子开始：

> 有趣的是，想象一个缠绕的堤岸，上面长着各种各样的植物，鸟儿在枝头吟唱，各种昆虫翩翩起舞，蠕虫在潮湿的土地上爬行。这些精心构造的形态，彼此如此不同，又如此复杂地相互依赖，这都是由我们周围的规律产生的。①

请注意，这一段中有一个隐含的平衡假设。当达尔文说生物以如此复杂的方式相互依赖时，他很可能认为自然选择解释了他仍然相信的自然平衡。

达尔文工作的重要性怎么强调都不为过。②无论人们当时赞同还是不赞同其理论，即进化和适应主要是由自然选择带来的，达尔文都说服了大多数读者（大多数，包括他的支持者、反对者或中立者）相信其进化理论的真实性。他的工作确确实实提高了人们在博物学方面的兴趣，并为一个最终发展为生态学研究的研究纲领提供了基础。回想一下，1859 年，达尔文的《物种起源》出版，在《物种起源》中，他先后 4 次提到"自然经济"这个词。仅仅过了 7 年的时间，1866 年海克尔就发明了"生态学"一词来描述对"自然经济"的研究。

达尔文强烈反对神创论，但他却十分推崇自然平衡理论。他在《物种起源》中提供了一个经常被引用的例子，来证明食物链中存在"平衡"。达尔文观察了专门给三叶草授粉的大黄蜂（和熊蜂一样），这是一种将蜂巢筑在

---

① *Origin*，p.489.

② 可参阅 Kevin Padian, "Darwin's Enduring Legacy," *Nature* 451（February 7, 2008）：632-634 获取简要概述。关于更深入的研究，可见 Michael T. Ghiselin, *The Triumph of the Darwinian Method*（Chicago: University of Chicago Press, 1969）。另可见 Ernst Mayr, *One Long Argument: Charles Darwin and the Genesis of Modern Evolutionary Thought*（Cambridge, MA: Harvard University Press, 1991）。

地面上的蜂类。它们的蜂巢就会被田鼠捕食,所以大量的田鼠会使这种授粉蜂的数量减少,从而降低三叶草的繁殖能力。事实上,作为捕食者的田鼠,其本身并没有对三叶草做什么,但它们间接地对三叶草造成了破坏。如果没有鼬鼠(白鼬)和猫杀死这些田鼠以保持适当的"平衡",那么一个三叶草赖以生存的、精妙的植物授粉体系就将面临崩溃。①

达尔文关于自然平衡的潜意识假设很难与他的自然选择的观点相一致。因为自然选择是适时行动的,是使种群去适应其环境变化的。这也导致了达尔文最著名的比喻之一——楔形(the wedge)隐喻的产生。因为达尔文接受的是西方文明的教育模式——自然是平衡的,所以他认为自然经济中所有可用的空间都必须被填满。达尔文信奉完满的哲学概念,即自然的圆满或完整。他认为这是事实。除了认为这是一种哲学上的偏见,而不是批判性地分析之外,实在没有理由让他这样想。因此,达尔文对新进化的种群如何进入一个原本完整的栖息地而感到困惑。他满足于自己的设想:"自然的表面可以被比作是一个弯曲的表面,这个表面由1万个尖锐的楔子紧密地挤在一起,通过不断地打击向内推进,有时一个楔子被击中,然后另一个楔子以更大的力量进行撞击。"②

因此,新进化的物种就这样以一种象征性的方式进入生态系统,成为自然的平衡经济(the balanced economy of nature)的一部分。在《物种起源》中的某一处达尔文提到:

> 战争中的较量必然伴随着不同的成功而出现;然而从长远来看,这些力量是如此完美地平衡,使得自然界的面貌在很长一段时间内保持不变。尽管毫无疑问,最细微的差别往往也会让一个生物获得胜利。③

自然的平衡显然是假定的,并体现在达尔文其他激进的著作中。因此,19世纪追随他的博物学家坚持自然平衡的观念就不足为奇了。其中,就有两位

---

① 该例子在《物种起源》(*Origin*)第73-74页有描述。
② *Origin*, p.67.
③ *Origin*, p.73.我特别强调此处。

人物：卡尔·莫比乌斯（Karl Möbius，1825～1908）和斯蒂芬·福布斯（Stephen Forbes，1884～1930），他们对生态学作为一门学科的发展尤为重要。[1]

莫比乌斯研究的是沿海海洋生态系统，让他印象深刻的是，在牡蛎群体中有这么多不同种类的生物。1877 年，他发表了一篇名为《牡蛎群体是生物群落还是社会群落》（*An Oyster-Bank Is a Biocönose, or a Social Community*）的文章。在文章中，他描述了牡蛎是如何与种类繁多的节肢动物、软体动物、棘皮动物、腔肠动物以及各种藻类和其他植物群落共存的。他的研究工作有助于定义后来的生态群落概念，即一个"平衡的群落"（balanced community）。他对群体中牡蛎独特的重要性的关注，也是我们现在称之为关键物种的早期描述（第十二章）。

1887 年，福布斯发表了一篇论文，这篇论文很快成为新兴生态学领域最具影响力的论文之一。在《湖泊微宇宙》（*The Lake as a Microcosm*）[2]这篇文章中，福布斯将湖泊中各种生物之间的相互依存关系，与其对非生物环境的集体依赖联系起来，最终将湖泊视为自然平衡的一个例子。福布斯写道："也许在这种情况下（湖中），没有任何生命现象比稳定的有机自然的平衡更引人注目了。尽管，其中的每一种物种都年复一年地保持在统一的平均数量内，但它们总是尽其所能地在每一方面突破边界。"[3]

福布斯认为，生态系统以这种方式发展最终从混乱中获得秩序。这个主题将在 21 世纪占据生态学家的研究核心，因为他们试图使自然平衡的概念变成一个科学而非隐喻性的范式。

生态学自达尔文以后就开始变得不一样了，博物学不再是自然神学，它变成了科学，一门研究自然平衡的科学——生态学，但生态学仍然还有很长的路要走。

---

[1] 莫比乌斯和福布斯的论文节选可参阅 E. J. Kormondy, *Readings in Ecology*（Englewood Cliffs, NJ: Prentice-Hall, 1965）。

[2] 参阅 Robert A. Croker, *Stephen Forbes and the Rise of American Ecology*（Washington, DC: Smithsonian Institutions Press, 2001）。

[3] S. A. Forbes, "The Lake as a Microcosm," *Bulletin of the Illinois State Natural History Survey* 15 (1925): 537-550；引文见第 549 页。这篇开创性的论文最初是在 1887 年由皮奥里亚科学协会（the Peoria Scientific Association）在他们的公报上发表的。

第六章 20世纪：生态学时代的到来

达尔文推动了生态学的发展。他对自然经济中真正发生的事情的描述，远胜于他的前人，但很快生态学家们就把他遗忘了大约半个世纪。即便是之后，生态学家们的理解能力还是有点慢。20世纪30年代，由霍尔丹、费希尔和赖特等人的开创性工作开启了进化论的大综合，生态学家显然没有参与其中。当狄奥多西斯·杜布赞斯基（Theodosius Dobzhansky）和迈尔提出生物种概念（biological species concept），[①]即生殖隔离机制将物种分离的概念时，生态学家的贡献微乎其微。乔治·盖洛德·辛普森（George Gaylord Simpson）用趋势和速率分析来解释化石记录的经典著作[②]，至少就我所知，这本书从未进入生态学文献，尽管它确实具有重大的生态意义。

20世纪初期的生态学本质上仍然是一门描述性的科学。生态学家走进田间地头，计算植物和动物的数量，然后列出清单，差不多就是这样的工作。但自然界是复杂的，生态学家发现，要足够准确地研究目前在各种环境中的物种，并获得种群数量的估计值是非常困难的。

实验生理学的出现，为生态学家提供了一个很好的范例。生态学家们试图在其领域方法中模仿实验生理学家的方法论。这些生态学家正努力摆脱昆虫收藏家（bug collectors）的形象，并希望获得那些实验室科学家以及科学方法实践者所应有的尊重。

生态学很快分为两个分支：植物生态学和动物生态学。这并不奇怪，因为当时的植物学和动物学已经成为学术界的研究焦点。当然，自然界更加多

---

① 自20世纪40年代以来，生物种概念一直主导着进化生物学。虽然不是唯一的物种定义，但这一定义对大多数动物都是适用的。该概念依赖生殖隔离，具有很强的启发价值。目前，生物种概念正受到更多基于分子数据分析的物种概念的挑战。Dobzhansky, *Genetics and the Origin of Species*（New York: Columbia University Press, 1937）是描述这一概念的经典著作。并有 Mayr, *Systematics and the Origin of Species*（New York: Columbia University Press, 1942）的经典著作。

② Simpson, *Tempo and Mode in Evolution*（New York: Columbia University Press, 1944）。

样化，因为它包括多种微生物、原生动物以及数以百万种的真菌。但当时研究这些生物的工具还未问世，生态学家发现在多细胞的植物和动物的研究中，还有很多工作要做。

美国生态学会成立于 1915 年，维克多·E. 谢尔福德（Victor E. Shelford，1877～1968）担任第一任主席。[①]当时总计有 16 人加入。如今，成员近 10 000 人，每年约 3 000 人参加美国生态学会的年会，其中大部分是充满活力的研究生。

谢尔福德是动物生态学研究的先驱，其研究范围广泛。他主要致力于描述食物网，并且也是第一批对水体污染问题进行认真研究的人之一。他与美国首屈一指的植物生态学家弗雷德里克·克莱门茨（Frederic Clements）合著了《生物生态学》（*Bio-Ecology*）。该书于 1939 年出版，是第一批综合性生态学教科书之一。

1963 年，作为北美最资深和最杰出的生态学家之一，谢尔福德出版了《北美生态学》（*The Ecology of North America*）。这是一部不朽的著作，描述了北美大陆上大多数主要的陆地生态系统。[②]这本书所包含的细节令人震惊。谢尔福德试图总结从苔原到佛罗里达州亚热带地区的生态系统的植物和动物，以及气候和土壤的特点。例如，谢尔福德引用了 1935 年 5 月 4 日在印第安纳州火鸡州立公园（Turkey Run State Park）进行的一项研究，得出的结论是每公顷有 10 000 只红背蝾螈（red-backed salamanders）、3 868 004 只无脊椎动物（主要是昆虫）。这种描述性的研究对早期生态学的研究是有益的。

谢尔福德对自然保护区的贡献在于，他在 1917 年领导主持了自然条件保护委员会，并于 1946 年成立了名为生态学家联盟的组织。1950 年，生态学家联盟正式成为美国自然保护协会。[③]谢尔福德的一名学生尤金·奥德姆（Eugene Odum），是生态系统生态学发展的领军人物，他撰写了第一部真正被广泛使用的生态学著作《生态学基础》（*Fundamentals of Ecology*，1953）。

[①] 参阅 R. E. Croker，*Pioneer Ecologist: The Life and Work of Victor Ernest Shelford*（Washington，DC：Smithsonian Institution Press，1991）。

[②] V. E. Shelford，*The Ecology of North America*（Urbana：University of Illinois Press，1963）.

[③] 参阅 http://www.nature.org/? src=t1 and http://www.nature.org/aboutus/history/。

描述性生态学试图寻找和理解自然界的模式,从而逐渐扩展出了几个新的研究方向。第一个研究方向是,理解群落是如何组织的,特别是植物群落是如何组织的;第二个研究方向是,了解能量是如何从生态群落的一个组成部分转移到其他部分的;第三个研究方向是,试图理解是什么因素调节了种群密度,而马尔萨斯参数作为自然选择的先决条件非常重要。请注意,这三个领域中的每一个都假定自然达到并保持均衡,即一种"平衡"的状态。生态学家清楚地认识到,物种之间强烈的相互依赖和微妙的相互作用是自然的结构,这就像有一个密集的戈尔迪之结(Gordian knot)*摆在生态学家面前一样,需要他们来解开。

植物生态学家投入了大量精力来研究生态群落是如何随着时间的推移发育的,因此,生态演替的研究占据了生态学的主要议程。自称为"植物社会学家"的研究人员试图解释为什么某些植物物种的聚集会同时发生,并试图理解植物群落中的物种是如何整合到一个假定的平衡群落中去的。①

在北美洲,以克莱门茨②为首的植物社会学流派认为,生态群落是一种"超有机体",它经历了各种(通常是复杂的)可预测的成熟阶段,最终形成一个"顶极群落"。在这种观点中,群落达到平衡的假设根深蒂固。

克莱门茨对群落的看法主要源于他的整体论(即"自然平衡")哲学,以及他对植物生态演替的详细研究[通常被称为"旧田演替"(old field succession),因为它通常是发生在农业废弃的土地上的研究]。一片没有任何生物的裸露土壤,通常首先被快速生长的草本植物占据(如金丝草和其他各种"杂草")。最终,木本灌木和乔木入侵。在克莱门茨看来,每一波入侵

---

* 希腊神话传说中的佛律癸亚国王戈尔迪所系的绳结。戈尔迪(Gordian)原是个普通农民,有一次耕地,牛轭上落了一只鹰。一个预言家说此事预兆他将要掌握王权。不久佛律癸亚人失去国王,臣民祈求神谕。神示说:应选他们最先遇到的乘牛车的人为新国王。大家根据神示发现这个人便是戈尔迪。他登基后,把那辆有功的牛车存放到神庙,并用极复杂的结子将牛轭捆在车上。据说谁能解开这个绳结,谁就会成为整个亚洲的统治者。马其顿国王亚历山大大帝(Alexander the Great)虽未能解开此结,但用利剑斩断了它。于是"斩开戈尔迪之结"一语,就意为大刀阔斧地解决难题、快刀斩乱麻。——译者注

① 植物社会学源于欧洲,由瑞士植物学家和生态学家约西亚斯·布劳恩-布兰奎特(Josias Braun-Blanquet,1884~1980)发展起来。布劳恩-布兰奎特的方法被美国植物生态学家所采用。

② 更多关于克莱门茨的信息可访问:http://www.history.ucsb.edu/projects/westcampus/clements/bio.htm。另可参阅 F. E. Clements, *Plant Succession and Indicators*(New York: H. W. Wilson, 1928)。

都构成了一个发育阶段,类似于生物体的生长阶段。克莱门茨称这些发育阶段为"系列阶段"。整个群落发育过程构成了所谓的"演替系列",最终植物群落将会达到"顶极"状态。在这个生长阶段中,群落进行自我复制。克莱门茨认为顶极群落最终是由区域气候条件决定的。因此,这一顶极状态又被称为"气候顶极"。

克莱门茨认为,植物间的种间竞争在很大程度上推动了演替过程,最终导致共存物种之间形成稳定的(也可以理解为"平衡的")关系。他认识到一个特定区域内的植物群落可以通过多种发育轨迹逐渐发生变化。换句话说,尽管克莱门茨认为每个群落都"应该"发育到区域气候顶极,但现实情况是许多群落并没有。因此,为了解释这一现实情况,克莱门茨创造了大量的烦琐术语,试图与众多可能的群落发育途径相适应,以达到气候顶极。例如,原顶极(proclimaxes)、亚顶极(subclimaxes)、偏途顶极(disclimaxes)和后顶极(postclimaxes)之类的概念。他还描述了植物群丛(associations)、单优种群落(consociations)、群丛相(faciations)、亚变群相(lociations)以及群集(societies)等状态。通过所有这些复杂的术语可知:植物群落是真实的、完整的,并以一种可预测、有序和确定的方式发育。

克莱门茨的观点并非没有争议。当然,这是一件好事。

亨利·A. 格利森(Henry A. Gleason,1882~1975)就是一个没有被说服的人。[①]格利森和克莱门茨一样,在中西部地区进行生态学研究,但在这个地区,草原和森林同时存在,而且经常交织在一起。格利森认识到,森林阻止典型的草原物种的入侵,因为森林的阴凉处让这些物种得不到足够的光照来生存。而且,他还认识到,草原上的草具有密集根系,可以大大加厚草皮,阻碍树木和灌木等森林物种的生长。因此,格利森没有设想植物群落会朝向一个区域性气候顶极发育。相反,他认识到生物因素可以无限期维持一个地方的群落,这样它就与附近的其他群落有很大不同。

格利森对植物群落的分析表明,植物群落的聚集首先依赖于植被种子的

---

① 更多关于格利森的信息可访问 http://sciweb.nybg.org/science2/libr/finding_guide/gleapap.asp。另可参阅 H. A. Gleason, "The Individualistic Concept of the Plant Association," *Bulletin of the Torrey Botanical Club* 53(1926):1-20。

传播，然后是各种植物物种的建立。哪些物种能够存活，很大程度上取决于它对当地条件的生理耐受性，以及与生物传播等生命周期特性相关的随机因素。在格利森看来，没有两个生态群落相似到足够被视为克莱门茨意义上的"超有机体"。

格利森把他对生态群落的看法称为"植被群丛的个体论概念"。"个体论"一词的使用，表明植物群落彼此之间有足够的差异，将它们视为内在地朝着一个共同的顶极状态发育的观点具有误导性。与克莱门茨整体论，即"自然平衡"的观点相比，格利森的"个体论"概念则更具随机性（受偶然事件的影响）。格利森的植物群落概念强烈关注地点与地点之间可变性的重要性，这是克莱门茨群落概念中所缺少的内容。在一个格利森意义上的群落中，新的物种不断迁入，旧有物种不断从群落中灭绝，这导致植物群落变成了一个不断变化的挂毯，格利森曾称之为"万花筒"。[①]

格利森的观点显然不是基于任何均衡的假设，这也预示了生态学家对生态群落的现代思考。"机体论"和"个体论"的这场争论持续到20世纪中叶，当时对植物群落分析的新方法逐渐偏向于格利森的个体论模式。

其中一个进展就是排序技术在植物群落研究中的应用。[②]这种方法需要多个变量计算每个植物物种所谓的重要值。为了计算植物的重要值，并将其应用于群落排序，有必要测量群落中物种在几个轴的分布情况（每一个轴都代表一个变量，如土壤pH），然后确定哪些变量最能解释物种的不同分布情况。排序法测量群落中每英亩的密度、每英亩的基底面积和每种植物的相对比例（相对于所有其他物种，该物种出现在林分中的百分比），这些数据用于计算每个物种的重要值。每一林分中的每一物种的重要值都会被绘制成一个连续指数轴。当最终排序确定后，就可以量化混合树种林分之间的物种差异程度，以及沿着连续指数轴以图形表示的各树种的精确分布情况。

[①] M. Nicholson and R. P. McIntosh, "H. A. Gleason and the Individualistic Hypothesis Revisited," *Bulletin of the Ecological Society of America* 83（2002）: 133-142.

[②] 参阅 R. T. Brown and J. T. Curtis, "The Upland Conifer-Hardwood Forests of Northern Wisconsin," Ecological Monographs 22（1952）: 217-234 和 J. R. Bray and J. T. Curtis, "An Ordination of the Upland Forest Communities of Southern Wisconsin," *Ecological Monographs* 27（1957）: 325-349.

排序的结果通常会产生一个连续体模型,每种植物都沿着连续体模型唯一分布。如果植物形成完整的生物群落,每一物种在连续体模型中唯一分布的结果便不会出现。排序研究结果清楚地表明,比起克莱门茨的生物群落概念,每一物种在连续体模型中各自分布的结果更加符合格利森的生物群落概念。

通过环境梯度分析来比较植物物种(或动物物种)的分布,是研究连续体变化的唯一方法。[①]梯度分析的先驱罗伯特·惠特克(Robert Whittaker)用梯度检验这样的概念:种间竞争决定群落结构,以及给定物种群丛与群落中其他物种群丛的关联是群落组成的主要决定因素。这两个假设都包含在克莱门茨的植物群落观中,惠特克表明这两个假设都没有得到实验数据的支持。这项技术相当简单但很有效。

当各种植物物种的数值丰度或重要值沿梯度(如坡度、湿度或酸碱度)排序时,每种植物物种通常会沿钟形曲线分布。重要的是,虽然这些钟形曲线重叠,但在大多数情况下,它们在统计上是相互独立的。换句话说,这些曲线只是部分重叠,在同步组中并不聚集。没有任何模式表明物种组合之间存在明显的分离,就像竞争对手相互排斥或物种群体共同进化以保持在一起的情况一样。与通过连续体分析进行的群落排序一样,梯度分析支持格利森的观点,即生态群落虽然经常共享许多相同物种,但每个群落从根本上讲都是独立的。

克莱门茨关于植物生物群落的观点经不起生态学家们的仔细推敲,而格利森的植物生物群落是一个个体的集合的概念则更符合生态学家检验所得的数据。然而,人们必须注意到这样一个事实,即上述的两个假设的各种检验仅仅依赖于植物物种的数量分布。很多年后,生态学家才完全接受了个体群落的事实。

"生态系统"一词,是由英国生态学家阿瑟·坦斯利(Arthur Tansley,1871~1955)提出,并于1935年首次用于生态学术语中,此后生态系统一

[①] 参阅 R. H. Whittaker, "Gradient Analysis of Vegetation," *Biological Reviews* 42 (1967): 207-264; R. H. Whittaker and W. A. Niering, "Vegetation of the Santa Catalina Mountains, Arizona (II): A Gradient Analysis of the South Slope," *Ecology* 46 (1965): 429-452.

直被认为是该学科研究的一个组织层次。坦斯利把生态学推向了一个基础更广泛的研究纲领，在生态能量学家查尔斯·埃尔顿（Charles Elton）的努力下，这一规划得到了进一步发展。

查尔斯·埃尔顿（1900~1991）毕业于英国牛津大学，是生态能量学研究的先驱。在其著作《动物生态学》（1927）一书中[①]，埃尔顿试图构建北极苔原（这似乎是一个相当简单的生态系统）的生态流程图。埃尔顿的生态流程图是根据他对位于斯匹次卑尔根岛（Spitsbergen）南部的熊岛（Bear Island）的研究绘制而成的。流程图展示了能量和营养物质在生态系统中的各种有机体之间流动的复杂路径。埃尔顿的生态流程图通过把生物体安排在有箭头指示的盒子里来指示能量流动的方向。例如，盒子"双翅目"（苍蝇等昆虫）上的箭头指向紫鹬（sandpiper），然后箭头从紫鹬指向北极狐，还有一个箭头从"植物"指向紫鹬。这张图和同页的另一张图，一起展示了鲱鱼与北海浮游生物群落其他成员的一般食物关系。埃尔顿意识到这样一点，即斯匹次卑尔根岛和鲱鱼的生态流程图看起来像网络一样复杂，而问题是如何通过这种复杂的流程图来发现一个有意义的模型。埃尔顿也成功地描述出这种模型，即埃尔顿食物链。这种模型构成了生态学研究的核心原则之一，即通常所说的放牧食物链的基础。

植物直接从阳光中获取能量，这构成了埃尔顿食物链的第一个环节。我们这里仅举如下例子：食草动物，如兔子或毛毛虫，它们都以植物为食。食草动物获得的能量离太阳只需两步。冠蓝鸦从太阳获取能量需要三步，以冠蓝鸦为食的库氏鹰（Cooper's Hawk，中文学名为"鸡鹰"）从太阳获取能量需要四步。埃尔顿指出，生物在食物链中获取能量需要的步骤越多，它们的数量越少，体形也越大。植物的数量远远超过毛毛虫和兔子的数量。同样，毛毛虫和兔子的数量也远远超过冠蓝鸦和库氏鹰的数量，这是典型的放牧食物链模式。尽管有时候生态学家用生物量而不是数量进行表述（植物生物量

---

① 埃尔顿的《动物生态学》（*Animal Ecology*，2001）已由芝加哥大学出版社再版。*The Ecology of Invasions of Animals and Plants*（New York: Methuen，1958）是对埃尔顿见解的致敬。入侵物种是当今生态学家关心的主要问题，埃尔顿的经典著作被广泛引用。参阅 A. Ricciardi and H. J. MacIsaac "The Book That Began Invasion Ecology，"，*Nature* 452（2008）: 34。

远大于食草动物的生物量,而两栖动物的生物量远大于食肉动物生物量)。埃尔顿金字塔最精确的表述是能量金字塔,其测量单位是千卡每平方米年[千卡/(米^2·年)]。无论数量还是生物量,通过食草动物传播的年均单位千卡热量[千卡/(米^2·年)]远多于食肉动物。

埃尔顿这样描述这种模式:"事实上,有一连串的动物通过食物联系在一起。从长远来看,它们都依赖植物,我们称之为'食物链'。一个群落中的所有食物链为一个'食物循环'。"[①]

埃尔顿食物链理论是一个很有说服力的观点,甚至在埃尔顿第一次描述这一模型多年之后,它仍然启发了生态学家保罗·科林沃克斯(Paul Colinvaux)的一本散文书《为什么大型凶猛的动物是稀有的》(*Why Big Fierce Animals Are Rare*,1978)。[②] 所有的狮子、豹子和猎豹,实际上是非洲大草原上所有的脊椎动物捕食者,其数量和生物量都远远不及食草动物。吃谷物的麻雀通常数量多且体形小,然而老鹰以哺乳动物和鸟类为食,往往体形较大、数量较少,至少与麻雀相比是这样的。

有多少能量从食物链的一个组成部分转移到另一个组成部分呢?解决这一难题的任务落在了年轻的生态学家雷门德·林德曼(Raymond Lindeman)身上。1942年,林德曼在《生态学》杂志上发表了有史以来最重要的论文之一,即《生态学中的营养动力论》(*The Trophic-Dynamic Aspect of Ecology*)[③]。

林德曼试图将埃尔顿模型固有的复杂性简单化。他研究了门多塔湖(Lake Mendota,位于美国的威斯康星州)和赛达伯格湖(Cedar Bog Lake,位于美国的明尼苏达州)。林德曼把所有进行光合作用的生物(植物)聚集起来归为一类(现在把这些类别称作"营养层级"),他把这一类称为"生产者"。所有最终依赖植物为能量的生物,如原生动物、蠕虫、蛤蚌、鱼等,他称之为"消费者"。集体生物(the collective organisms)主要是细菌和真菌,它们会消耗废物、分解死亡组织,并将无机物循环回收给生产者,他将其称为"分解者"。正如在科学界时常发生的那样,林德曼的论文在当时是

---

① Elton,*Animal Ecology*(Chicago:University of Chicago Press,2001),p. 56.
② 科林沃克斯的书在普林斯顿大学出版社有售。
③ R. L. Lindeman,"The Trophic-Dynamic Aspect of Ecology,"*Ecology* 23(1942):399-418.

具有很强的革命性的,使得许多生态学家最初未能认识到它的重要性(同样的结果发生在 1858 年 7 月,当时达尔文和华莱士的论文在伦敦的林奈学会首次被宣读时)。

林德曼估算了通过生态系统的每个营养区间的能流,然后比较了营养级之间的不同能流,计算出他所谓的累进效率,即一个给定的营养级中有多少百分比的能量流入了下一个营养级中。例如,在赛达伯格湖的实例中,从生产者到初级消费者的累进效率为 13.3%,门多塔湖值为 8.7%。在两个湖中,能量从生产者的营养级进入初级消费者的营养级或者说是进入食草动物的营养级的平均累进效率为 11%。这个数值也许看起来很低,但是植物必须投入大量能量用来生长和新陈代谢(呼吸)。植物用来呼吸的能量被转换为热量,不能被消费者吸收。当然也有可能是更高营养级的捕食限制了食草动物的数量(生态学家现在称之为自上而下效应),从而防止生产者额外的损耗。

林德曼首次量化了能量是如何从一个营养级转移到下一个营养级,并证明了热力学第一定律和第二定律如何影响生态系统的营养结构。这是生态学研究向前迈出的一大步。林德曼的工作激发了基于生态系统功能模型的研究发展。这虽然不是范式的转变,但却是对生态系统结构和功能的一个重要见解。林德曼认为要"跳出思维定势",并因此最终激发了其他创新研究项目,尤其是尤金和霍华德·奥德姆这对才华横溢的兄弟的研究工作。

奥德姆兄弟致力于研究能量是如何在生态系统中流动的,并取得了很好的研究成果,这为许多生态学家确定了生态学的研究方向。尤金·奥德姆的研究工作包括使用放射性示踪元素来测量能量和矿物通量的速率;霍华德·奥德姆的研究范围更广,他测量了整个生态系统的能量流动。

霍华德·奥德姆发表了一份对佛罗里达州银泉(Silver Springs)(一个很好的工作场所)淡水生态系统全面的营养分析,这可能是 20 世纪最雄心勃勃的生态系统的研究之一。[1]霍华德·奥德姆比较了他和林德曼的研究成

---

[1] H. T. Odum, "Trophic Structure and Productivity of Silver Springs, Florida," *Ecological Monographs* 27(1957): 55-112.

果，发现能量从太阳到生产者的转换率为 5%。这比林德曼测量的结果要高很多，林德曼的测量数据显示从太阳到生产者的能量转换率为 0.1%（赛达伯格湖）和 0.4%（门多塔湖）。但这两个湖位于遥远的北方，生长季节短得多。林德曼的转化率是基于克卡每平方厘米年的衡量标准。佛罗里达州一年中阳光灿烂，日均温度远高于威斯康星州或明尼苏达州。

霍华德·奥德姆发现植物到初级消费者（食草动物）的能量转化率为 16%，初级消费者到二级消费者（食肉动物）的能量转化率为 11%，二级消费者到顶级食肉动物的能量转化率为 6%。这些转化率和林德曼得到的数据大致相似，被称为营养转化率，并催生了生态学家所谓的"百分之十法则"。它更像是一个指南而非规则（基于实验室和野外研究的指南）。它指的是，一个营养级中只有大约 10%的能量会传递到下一个更高营养级。这意味着平均而言，一个生态能量金字塔的能量，在每个营养级都以一个固定的数量级递减。

造成这一现实情况主要是因为热力学第二定律所施加的限制，所以为什么埃尔顿的食物链通常只限于约 4 到 6 个营养级就很清楚了，因为能量不足以维持任何额外的营养级，即使是一只约 40 英尺（1 英尺 = 0.3048 米）长、重 7 吨的恐龙，距离太阳也只有三个层级。如果有一种动物处于食物链的顶端，那它就是霸王龙（*Tyrannosaurus rex*）。

生态学家还认识到，其他一些因素也会影响到食物链的长度，包括总的能量可用性、生物的扩散和迁移以及干扰频率等，但支配所有这些因素的都是热力学定律所施加的影响。

生态系统研究在 20 世纪 50 年代和 60 年代蓬勃发展，部分是由于奥德姆等科学家开创了实用的新方法，生态系统主导着生态学的研究。[①]

20 世纪 60 年代和 70 年代，人们开启了一个规模宏大的项目——国际生物学计划（International Biological Program，IBP）。这个项目的参与者包括来自北美洲和欧洲的生态学家们，他们试图利用日臻完善的计算机开发整

---

① 在 Joel B. Hagen，*An Entangled Bank: The Origins of Ecosystem Ecology*（New Brunswick，NJ: Rutgers University Press，1992）中，有对生态系统生态学历史的精彩描述。

个生态系统的精确数学模型。IBP 成功地将研究的重点集中在生态系统层面，尽管在开发复杂生态系统的精确度和预测模型这一高目标上没有那么成功，但这仍是一次伟大的尝试，它把许多有才华的研究生带进了生态学的研究领域。

并不是所有的生态学家都把研究的重点放在生态系统层面上。许多生态学家研究物种之间的互相作用，研究种群生物学诸如种内及种间竞争。这些研究有些基于实验室，有些基于实地考察，之所以采用的方法不同，很大程度上是由什么因素调节着自然种群的争论所引起的，自然平衡的思想再一次成为他们争论的核心。自然平衡是否存在？在《物种起源》的第 68 页，针对何种因素调节了种群数量的问题，达尔文做了一个有代表性的观察报告。

在 1854 年至 1855 年的冬季期间，达尔文注意到，栖息在他伦敦南部住宅周围的鸟类死亡率非常高。他写道："气候在决定物种的数量方面起到了重要作用，我认为极度寒冷和干燥的周期性季节是所有原因中影响最大的一个。我估算，1854 年到 1855 年的冬天冻死了我家附近 4/5 的鸟类。这是一个非常严重的毁灭现象。我记得当时对于死亡率非常高的人类流行病来说，10%就已经是非常高的死亡率了。"

达尔文描述的是，生态学家所谓的种群"非密度制约效应"。也就是说，达尔文住宅附近有多少数量的鸟并不重要，真正重要的是恶劣的天气。不论有多少鸟，或不论是哪种鸟，都无法忍受这一恶劣天气。达尔文推测，尽管有些鸟可能已经转移到其他地方去寻找更适宜的气候，但天气对大多数鸟来说都太冷了，导致了这些鸟死亡。

天气是影响种群的一个主要因素，它与种群密度无关，因为天气事件，无论它是什么，都不受种群规模的影响，这完全是一种外在效应。由于是外在效应，因此在任何精确意义上，非密度制约因素都不被认为是"控制"种群数量的因素。换句话说，不存在气候（或任何其他非密度制约因素，如火灾）和种群规模增长之间的反馈回路。例如，如果生活在非洲的牛羚数量的增长超过了当地的承载力，并且这一事实导致了干旱的发生，迫使牛羚停止繁殖，那么就可以得出结论：是气候调节了牛羚的数量。但是这样的概念毫无疑问是荒谬的，即使天气在一定程度上影响了牛羚的数量，但这也同样影响了塞伦盖蒂平原的其他种群。干旱在塞伦盖蒂平原上是很常见的,被认为是该地区动物迁徙的原因。许多动物在干旱季节死亡,因此气候影响着种群规模,但没有精确的方式。

许多生态学家,特别是昆虫学家被说服了。他们认为,非密度制约因素在影响种群密度方面具有极其重要的意义。但并非所有的生态学家都相信这一点。

实验表明,果蝇(*Drosophila*)、拟谷盗(*Tribolium*)和草履虫(*Paramecium*)等原生动物的实验室种群的生长规模,通常会达到一种平衡,在这种密度下,出生率大致与死亡率平衡。如果种群数量接近这个"承载力",其繁殖率便会下降。因此,繁殖率是种群密度的一个函数,称作"密度制约"因素。在实验室之外,密度制约因素也是大自然的典型特性吗?

对此生态学家们展开了一场激烈的争论,争论的焦点是自然界中的大多数种群,是否从根本上受非密度制约因素或密度制约因素的调节。有两个开创性的研究聚焦于这一问题上:H. G. 安德鲁阿萨(H. G. Andrewartha)和 L. C. 伯奇(L. C. Birch)的《动物的分布与丰度》(*The Distribution and Abundance of Animals*)以及大卫·拉克(David Lack)的《动物数量的自然调节》(*The Natural Regulation of Animal Numbers*)。[1]安德鲁阿萨和伯奇都是昆虫学家,他们极力主张非密度制约因素影响了大多数种群规模,而拉克这位鸟类学家,则收集了证据来支持密度制约因素的重要性,尤其是在密度制约因素与食物限制有关的时候。

安德鲁阿萨和伯奇讨论了苹蓟马(*Thrips imaginis*)成虫的生命周期。苹蓟马是一种小型昆虫,是一种对玫瑰花有害的物种。他们完全同意这种昆虫的数量是被玫瑰花的可用性所限制,玫瑰花是苹蓟马唯一的食物来源。安德鲁阿萨和伯奇表示,天气影响玫瑰花的数量,因此天气最终会调节苹蓟马的种群规模。拉克对鸟类的研究表明,各种鸟类的繁殖量随着种群密度和食物供应而发生变化,其方式与密度制约的种群调节一致。

---

[1] H. G. Andrewartha and L. C. Birch, *The Distribution and Abundance of Animals*(Chicago: University of Chicago Press, 1954); David Lack, *The Natural Regulation of Animal Numbers*(Oxford: Clarendon Press, 1954)。

我用本书的剩余部分为昆虫、脊椎动物和植物的非密度制约和密度制约种群研究提供实例。非密度制约和密度制约在自然界中比比皆是,并且也已经得到了很好的研究。例如,在大量种群受到恶劣天气影响的情况下,幸存者可能只是那些找到避难所的群体,种群密度因此成为总体死亡率的一个因素。

关于密度因素及其影响的争论成果显著,通过这场争论产生了很多有见地的研究成果。例如,拉克在他对加拉帕戈斯群岛的达尔文雀类进行的研究中表明,相似物种间的竞争会导致生态位空间的特化和分离,这是一个普遍的密度制约效应和生物进化的结果。[1]

伊夫林·哈钦森(Evelyn Hutchinson)将生态位定义为 n 维超体积(n-dimensional hypervolume),这是一个多音节的术语。可以将它转化为这样一个概念,即每个物种(实际上是每个生物),都严格地生活在非生物和生物的参数范围内(主要是由遗传和进化决定的)[2],物种之间的这些参数越相似,它们之间的竞争也就越激烈。与物种生存有关的生理极限被认为是每个物种的基础生态位(fundamental niche)。但是,如果不同物种的生存需要相同的资源(非生物的和生物的),它们就会相互竞争,这就产生了一个实际生态位(realized niche)的概念,即一个物种实际占据的"生态空间"。从哈钦森的生态位概念中产生了富有成效的理论,即在没有竞争淘汰某些物种的情况下,相似的物种是如何共存的。

在一项被认为是经典的研究中,罗伯特·麦克阿瑟(Robert MacArthur, 1930~1972)研究了北方森林中的五种森莺科(Parulidae)鸟类。[3]他被证

---

[1] D. Lack, *Darwin's Finches*(1947; repr. Cambridge: Cambridge University Press, 1983).在一篇关于科学如何运作的笔记中,拉克第一次到达岛上时发现,由于当时岛上的雨水充足,鸟的食物也随之丰足,因此拉克并没有观察到雀类之间有明显的竞争或生殖隔离。但在拉克第二次到达该岛时,此时该岛上的气候干燥,岛上鸟类间的差异显著。

[2] G. E. Hutchinson, "Concluding Remarks," *Cold Spring Harbor Symposia on Quantitative Biology* 22(1957): 415-427; G. E. Hutchinson, "Homage to Santa Rosalina, or Why Are There So Many Kinds of Animals?" *American Naturalist* 53(1959): 145-159.

[3] 吉尔伯特·怀特(Gilbert White)观察到的英国(真正的欧洲)森柳莺(*Phylloscopus sibilatrix*)(回忆第四章)属于旧大陆莺科(Sylviidae)。本书中所讨论的北美洲林莺与莺科没有亲缘关系,属于森莺科。

明在生态学领域是一股强大的力量，以致于在他英年早逝后的很长一段时间里，他仍然影响着生态学的研究纲领。

麦克阿瑟这一经典研究的结果表明，五种森莺科鸟类大部分时间都分别在树的某些特定部位觅食，或用与其他几种略有不同的方式觅食。① 虽然这五种森莺科鸟类是在同一棵针叶树上觅食，但实际上它们的位置是分离的。麦克阿瑟研究的绝妙之处在于，在五个物种有高度重叠觅食生态位（foraging niches）的情况下进行了详细的统计分析。② 任何人只要耐心地观察白色云杉林，就能记录下在树上不同位置觅食的五种森莺科鸟类。通过对每只鸟觅食的地点和时间进行精确的记录，麦克阿瑟能够证明，栗颊林莺（*Dendroica tigrina*）通常在树顶附近觅食，而黑喉绿林莺（*D. virens*）主要沿着树的中部外侧觅食，栗胸林莺（*D. castanea*）也在树的中部觅食，但比黑喉绿林莺更靠近内部和中心。麦克阿瑟的数据代表了统计上的事实。的确，人们可以在云杉树中间看到一只栗颊林莺，但这种情况只发生在5%的时间，约58%的时间里该物种在树梢觅食。

麦克阿瑟的研究结果被称为生态位分离（niche segregation）。五种森莺科鸟类觅食的生态位被细分，使每一种森莺科鸟类在生态位轴的某些部分具有"排他性"。我们有理由像麦克阿瑟那样假设，种间竞争缩小了鸟类的觅食生态位，导致了它们的共存，而不是竞争排斥。请注意，这是一个强有力的进化解释，意味着鸟类物种之间的竞争曾经非常激烈，而现在不像以前那么激烈了，这是因为每一物种都有自己独特的觅食生态位。进化的解释已经完全进入了生态学的研究范畴。从20世纪60年代开始的生活史研究，已经充分认识到生态学对进化论的接纳。源于像麦克阿瑟这样的研究，基于进化过程的种群统计理论已经成为当今生态学中蓬勃发展的研究领域。

随着拉克、麦克阿瑟和其他生态学家注入了进化理论的新鲜活力，生态学迅速发展。例如，自达尔文以来，人们就认识到许多物种"共同进化"。

---

① R. H. MacArthur, "Population Ecology of Some Warblers of Northeastern Coniferous Forests," *Ecology* 39 (1958): 599-619.

② 觅食生态位，是指一个物种所利用的食物资源的全部范围。物种觅食生态位的范围可能很广，但也会受到与其他物种之间竞争的限制。

这意味着每一物种都会影响另一物种的进化，有时会导致两个物种之间完全的相互依赖，即一种互利共生关系（例如，当特定的植物物种依赖特定的昆虫传粉时）。生态学家很快了解到，进化史和自然选择的过程都会影响互利共生关系，以及捕食者和被捕食者之间、寄生虫和宿主之间、病原体和宿主之间的关系。疾病和病原体的生态是当前生态学研究的一个热点领域。

生态学中最具开创性的研究之一，也是由麦克阿瑟和他的同事爱德华·威尔逊带头进行的。1967 年，他们共同出版了专著《岛屿生物地理学理论》(*The Theory of Island Biogeography*)。该著作将数学模型与生态学和进化数据相结合。[1]麦克阿瑟-威尔逊模型表明，岛屿（从孤立的林地到大陆的任何东西都可以被认为是某种"岛屿"），在物种丰度方面达到理论上的动态均衡时，岛屿上的物种迁入率（或物种形成速率）等于物种迁出率（或灭绝率）。均衡物种的丰度是基于岛屿的面积和它与建群*源（colonization sources）之间的距离，均衡的概念不能被视为等同于自然平衡的概念。均衡是高度动态的，受到频繁变化的影响，说它是一种"平衡"并没有什么实际意义。麦克阿瑟和威尔逊也清楚地认识到这一点，其研究结果也已经在不同的背景下得到了验证。他们的研究价值在于，能够让研究者在潜在理论丰度的相对背景下测量物种（鸟类、植物或其他物种）丰度。

随着数字计算机的出现，从 20 世纪 60 年代开始，数学模型被越来越多地用于研究物种之间的相互作用。最初几乎所有的数学模型都要求向着某种均衡的方向发展（事实上，自然平衡的假设决定这一点）。但后来直至今天，人们所使用的模型变得越来越复杂，包括加入一些随机因素。这些模型并没有假设均衡是终点，这些非均衡模型也很好地解释了实验和观察中所获得的数据，因此自然平衡概念自然而然地受到生态学家的质疑。

生态学领域从 20 世纪 60 年代开始迅速发展起来。第一个世界地球日（1970 年 4 月 22 日）之后，"生态学"一词正式加入了"家常话"（household words）行列（第十四章）。生态学研究一度局限于温带生态系统，如今也扩

---

[1] R. MacArthur and E. O. Wilson, *The Theory of Island Biogeography*(Princeton, NJ: Princeton University Press, 1967).

* 建群又称拓殖。指一个物种成功地占据一个新生境并发展形成新的种群。——译者注

展到了极地和热带地区，日渐便利的旅行极大地增强了生态学家实地考察的能力。就在几十年前，人们出差旅行远不如现在方便。随着旅游业的发展，人们对世界生物多样性有了更多的了解，生态学家也就站在了生物多样性保护的前沿（第十三章）。

今天，许多生态学家正把他们的精力投入到美国的长期生态研究（Long Term Ecological Research，LTER）中，这些研究多年来利用一个公共数据库。[1]只有通过这样的研究，才能检测到大的时空尺度的影响，全面记录，并最终解释。

你很快就会知道，时空尺度效应正为生态学研究提供一个总体框架（第七章）。据我所知，现在没有哪个专业的生态学家会说自然是平衡的。[2]但在《物种起源》出版一个多世纪后，这个包袱才被丢弃。

---

[1] 参阅 http://www.lternet.edu/了解所有当前 LTER 网站和正在进行的研究。

[2] 参阅 Daniel B. Botkin, *Discordant Harmonies: A New Ecology for the Twenty-first Century*（Oxford: Oxford University Press，1990）。博特金（Botkin）在书中详细阐述了生态学家是如何看待平衡和均衡的，这部分内容比我在本书中所介绍的要详细。

第七章　拜访博迪镇：生态学的时间和空间

我们可以在各种不寻常的地方发现古希腊哲学，包括在鬼城（ghost town）的墙上。博迪（Bodie）镇位于加利福尼亚大盆地沙漠内华达山脉以东的丘陵地带，它始建于 1859 年，也就是达尔文发表《物种起源》的那一年。那一年，一个叫威廉·"西瓜"·博迪（William "Watermelon" Bodie）的人在一个被称为博迪崖（Bodie Bluff）的地方成功地找到了黄金。到了 1880 年，约 10 000 人聚居在这个繁荣的博迪小镇，该镇是在灌木和沙漠丘陵上建立起来。博迪镇实为是非之地，这里住着枪手和妓女，他们经常光顾鸦片馆、赌场、妓院和镇上著名的 65 家酒吧。[①]

博迪镇繁荣了几年，但好景不长。用生态学术语来说，它的资源基础很快就被耗尽了。博迪镇还遭受了大自然不可预测的影响。1911 年，一场雪崩摧毁了该镇的发电厂。1923 年 6 月 23 日，第二次火灾摧毁了该镇的大部分建筑，这座城镇因为这场大火就再也没有恢复过来，一些建筑在被废弃后依然保留下来。1964 年，这个曾经容纳了数百名粗犷壮汉的小镇变成了加利福尼亚历史公园。游客们现在走在镇上的老街上，再也看不到鸦片馆，只能看到零星几个卖明信片的商店。

你一定想知道怎样找到博迪镇，因为它的位置不在旅游路线上。它在一条 13 英里长的二级公路的尽头。这条公路从加利福尼亚州 395 号公路蜿蜒穿过沙漠，在莫诺湖以北，是约塞米蒂国家公园（Yosemite National Park）的入口。我想去看看它，我的妻子玛莎和继女莎拉也想去，于是，我们三个人就开启了这场博迪镇之旅。

博迪镇在其鼎盛时期，也没有自诩为一个"理智的"小镇。尽管如

[①] 有很多网站介绍过博迪镇，如 http://www.bodie.com/。还有两本有趣的书籍，分别是：*A Trip to Bodie Bluff* by J. R. Browne（reprint, Golden, CO: Outbooks, 1981）和 *The Ghost Town of Bodie*（Bishop, CA: Chalfont Press, 1967）。

此，我仍在一栋破旧的建筑里发现了一块牌子，上面写着"唯有变化才永恒"。这句话出自古希腊哲学家赫拉克利特（Heraclitus，公元前544~公元前483年）。这块牌子总结了博迪镇的历史，同时也是对生态学的恰当描述。

当离开那栋旧建筑时，我遇到了一只较大的艾草松鸡（*Centrocercus urophasianus*）。它像一只成年的艾草松鸡，在一山艾丛中探头探脑。我想到了在博迪镇短暂历史中生活过的几代艾草松鸡，以及在此之前和之后生活过的所有艾草松鸡。博迪镇来去匆匆。在内华达山脉崛起之后，沙漠丘陵出现得更早，但最终也会消失，不过这需要很长的时间。曾经居住在鬼城的幽灵鸟——艾草松鸡也终将灭绝。

任何动植物物种似乎都有一种恒定不变性（constancy）。在人的一生经历中，体形较大的艾草松鸡在外观、声音和行为上都相似。约翰·詹姆斯·奥杜邦（John James Audubon）在他的西部考察中，观察到的艾草松鸡与今天幸存的艾草松鸡在表型上没有明显的区别。[①] 动植物的这种恒定不变性，最初使神创论看起来合乎逻辑，使生物有机进化论难以置信。达尔文革命将焦点从物种的恒定不变转向了物种的变异，新的形式从过去存在的形式中进化而来。达尔文试图说服他的读者相信进化的真相，其主要论点之一是，事物的进化过程太慢了，在人的一生中很难发现新形式的出现。进化的一般时间尺度，就像地质学的时间尺度一样，通常超过了对人类来说具有直观意义的时间单位：分钟、小时、天、年、十年等。因此，生物的进化在人类日常经验中很难被察觉到。这就像看钟表上的时针一样：当不断观察时针时，它看起来并不移动，只有在适当的时间间隔内时针才会被察觉到发生了"移动"。

生态系统在感知上与物种是相似的，因为它们也像物种一样表现出特有的形式（地貌）、复杂性和恒定不变性。这些感知体验都被理解为自然在某种程度上是平衡的。橡树-山核桃林、北方阔叶林和云杉森林都有独特和容

---

① J. J. Audubon, *The Birds of North America* (Philadelphia: J. B. Chevalier, 1841). 该书有许多再版可供查阅。

易识别的特征，几乎所有人都可以将它们区别开来。[1]像索诺拉沙漠（Sonoran Desert）这样以仙人掌为主的沙漠，与像大盆地沙漠这样的灌木沙漠截然不同。除非受到根本性的干扰，否则这些生态系统将在人类有生之年持续存在，因此看起来是稳定的。依据表面的稳定现象，加上古希腊哲学的历史经验，我们相信这样的生态系统在本质上也是平衡的。

从朴素的意义上来看，"自然平衡"意味着物种之间的完全相互依赖。也就是说，物种就像多米诺骨牌一样，如果其中一个倒下，其他的必然也会跟着倒下。另一个类比是将自然比作机器。拆卸或添加零件，机器很快就会出现故障。但是，自然不是机器，我们应该提防过度依赖类比推理。对生态学家来说，自然平衡的概念更倾向于表达为这样一种信念，即生态系统最终会达到均衡，系统内的物种可以自我繁殖，并能抵抗外来物种的入侵（第十三章）。在这种观点中，生态位空间在组成物种之间被分配，从而使物种之间的竞争最小化或不存在。均衡概念类似于达尔文的楔形类比（wedge analogy），每一物种都将自己"楔入"一个结构紧密的生态系统中。此外，自然平衡还可以被设想成是一种正常的"设定点"（set point），指生态系统在受到干扰后的"恢复"过程中，恢复到的一种物种组成。

森林、沙漠、草原以及许多其他的生态系统，在各种著作中都被作为自然平衡的例子。举个例子，让我关注一下广阔的东部落叶林，我在那里完成了研究生时期的毕业论文，也是我最了解的生态系统之一。它在北美洲东部占据主导地位，从密西西比河（Mississippi River）到大西洋海岸，从海湾国家到加拿大。这里我将重点关注新英格兰。

亨利·梭罗看到了被遗弃的新英格兰牧场逐渐恢复为森林的秩序。[2]几年后，克莱门茨（1928）讨论了同样的过程——生态演替。这是一个说明生

---

[1] 尽管我坚信个体论的植物群落，但在我的书籍《东方森林野外指南》（*A Field Guide to Eastern Forests*, Boston: Houghton Mifflin, 1988）中可以发现，用与以前一致的分类方式对森林进行分类是有用的，这确实是一个有关尺度的问题。没有两处橡树-山核桃林是相似的，橡树-山核桃林与山毛榉-枫树林也有明显的区别。

[2] 参阅 D. Worcester, *Nature's Economy: A History of Ecological Ideas*（Cambridge: Cambridge University Press, 1977），书中对梭罗及其他许多人对生态学的贡献进行了阐述。

态系统如何被视为"超有机体"的例子,其中植被的发育(也称为生态演替)足够有序,类似于生物体生命周期的变化。根据这一观点,植被发育将终止于一个成熟、稳定(平衡)的典型生态系统的气候区域。后来,尤金·奥德姆(1969)在现代生态学中最有影响力的论文之一中,将生态演替设想为大自然恢复生态系统的复杂性和稳定性(隐含的平衡)的一种自然"策略"。[1]

如今,善意的环保主义者继续抵制某些人对生态系统的恶意攻击,他们认为这就是对自然平衡的破坏。我们偶尔也会听到这样的言论:"大自然最了解自己",因此应该由自然自己决定该如何去做,这样的观点通常就是基于自然平衡的假设。如果不存在自然平衡的话,这一系列观点就需要被重新表述。

事实上,自然平衡这一概念在历史上一直被人们以不同的方式看待,它在人类思维中是一种根深蒂固的存在[2],而且这种情况一直持续到现在。

关于自然假定的内在平衡,一个比较有争议的假设与生物地球化学循环有关。正如"生物地球化学"这个名字所暗示的那样,像钙、磷、氮和碳这样的元素,都会在生态系统的生命或生物成分和非生命或非生物成分之间传递。这些元素被循环利用的精确程度,促使英国的詹姆斯·E. 洛夫洛克(James E. Lovelock)提出了一个独特的想法。[3]他称之为盖娅(Gaia)假说,这个名字几乎立刻激起了人们的各种兴趣、支持、批评和嘲笑。洛夫洛克采用了古希腊神话中的大地女神盖娅的名字(在我看来这是一种危险的做法,他把本来是科学的提议人性化了)。他之所以使用这个名字,是因为他认为从最广泛的范围来看,地球可以被隐喻性地想象成为一个巨大的生物。这一生物能够进化出精致的、主要由微生物介导的反馈回路,以此来保持地球的自我平衡。也就是说,地球可以通过自我调节维持大气中21%的氧气、78%的氮气,以及诸如海洋盐度、地球温度范围等变量的恒定不变。洛夫洛克提

---

[1] E. P. Odum, "The Strategy of Ecosystem Development," *Science* 164 (1969): 262-270. 这篇论文相当了不起。在许多方面,它将奥德姆和他的学生们多年来在生态能量学和演替方面的研究与克莱门茨的目的论相结合。生态学家一直在为生态系统稳定性的概念,及其与生物多样性的关系而困扰。

[2] 参阅 F. N. Egerton, "Changing Concepts of the Balance of Nature," *Quarterly Review of Biology* 48 (1973): 322-350。

[3] J. E. Lovelock, *Gaia: A New Look at Life on Earth* (Oxford: Oxford University Press, 1979).

供了一些模型，据称这些模型能够演示那些缺乏计划或智能的系统是如何产生负反馈回路的，从而将氧气浓度和温度等变量维持在一个相对较窄的范围内（防止元素循环的"失控"过程，正如在金星上发生的无节制的二氧化碳累积那样）。洛夫洛克认为，盖娅世界的主要参与者是微生物，其累积的全球效应是能够保持生物地球化学循环稳态的最主要原因。当然，也没有生态学家会质疑这一事实。

洛夫洛克的"盖娅"概念立刻遭到了批评，一个微弱的批评集中在这个名字本身——盖娅。对这些批评家来说，盖娅这个名字会暗示地球是一个巨大的"生物"，有其自身与生俱来的"智慧"，这一结论令大多数科学家反感。显然，这种观点并不是洛夫洛克的本意。更合理的批评集中在进化原则是否能够，并且将会导致在全球范围内可论证的复杂反馈循环的发展。生态学家普遍认为，尽管生物种群在进化，但生态系统并没有进化，至少在任何实际的达尔文意义上是没有进化的。生态系统的变化是生物随着地球气候的变化而进化才导致的。二氧化碳和其他温室气体与目前的全球气候变化密切相关，它们造成了全球气候变暖的总体趋势。历史表明，气候变化是典型的（第十一章），然而正如洛夫洛克所指出的，大气的成分一直保持在相对狭窄的范围内。

在 21 世纪，如果人类成功地扭转或减弱了温室气体增加的影响，就可以说洛夫洛克基本上是正确的。几千年来，人类承担起了主要由微生物承担的角色，即稳定地球的基本生命维持系统。我想说的是，是否真是如此我们还得拭目以待。

现在发挥你的想象力，想象一下 1620 年朝圣者看到的那些广阔的东部森林。这样的时间尺度仅仅是人类的近代。但是再回想一下在人类占领北美洲之前，事实上，在人类存在之前，森林存续了多久？

首先，恕我直言，在地球 45 亿年的历史中，大部分时间是没有东部森林的。东部森林中的开花植物，以及生活在其中的各种鸟类和哺乳动物、橡树、松树、冠蓝鸦和林莺的进化时间，最多占地球全部历史的不到 2%。现在维持橡树-山核桃林生长的任何一公顷土地曾经都是贫瘠而没有生命的。几百万年之后，这片土地上才出现树木大小的木贼类植物（horsetails）和原始针叶树。早期的恐龙就生活在这些针叶树之中，只有在中生代末期和整个新生代，也就是时间跨度最多为8000万年，才出现了现代的针叶树、阔叶开花树木和灌木（尽管肯定不是当前的物种组合）。

而众多的演化过程是没有秩序的。现在，人们普遍认为，中生代是在一颗行星撞击地球后突然结束的（第十章）。新生代见证了地球气候变得越来越温暖、越来越不稳定的阶段，也是大规模冰川推进的相对较近时期。在最近的冰河时期（约25 000年前），高达2英里的冰层覆盖在陆地上，现在沿海的橡树-松林就生长在这片土地上。冰川推进之前，现存的森林已经支离破碎，其组成物种向南迁移到各种无冰的"避难所"。当冰层消退时，森林并没有作为一个整体迁移回来，而是其中的某些单个物种以不同的速度向北迁移。[1]物种的传播机制、种子大小，以及最重要的气候特征等因素都影响着每一种植物在冰川退缩后向北扩展的速度（这也反映了格利森的植物群落概念）。北美洲东部森林目前的组成在起源上是真正的"现代"（modern），因为其起源只能追溯到目前间冰期的几千年，并且一直持续到欧洲人定居的时候。当然，这在很大程度上也是一种巧合，现在的物种组合代表了那些具有足够扩散力、生理耐受性和竞争能力的物种的各种组合，使它们能够持续共存。重申一下，这是由亨利·格利森提出的一种关于生态植物群落的观点，被称为"个体主义植物群落"。

动物群落和植物群落一样，在不同的时间和空间尺度上表现出个体的配置（individualistic assembly）。目前，美洲河狸（*Castor canadensis*）、美洲豪猪（*Erethizon dorsatum*）和赤猞猁（*Lynx rufus*）都生活在北部大片硬木和北方森林中。河狸大约在3500万年前最先在欧洲进化，直到约2000万到1500万年前才到达北美洲。[2]一些现已灭绝的河狸物种，甚至都没有生活在森林里。豪猪的祖先是起源于南美洲的啮齿动物，当初巴拿马地峡在冰川作用下闭合，于是动物在北美洲和南美洲之间相互迁徙交换，豪猪的祖先也

---

[1] 参阅 H. R. Delcourt and P. A. Delcourt, "Quaternary Landscape Ecology: Relevant Scales of Space and Time," *Landscape Ecology* 2 (1988): 23-44。

[2] R. J. G. Savage and M. R. Long, *Mammal Evolution: An Illustrated Guide* (New York: Facts on File, 1986)。

与树懒、犰狳和负鼠等物种一起向北迁移，如今它已遍布于东北部森林。[①]像河狸一样，猫科动物大约 2400 万年前在欧洲进化，直到约 1800 万年前才首次来到北美洲。从长期的时间尺度来看，如今形成自然群丛的各种物种实际上都是历史的偶然事件。

这样的过程持续至今，目前，以下几种基本不相关的鸟类物种正在向北扩展它们的分布范围。在马萨诸塞州（Massachusetts），每一物种都在过去 30 年里经历了显著的种群增长：红头美洲鹫（*Cathartes aura*）、红腹啄木鸟（*Melanerpes carolinus*）、绿纹霸鹟（*Empidonax virescens*）、美洲凤头山雀（*Parus bicolor*）、卡罗苇鹪鹩（*Thyothorus ludovicianus*）、灰蓝蚋莺（*Polioptila caerulea*）、食虫莺（*Helmitheros vermivorus*）、主红雀（*Cardinalis cardinalis*）和圃拟鹂（*Icterus spurius*）。[②]少数哺乳动物物种，如弗吉尼亚负鼠（*Didelphis virginiana*），也在向北大幅扩张。正如上面所述，这些物种基本上都是正在进行范围扩张的南方物种。我将在第十一章进一步讨论这一趋势。在此只需注意，上面提到的所有物种在几十年前还生活在很罕见的地方，而现在正在迅速变得普遍起来。生态系统对外来物种绝不是封闭的。因此，达尔文的"楔形类比"并不适用于生态系统。

紫翅椋鸟（*Sturnus vulgaris*）、家麻雀（*Passer domesticus*）和家朱雀（*Carpodacus mexicanus*）等物种数量正在快速增长，但它们都不是原产于东北部地区的物种。这同样也支持这样一种观点，即生态系统并不是那么的自然平衡，以至于无法阻止入侵物种生存。事实上，有些物种在此拓殖（colonize）的轻松程度是惊人的。

反之亦然。20 世纪，数量上占优势的北美东部栗树齿栗（*Castanea dentata*）的消失，对整个森林的生态影响微不足道。因为橡树和山核桃树从根本上取代了它，成为整个栗树地区的优势树种。东北部森林中出现过的最多的鸟类是旅鸽（*Ectopistes migratorius*），这种鸟曾经是栗子、橡子和山核

[①] L. G. Marshall et al., "Mammalian Evolution and the Great American Interchange," *Science* 215 (1982): 1351-1357.

[②] R. R. Viet and W. R. Petersen, *Birds of Massachusetts* (Lincoln, MA: Massachusetts Audubon Society, 1993).

桃的重要传播者，但现在旅鸽已经灭绝了。重要的是，没有证据表明它的消失导致了它以前活动范围内的主要作物生产者的显著减少。

较小的时间和空间尺度也说明了这样一个事实，即自然是动态的，而非静态的。

作为自然的一个基本原则，请考虑这一点：即使任何一个栖息地被完全隔离，被保护，不受任何破坏，它最终还是会发生变化，变化是不可避免的。因为最终某种形式的自然干扰总是会发生，气候会改变，新物种会入侵，现存物种会消失。

自然干扰现在被生态学家认为是导致生态群落非均衡状态的首要因素。由于干扰无论是在时间还是空间上都有重叠的趋势，因此群落变化的综合观点被称为等级斑块动力学（hierarchical patch dynamics）。[1]想象一下一条拼布（a patchwork quilt），不同的拼布有不同的年代和大小，在这里这些拼布的大小会发生改变，以万花筒的模式变来变去。拼布永远都不会统一，也永远都不会静止，变化总是在拼布的某处发生。不同的是拼布受干扰的面积和变化率。这些变量视为尺度效应。这就是生态学家目前看待自然的方式，这样一种观点没有为任何自然平衡思想留有余地。

即使是像低地热带雨林这样复杂且物种丰富的生态系统，其庞大的生物多样性，很大程度上也要归功于多尺度的周期性干扰。[2]干扰的程度可能从轻微到严重不等。生态学家了解到，中等程度的干扰似乎会带来生态系统最大的生物多样性。物种间的干扰和竞争太少，会导致一些物种灭绝和多样性降低。如果干扰太多，则很少有物种能承受频繁的干扰。

---

[1] 参阅 J. Wu and O. L. Loucks, "From Balance of Nature to Hierarchical Patch Dynamics: A Paradigm Shift in Ecology," *Quarterly Review of Biology* 70（1995）：439-466。我在本章所基于的一篇演讲和文章使用了类似标题。但经过深思熟虑后，我不接受范式转变的说法，因为我相信生态学家最终会意识到他们在观察和判断的东西，而摆脱长期存在的偏见。另见 S.T.A. Pickett and R. S. Ostfeld, "The Shifting Paradigm in Ecology," in R. L. Knight and S. F. Bates, eds., *A New Century for Natural Resource Management* (Washington, DC: Island Press, 1995), pp. 261-279; S.T.A. Pickett, V. T. Parker, and P. L. Fiedler, "The New Paradigm in Ecology: Implications for Conservation Biology above the Species Level," in P. L. Fiedler and S. K. Jain, eds., *Conservation Biology* (New York: Chapman and Hall, 1992), pp. 65-88。

[2] 有很多这样的例子，在 John C. Kricher, *A Neotropical Companion* (Princeton, NJ: Princeton University Press, 1997) 中总结了一些。

至于面积，受干扰的范围可能是小规模的，如雷击造成的一棵树的倒下；中度规模干扰，如一群树木的局部被吹倒；或大规模的干扰，如广泛蔓延的火灾或一场大飓风的影响。从历史上来看，美洲河狸是造成中度规模森林干扰的主要原因。它们采伐树木和拦河筑坝的习性最终造就了广阔的开放草坪，许多物种在这片草坪内繁衍生息，无法栖息在封闭的森林中。

在美洲东北部，诸如大多数的一枝黄花（Solidago spp.）、紫菀（Aster spp.）、盐肤木（Rhus spp.）、北美圆柏（Juniperus virginiana）、田雀鹀（Spizella pusilla）、草原林莺（Dendroica discolor）和褐弯嘴嘲鸫（Toxostoma rufum）等演替物种的存在是相对频繁的干扰进化和生态的结果，提供了开放的、非森林地区的持续存在。①这些物种，尽管在北美洲东北部地区森林茂密时数量较少，但仍然是东北部地区的原生物种。就像一些封闭森林物种，如糖槭（Acer saccharum）、加拿大铁杉（Tsuga canadensis）和棕林鸫（Hylocichla mustelina）一样。

更新世智人的出现对北美洲生态系统的影响具有深远意义。由于耕种为人类提供了极强的改变自然的能力，而且这样的改变往往会导致生态系统的极端变化，因此人类认为自己已经破坏了自然平衡的看法是可以理解的。特别是在西方文化中，西方世界认为人类在很大程度上是与自然分离的②，这种二元论的思想使人类与自然分离开来，也常常使人类与自然之间发生冲突（第十四章）。即使是被认为与自然有着深厚文化渊源的印第安人，也对自然生态系统产生了重大的、往往也是负面的影响。③事实上，有证据表明，移民到北美洲的人类，很快就会对所谓的更新世巨型动物，如地懒（the ground sloths）和猛犸象造成毁灭性的灾难，导致其大规模的物种灭绝浪潮。④

一般来说，人们认为，随着欧洲定居者对这片土地的控制越来越强，北

---

① 参阅 P. L. Marks, "On the Origin of the Field Plants of the Northeastern United States," *American Naturalist* 122 (1983): 210-228，关于演替植物物种进化史的讨论。

② L. White, Jr., "The Historical Roots of Our Ecological Crisis," *Science* 155 (1967): 1203-1206.

③ W. Cronin, *Changes in the Land: Indians, Colonists, and the Ecology of New England* (New York: Hill and Wang, 1983).

④ J. E. Mosimann and P. S. Martin, "Simulating Overkill by Paleoindians," *American Scientist* 63 (1975): 304-13.

美洲东部森林野生动物的总体数量急剧下降。对动物数量的各种初步估计表明，野生动物非常集中。[1]然而，很难将少数观察人员收集的大量坊间数据与现代协同数据库（如繁殖鸟类调查）进行准确比较。[2]例如，奥杜邦和托马斯·纳托尔（Thomas Nuttall）都认为，栗胸林莺（*Dendroica castanea*）是非常罕见的，但奥杜邦怀疑它就生在美国，并写道："它必须在一些最偏远的西北部地区度过夏天，这样我就无法发现它的主要住所了。"[3]奥杜邦评论了极端罕见的栗面林莺（*Dendroica cantanea*），这是一种他只见过一次的物种，而现在这两个物种都已经非常常见了。因为奥杜邦和纳托尔都是在没有双筒望远镜的情况下工作，所以他们肯定也有可能在某种程度上忽略了这些物种，但鉴于他们对许多其他物种的观察能力，这种情况似乎又不太可能发生。因此最有可能的是，栗胸林莺和栗面林莺在当时确实非常罕见，它们的数量只是在21世纪才有了大幅度的增长。

没有人会质疑，人类要对北美洲东部森林的鸟类和哺乳动物群落的几次大规模扰动负责。正是由于人类的干扰，才导致如今的北美洲东部森林生态系统明显不同于欧洲殖民时期。在许多生态系统的改变中，最显著的变化发生在18和19世纪，当时欧洲定居者为了放牧、耕作和定居而砍伐森林。[4]生活在森林中的许多物种的可用栖息地空间显著减少。受森林砍伐影响最严重的鸟类可能是已经灭绝的旅鸽，它曾经被认为是地球上数量最为丰富的鸟类。旅鸽的灭绝，通常被认为是人类过度的狩猎压力所造成的，但事实上，可能更多地是森林砍伐造成的栖息地的极端丧失才导致了旅鸽的灭绝。[5]

人类砍伐北美洲东部森林的一个明显后果是，草原和演替物种能够在整个东部各州扩大它们的分布范围。因为砍伐导致森林物种的丰度降低，而像

---

[1] P. Matthiessen, *Wildlife in America*（NY: Viking Penguin Inc., 1959; revised 1987）.

[2] 繁殖鸟类调查是一项每年监测北美洲境内鸟类繁殖的工作。它由马里兰州的美国地质调查局帕图克森特野生动物研究中心协作。详情可见于http://www.pwrc.usgs.gov/BBS/。

[3] J. J. Audubon, *The Birds of North America*, vol. 2（Philadelphia: J. B. Chevalier, 1841）, p. 34.

[4] D. R. Foster and J. F. O'Keefe, *New England Forests through Time*（Cambridge, MA: Harvard University Press, 2000）. 该书对新英格兰森林向牧场和农业的转变进行了说明。这些实例来自位于马萨诸塞州彼得舍姆哈佛森林的立体布景。

[5] E. H. Bucher, "The Causes of the Extinction of the Passenger Pigeon," in D. M. Power, ed., *Current Ornithology*, vol. 9（New York: Plenum Press, 1992）: 1-36.

东草地鹨（*Sturnella magna*）和黄胸草鹀（*Ammodramus savannarum*）等物种则会从森林砍伐中获益，从而逐渐扩大其分布范围。就像整个20世纪的北美洲东部森林的再生，同样导致这些物种的种群遭受到栖息地的丧失一样。事实上，田地到幼林地的生态演替被认为是金翅虫森莺（*Vermivora chrysoptera*）近期衰落的一个重要因素，其生活在森林早期演替的栖息地中，并被类似的蓝翅虫森莺（*V. pinus*）所取代，后者可以生活在一个包括晚期演替的落叶林的更大的干扰区中。①

伴随着欧洲人的定居与人口的增长，如美洲狮（*Felis concolor*）和灰狼（*Canis lupus*）等捕食者迅速从北美洲东部地区灭绝。1717年，灰狼在马萨诸塞州的科德角（Cape Cod）仍然很常见，因此有人提出要在桑伟奇（Sandwich）岛和韦勒姆（Wareham）镇之间建造一道围栏，将狼拒之门外，并把科德角的外部变成一个牲畜保护区。②在新英格兰南部，由于人类的毛皮贸易，致使渔貂（*Martes pennanti*）这一物种的数量大大减少。人类这些活动的综合效应，导致这些北美洲东部森林生态系统的顶级食肉动物显著衰落，而且这一衰落趋势今天仍然存在。有些物种，如红狐（*Vulpes fulva*）和灰狐（*Urocyon cinereoargenteus*）、北美浣熊（*Procyon lotor*）和郊狼（*Canis latrans*）的数量正在急剧增加，其他一些物种，如渔貂的数量也在小范围内出现反弹，白尾鹿（*Odocoileus virginianus*）的数量变得异常丰富起来，这些主要归功于大型捕食者的消失。

现在想一想你刚才读到的内容，在没有天敌的情况下，白尾鹿的数量增加了。那么这是否就代表了自然的不平衡呢？大多数人会欣然同意这种看法。但问题是，白尾鹿的最佳密度是多少？它应该有多少捕食者？这个问题的答案最终且很大程度上不是取决于鹿所能获得的植物食物的生物量吗？鹿群变得密集不就更容易受到细菌和病毒病原体，或者寄生虫的影响，这难道不会"自然地"降低白尾鹿的种群密度吗？为什么白尾鹿的数量通过狩猎的压力而"平衡"了，而不是因为失去植物食物而最终饿死？像郊狼和土狼

---

① R. R. Viet and W. R. Petersen, *Birds of Massachusetts*（Lincoln, MA: Massachusetts Audubon Society, 1993）.

② P. Matthiessen, *Wildlife in America*（NY: Viking Penguin Inc., 1959; revised 1987）.

这样的食肉动物是否平衡了白尾鹿的数量？而像细菌和真菌这样的病原体呢？这些问题我将在第十二章中作进一步的讨论。

人类活动不断改变北美洲东部森林的动物群落。然而，随着人类环保意识的提高和圈养动物繁殖的增加，鸟类的天敌，如雀鹰（*Accipiter* spp.）、游隼（*Falco peregrinus*）和鵟（*Buteo* spp.）的数量也在不断增加。在东部的大部分地区火鸡（*Meleagris gallopavo*）的数量已经成功恢复，但与此同时，郊区人口的增加导致栖息地的破碎化，也对一些物种造成了威胁，如棕林鸫等。其他一些物种，如冠蓝鸦（*Cyanocitta cristata*）、拟八哥（*Quiscalus quiscula*）似乎是受益的。但不用担心，事情总是在不停地发生着变化。

北美洲东部森林生态系统的物种组成不断地发生着变化：有些物种衰落了，而有些则进化了。过去几十年的生态学研究，已经让生态学家充分认识到，生态系统一直处于动态变化的现实中，他们基本已经放弃了自然存在某种有意义的自然平衡的观念。这一现实会对有关土地使用、物种保护和地球的整体管理决策产生什么影响？我会让这个问题在你的脑海中萦绕，并在最后一章遇到马利的幽灵（Marley's ghost）时再次提起。

第八章 生态与进化，过程与范式

哈钦森撰写了一本名为《生态的剧场和进化表演》(*The Ecological Theater and the Evolutionary Play*) 的生态学书籍。[①]说到生态学，哈钦森是一位真正的博学家，他的一些学生成为了 20 世纪最杰出的生态学家。[②]哈钦森为普通读者撰写的简短书籍（就像上面这本书一样）引人入胜，因为它把进化描述为一个持续塑造地球上各种生态系统（不管是什么生态系统）的过程。但还有一个更深刻的意义。进化是一个范式，而生态不是；生态是一个过程，它提供进化的演员和场景，即"舞台"。在描述生态系统的结构和功能的过程中，生态学享有许多经验性的成功。从本质上来说，这些成功是经验主义的胜利，而不是范式的启示。所有的生态学都被进化生物学，特别是自然选择理论所吸收。把这个问题阐述清楚是本章的目的。

我是被尤金·奥德姆的著作《生态学基础》引导到生态学规范研究的那一代生态学家中的一员。[③]《生态学基础》首次出版于 1953 年（384 页），我使用的是 1959 年出版的第二版（546 页）。这本书在很多方面都激励着人们。首先，它激励了读者，让我对科学如何被用来研究自然感到兴奋。其次，本书的所有内容似乎都与能量有关：能量如何在生态系统中流动，能量如何构建食物链，能量如何在物质循环时进行流动，以及以生物质能形式存在的能量如何随着生态演替而积累起来，等等。但这本书所缺少的是进化的生态学基础。进化被归结为两个主题，一个是它对互利共生（两个或多个物种是相互依赖的互利共生关系）的影响，另一个是对古生态学（paleoecology）（如

[①] 该书绝版已久，于 1965 年由耶鲁大学出版社出版，现在仍可在一些图书馆借阅。

[②] 其中包括著名的生态学家 P. 克洛普弗 (P. Klopfer)、L. 斯洛博金 (L. Slobodkin)、F. E. 史密斯 (F. E. Smith)、E. S. 迪维 (E. S. Deevey)、R. H. 麦克阿瑟 (R. H. MacArthur)、A. J. 科恩 (A. J. Kohn)、W. T. 埃德蒙森 (W. T. Edmondson)、H. T. 奥德姆 (H. T. Odum)、J. L. 布鲁克斯 (J. L. Brooks) 和 I. M. 纽厄尔 (I. M. Newell)。

[③] E. P. Odum, *Fundamentals of Ecology* (Philadelphia: W. B. Saunders, 1953). 这本书使生态学成为众多院校的生物学主流课程。

何使用最近的化石记录重建过去的环境)的影响。在《生态学基础》这本书中，"达尔文"被提及两次，奥德姆只是在对互利共生论，以及"合作"是如何在自然中进化的探讨过程中，对自然选择理论进行了简要讨论。

《生态学基础》的第五版是尤金·奥德姆与加里·巴雷特（Gary Barrett）合著完成的，于 2005 年出版，距第一版已过去 52 年，奥德姆也于 2002 年去世，享年 88 岁。[1]第五版中有关进化的讨论远比其之前的版本更完整、更复杂。当然，确实也理应如此。

奥德姆 1953 年的生态学著作成功地超越了其他早期的生态学书籍，包括巨著《动物生态学原理》（*Principles of Animal Ecology*, 1949），它由 W. C. 阿利（W. C. Allee）、A. E.埃默森（A. E. Emerson）、O. 帕克（O. Park）、T. 帕克（T. Park）和 K. P.施米特（K. P. Schmidt）合著，他们每个人都是杰出的生态学家。《动物生态学原理》包括索引在内共有 837 页，该书的最后一部分致力于"生态与进化"的讨论，包括对遗传变异、适应和自然选择的讨论，还包括对"种间融合的进化和生态系统的进化"（Evolution of Interspecies Integration and the Ecosystem）的推测部分。在这部分内容中，作者做了大胆的假设，认为达尔文的进化论可能并不局限于生物，同样也适用于整个生态系统。他们写道："种间融合的进化涉及彼此之间生态相关生物的遗传修饰，从而导致整个群落的进化。"[2]

因此，阿利等人把进化看成是获得自然最终平衡的过程。他们的结论也非常贴切："个体生物或种群的生存概率，随着它们相互之间以及它们与环境之间的和谐适合度增加而增加。这一原则是自然平衡概念的基础，是生态学和进化论的主题，是有机生物学和发育生物学的基础，也是所有社会学的基础。"[3]

奥德姆在进化论方面可能做得还不够，而阿利等人可能又做得太多了。直到罗伯特·利奥·史密斯（Robert Leo Smith）在 1966 年用《生态学和田

---

[1] E. P. Odum and G. W. Barrett, *Fundamentals of Ecology*, 5th ed.（Belmont, CA: Thomson Brooks/Cole, 2005）.

[2] W. C. Allee et al., *Principles of Animal Ecology*（Philadelphia: W. B. Saun-ders Co.）, p. 695.

[3] W. C. Allee et al., *Principles of Animal Ecology*（Philadelphia: W. B. Saun-ders Co.）, p. 729.

野生物学》(*Ecology and Field Biology*)质疑了奥德姆的文本后，进化论和自然选择理论才在主流生态学文本中得到恰当的处理。因此在随后的很多生态学文本中开始强调进化论对其的重要性。

那么，为什么生态学特别是自然选择理论要如此依赖进化论，是因为它强大的解释力？当我首次学习奥德姆的《生态学基础》时，尽管没有对进化论给予太多关注，但我仍然很满意自己学到了很多生态学知识。虽然我当时忽略了适应和自然选择理论这一关键背景。例如，当我读到奥德姆的生态演替的内容时，我接受了他这样的描述：首先是一年生植物，然后是两年生和多年生植物，然后是草和灌木，等等。但是，为什么会出现这种模式呢？本章将讨论这些"为什么"的问题。首先，是一个与辣酱有关的例子。

一个朋友知道我喜欢吃辛辣的食物，就送了我一瓶卡利卡利（Kali Kali），它被称为"非洲最辣的辣椒酱"。世界各地的菜系多以辣椒为特色，其中有切碎的辣椒、整辣椒或酱汁辣椒。吃辣椒时感觉到的辣味，是由一种叫作辣椒素（capsaicin）的化学物质所引起的。正如大多数人所知道的那样，只要一点点辣椒素，这种火辣的感觉就会持续很久。那么，为什么有些植物会合成辣椒素呢？

植物利用能量来生产果实，其中一些果实最终会被各种动物消耗掉，而另一些则散播果实内的种子，辣椒这种植物也不例外。植物果实中含有下一代的种子，是植物对其基因未来的繁殖投资。各种动物吃果实，但不易消化里面的种子。之后当动物留下粪便时，未被消化的种子会因此发生扩散，这就在不经意间发挥了对植物至关重要的种子传播功能。许多植物已经进化出吸引种子传播者的机制。果实成熟，使其在植株上清晰可见。这只是一个吸引果实传播者的例子。种子的传播对达尔文的适应性来说至关重要！

辣椒植物以这种方式进化。某些鸟类是最好的辣椒种子传播者，它们似乎不介意大量摄入辣椒素。哺乳动物也容易吞食辣椒果实和种子，但辣椒素把它们吓跑了。因此鸟类吃辣椒，并将辣椒种子留在它们的粪便中，而哺乳动物则完全不吃辣椒。辣椒素是一种让哺乳动物不敢靠近的适应（adaptation）物质。

我们是怎么知道的？更为重要的是，为什么会出现这种情况？约书亚·图克斯伯里（Joshua Tewksbury）和加里·纳卜汉（Gary Nabhan）两位生态学家研究了辣椒（chili peppers，辣椒植株的果实）和食用它们的动物之间的关系。[①]他们在亚利桑那州（Arizona）进行了一些研究，这些研究主要集中在无毛辣椒（*Capsicum annuum* var. *glabriusculum*）上。他们主要研究鸟类和哺乳动物在食用辣椒果实方面的差异，以及辣椒籽因此发生的变化情况。对白天吃辣椒动物的远程视频观察结果显示：一种叫作弯嘴嘲鸫（*Toxostoma curvirostre*）的鸟类，吃掉了72%的辣椒果实。视频中没有看到哺乳动物在白天吃辣椒。但话说回来，沙漠里很热，许多哺乳动物在白天通常不出来活动。

由于大多数沙漠哺乳动物都是夜行性动物，研究人员在鸟类和哺乳动物白天和晚上都能吃到的地方，提供了相同数量的辣椒果实和一种温和的水果——沙漠朴果（*Celtis pallida*）（朴属植物）。白天，两种果实都被拿走，但在晚上，当哺乳动物活跃而鸟类不活跃时，只有朴果被拿走。哺乳动物是喜欢吃果实的，但不喜欢吃辛辣的果实。

在后续的实验中，研究人员捕捉了荒漠鹿鼠（*Peromyscus eremicus*）和荒漠林鼠（*Neotoma lepida*）以及弯嘴嘲鸫，他们为这三种动物提供了三种食物选择：来自研究地的辣的辣椒，不辣的变种辣椒，以及朴果。哺乳动物很容易消耗的是朴果，并吃一些不辣的辣椒果实，但拒绝吃辣的辣椒。弯嘴嘲鸫吃了这三种果实，包括辣的辣椒。此外，重要的是，由哺乳动物所消耗的种子中，没有任何不辣的辣椒种子发芽。而弯嘴嘲鸫消耗的辣的辣椒和不辣的变种辣椒都发芽了，就像研究人员精心种植的种子一样。通过鸟的肠道系统的种子不被损害，但是被哺乳动物摄入的种子却不是这样，哺乳动物损害种子的结果实际上是对植物种群的一种选择压力，迫使植物种群进化出有利于鸟类食用的果实和种子传播特质。

这些实验是当代生态学家进行研究的典型方式。实验表明，就辣椒而言，常见的沙漠哺乳动物如各种啮齿动物相比于鸟类，传播种子的能力较差。但

[①] J. Tewksbury and G. Nabhan, "Directed Deterrence by Capsaicin in Chillies," *Nature* 412（July 26, 2001）: 403.

情况并非总是如此。在生态学中，很少有一概而论的情况。因为有些哺乳动物确实是有效的种子传播者。例如，蝙蝠就是很好的种子传播者，可以传播很多种类的种子，尤其是来自热带雨林的植物种子。蝙蝠像鸟一样会飞，而飞行是传播种子的必要行为。许多种子通过蝙蝠的肠道系统后继续发芽生根。这样一来，蝙蝠没有对植物构成选择压力，因此，许多植物并没有进化出阻止蝙蝠的防御机制。

在亚利桑那州的研究中，虽然只有不到 40%的研究区域是遮阴的，但 86%的成年辣椒植株生长在遮阴处。这是因为弯嘴嘲鸫通常会通过粪便将辣椒种子排泄在阴凉之处。在沙漠炎热的日子里，鸟会在阴凉处休息。在阴凉处播种对种子是有好处的，因为到它们最终能够发芽的时候，失水的可能性就比较小。图克斯伯里和纳卜汉得出结论："简言之，通过弯嘴嘲鸫来传播种子，对辣椒是非常有益的。"因此，从辣椒植株的角度来看，弯嘴嘲鸫是最佳的种子传播者。

辣椒素是一种化学适应物质，赋予辣椒植物进化的适应性，因为它阻止了不善于传播种子的哺乳动物消耗种子，并允许善于传播种子的鸟类传播种子。很多问题仍然明显存在，例如，鸟类最初是如何进化出对辣椒素的耐受性的（或者它们是否需要这样做）。在进化过程中，那些能够进化出辣椒素的辣椒植物比那些没有进化出辣椒素的辣椒植物享有更高的繁殖优势，因此辣椒素在辣椒中变得广泛和普遍，这就是自然选择的过程，也是达尔文主义的本质。一个对自然选择理论持有不成熟观点的生态学家就面临这些需要解决的困境。为什么哺乳动物不能吃辣椒果实？为什么会有辣椒素的存在？很多"为什么"的问题，基本上都是通过自然选择的背景得以解决的。

为什么宇宙会存在？为什么会有万有引力定律？为什么我会出生？这些"为什么-型"问题是哲学家和形而上学者的素材。它们在经验科学中却没有什么位置，因为它们不能通过科学的方法被认识。但是，如上所述的"为什么-型"的问题确实存在于科学中，这与自然选择和适应有关。正如进化学者迈尔所指出的[①]，进化理论的研究涉及两类问题，即"如何-型"和"为什么-型"的问题。进化的"如何-型"或"近因"问题是实验科学的典型关注点，是用传统的科学方法进行回答的问题。而"为什么-型"或"终极"问题是有背景的，是自然选择的适应背景。这里有一个例子：

很明显，某些形式的植物，如茅膏菜（*Drosera* spp.）和捕蝇草（*Dionaea muscipula*）是"食虫的"。这些植物已经进化出捕捉和消化昆虫的独特方式。植物生理学家了解植物是如何完成它们的功能的。但为什么有些植物是食虫的？这不是一个形而上学的问题，而是一个真正的科学探究的问题，一个基于进化的"为什么-型"的问题。食虫植物一般生长在酸性沼泽中，高酸度阻碍了细菌分解有机物（北欧沼泽中保存的和"木乃伊"化的古代人类遗骸就证明了这一点）。由于分解被破坏，氮等重要元素供应不足，被锁在未分解的泥炭中。食虫植物是从被捕获的昆虫中获得氮和其他所需的重要元素，而不是通过更传统的土壤途径。在酸度没有高到阻碍细菌分解掉有机物的地方，植物就没有选择压力，不会偏向于成为昆虫猎手，这样也就不会出现食虫植物。因此，要从头了解食虫植物的生态，人们必须了解进化这个背景。

"为什么-型"的问题也说明了自然选择的另一个现实，不是所有的性状都具有适应性，至少是在任何直接的意义上不是。为什么植物是绿色的？答案非常简单：叶子组织中的叶绿素色素（主要是叶绿素 a）密集分布在叶子（有时是茎）组织中，它们能反射绿光。叶绿素对植物的适应性很强，这种独特的色素能够吸收光谱中的红光和蓝光。由此吸收的能量被用来启动复杂的光合作用过程，这个过程维持着地球上绝大多数的生命。[②]但是，植物的绿色本身并不具有适应性。植物是绿色的，只是因为它们不吸收绿色波长，

---

① 恩斯特·迈尔（Ernst Mayr）在他的几本书中讨论了"如何-型"和"为什么-型"的问题。在 *The Growth of Biological Thought*（Cambridge, MA: Belknap Press, 1982）一书中有大量的讨论。其他书籍包括 Ernst Mayr, *Toward a New Philosophy of Biology: Observations of an Evolutionist*（Cambridge, MA: Belknap Press, 1988），特别参阅文章 17；也可参阅 *This Is Biology: The Science of the Living World*（Cambridge, MA: Belknap Press, 1997）。

② 深海热泉并不依赖光合作用，因为它们是一个以热量为能量基础的生态系统。细菌利用热量来完成化学合成。但深海热泉的分布非常有限，与全球的光合作用相比，其生命维持能力微乎其微。

而是反射绿色。绿色是自然选择进化的副产品。

我反复强调这些问题，是因为当你真正了解生态系统如何运作时，很快就会意识到大自然是多么的富有层次。这一观点强调了空间和时间尺度上的重要性。让我们来看看在北美洲东部某个橡树林中的一些冠蓝鸦的情况，看看会有什么结果。

冠蓝鸦（*Cyanocitta cristata*）是常见的、容易识别的鸟类，几乎所有的橡树林都会有一群冠蓝鸦生存。一只冠蓝鸦可能不知道自己在任何深刻的哲学意义上是一只冠蓝鸦，但任何一只冠蓝鸦都非常清楚，它自己在看还是在听另一只冠蓝鸦或其他种类的鸟。任何冠蓝鸦只要不具备这种必要的物种识别能力，就注定会被淘汰。因此不具备物种识别能力的情况也是极为罕见的。所以，大体上，冠蓝鸦之间是互相认识的。它们建立自己的筑巢领地，进行求偶行为，交配并养育更多的冠蓝鸦。有时，它们争夺筑巢领地或食物，或两者兼而有之。有时它们会成群结队，在白天对栖息的东美角鸮（*Otus asio*）发出刺耳的叫声，它们的聚集行为向其他冠蓝鸦甚至其他猎物发出了捕食者存在的信号。在秋季，有时它们会成群结队地离开一片森林，迁移到另一个食物更为丰富的地区。这就是冠蓝鸦种群的本性。这种行为模式背后的事实是，冠蓝鸦需要食用大量的橡子，即橡树的种子。它们这样有点反常的做法，对橡树来说却是巨大的反常。

橡子是种子，不是果实。冠蓝鸦啄食并摧毁橡子，因此与沙漠鸫鸟（desert thrashers）不同，冠蓝鸦是种子捕食者。但是冠蓝鸦并不吃光它们采摘的所有橡子。它们收集和埋藏的橡子通常比它们吃掉的还要多。为什么会这样？考虑到橡子不是全年都能生产，而只是在一段有限的时间，通常是夏末进行生产。冠蓝鸦储存橡子，就像人类在储藏室里储存食品罐头一样，在树木不能提供食物的时候为自己提供食物。那些喜欢掩埋橡子，然后在日后找到它们并食用的冠蓝鸦，就会有更多的机会存活下来并繁殖后代。如果这种性状有遗传基础，它可能会传递给冠蓝鸦的后代，甚至在冠蓝鸦中广泛传播，这是一种适应冬季生存的习惯。事实上，冠蓝鸦属的其他种类也会储存种子。

橡子的丰度每年都会有显著变化。因此，冠蓝鸦会吃掉一些橡子，但是也会有意无意地埋下许多橡子（我们不知道冠蓝鸦知道什么，不知道什么），它们为即将到来的冬季提供了食物保险。其中一些，也许是大部分掩埋的橡子不会被冠蓝鸦找回，而是被其他吃种子的动物吃掉，或者被细菌或真菌分解掉。但也有少数会发芽长成新的橡树幼苗。因此，冠蓝鸦也在种植橡树。的确，随着冰川消融，冠蓝鸦无疑促进了北美洲北部地区橡树的再度拓展。

如前所述，冠蓝鸦吃橡子的行为使它们成为橡树的捕食者。但在更广的范围内，冠蓝鸦也与树木有互惠关系。如果不是因为鸟类储存种子的行为，橡树的繁殖就不会那么成功。

作为橡树的种子，橡子很重，不会随风吹走，从亲本树（parent tree）上落下后也不会移动。但亲本树下可不是种子生长的好地方，如果种子在它的亲本树附近发芽，就会面临来自一个拥有几乎相同基因组（基因阵列）的生物体的激烈竞争。这意味着，亲本树也需要和它后代一样的环境资源，而且比它的后代需要得更多（毕竟它是一棵成熟的树）。因此，种子传播得越远越好。冠蓝鸦帮助橡树做到了这一点，就像弯嘴嘲鸫帮助沙漠里辣椒植物传播种子一样（尽管方式不同）。冠蓝鸦把种子从母树上叼走，这一行为有助于橡树种子的传播。

冠蓝鸦把种子放在哪里，它们如何选择橡子的储存地点，人们对此知之甚少。然而，人们对北美洲西部类似冠蓝鸦的物种进行了研究。已知的是，至少在西部的冠蓝鸦种群中，这种鸟儿在选择栖息地时是具有高度选择性的，而不是随机的，而且它们也会记住储存地点。在种子储藏几个月后，它们会成功地将种子转移到其他地方。①冠蓝鸦是鸦科（Corvidae）成员，是最聪明的鸟类之一，而鸦科的智力已经与类人猿差不多了。②

橡树种子是含有大量脂肪和其他营养化学物质的大型种子。这对橡树幼苗的发芽和初期生长都是至关重要的。不仅仅是冠蓝鸦，对许多其他动物来说，橡子都是最理想的食物来源。许多脊椎动物，诸如北美浣熊（*Procyon lotor*）、条纹臭鼬（*Mephitis mephitis*）、白尾鹿、黑熊、灰狐、黑松鼠（*Sciurus*

---

① R. P. Balda and A. C. Kamil, "A Comparative Study of Cache Recovery by Three Corvid Species," *Animal Behavior* 38（1989）：486-495.

② N. J. Emery and N. S. Clayton, "The Mentality of Crows: Convergent Evolution of Intelligence in Corvids and Apes," *Science* 306（2004）：1903-1907.

niger)、花栗鼠（Tamias striatus）、白足鼠（Peromyscus leucopus）、红头啄木鸟（Melanerpes erythrocephalus）、野火鸡和许多昆虫物种也会分享这一橡果盛宴。也许它们中数量最多的橡果捕食者是现已灭绝的旅鸽，其数量一度达到数十亿只。如此多的种子掠食者对各种各样的橡树物种的综合繁殖（combined reproductive），可能会产生什么样的集体影响呢？

理论上讲，食用橡子的动物群落的各种成员可能会把橡子全部吃掉，这将使橡树基本上不再繁殖，它们的集体繁殖成功率为零。此外，任何森林中都居住了各种细菌和真菌群落，它们也需要诸如橡子中被发现的复杂的有机化合物。一旦橡子被掩埋，就有可能会成为细菌或真菌的食物资源。但话又说回来，这里有自然选择在起作用。

辣椒并不是唯一能产生化学威慑物质来防止种子被捕食的植物。许多橡树（以及大多数其他树种）会产生大量化合物，其中有一种叫作单宁（tannin）的化合物。单宁对冠蓝鸦的影响还没有被研究过，但它们确实对灰松鼠（Sciurus carolinensis）的行为有影响。灰松鼠和冠蓝鸦一样，经常储藏和食用橡子。这些啮齿动物会埋藏单宁含量高的橡子，并立即吃掉那些单宁含量低的橡子。富含单宁的橡子，通常是由一组统称为"红橡"（red oaks）的橡树品种产生的，它们比那些单宁含量较低的橡子发芽晚，产生后者的橡树则被称为"白橡"（white oaks）。松鼠已经适应了这种橡树的特性，把富含单宁的橡子视为"可储存的"，把单宁含量较低的橡子视为"易腐烂的"。红橡的橡子要等到以后才会被吃掉，因此单宁被松鼠视为一种信号，以确定哪些橡子用来食用，哪些橡子用来储存。[①]

每隔几年，橡树就会结出大量的橡子。橡树没有任何形式的神经系统或大脑，但它们对微妙的环境线索很敏感。在某些年份里，同一地区所有的橡树都会同时收获大量的橡子。或许有些气候信号影响了橡子的生产。目前尚不确定这种精确的同步性（synchrony）是如何产生的。但正如你将看到的，这显然是橡树的一种适应性，是自然选择的结果。在丰收年份，覆盖在森林

---

① P. D. Smallwood and W. D. Peters, "Grey Squirrel Food Preferences: The Effects of Tannin and Fat Concentration," *Ecology* 67 (1986): 168-174. 另可参阅 M. Steele and P. Smallwood, "What Are Squirrels Hiding?" *Natural History*, October 1994: 40-45.

的地面上的橡子，远远多于冠蓝鸦、松鼠、火鸡、花栗鼠、浣熊、熊、臭虫和微生物的任意组合可能消耗或破坏的数量。动物可以食用这些橡子填饱肚子，但橡树的集体繁殖能力远远超过动物消费者的集体食物需求量。对那些被动物吞噬的橡子来说，可能还有成千上万的橡子没有被动物吃掉（尽管在这一点上缺乏精确的数字）。任何人在丰收年走进这样一片橡树林中，肯定都会踩到大量的橡子。许多橡子可能会被冠蓝鸦和松鼠储存起来。橡树通过同步繁殖来生产异常多的橡子，这让所有的橡子不可能都被动物消费者吃掉，从而保证一些橡子存活下来并发芽、繁殖。哪些橡子会存活下来，而哪些不会，在很大程度上看起来是偶然的，但在这一点上，同样没有全面的数据。

术语"大量结实"（masting）被用来描述在某些年份内植物同步生产大量种子（synchronous seed production in plants）。橡树不是唯一能够同步生产大量种子的植物。松树、云杉、冷杉、山核桃树和山毛榉（beech）也能够同步生产大量种子。在许多植物物种中，大量结实是独立进化的。对此最可能的解释是，大量结实是植物对动物捕食种子所作出的回应。但对这种现象，也有不同的解释。例如，年复一年的环境条件变化也可能是造成大量结实的原因。如果植物在接下来的几年中经历了有利的生长季节，它们可能会储存足够的能量，在某一年中生产大量的种子作物。在进化生态学中，很难理清相互差别的解释，但也不一定是相互排斥的。大量结实是由种子捕食作出选择的，还是完全由环境条件造成的？请注意，动物捕食种子的解释是历史性的。它假设某种有利于大量结实的进化历史。正如已故进化论者斯蒂芬·杰·古尔德（Stephen Jay Gould）所指出的那样，要充分理解进化，就必须像历史学家看待人类历史那样来看待进化。[①]适应能力是在进化的过程中进化而来的，因此，我们今天所观察到的适应性特征只有在历史背景下才能得到最好的理解。这确实是一场"进化的表演"（evolutionary play）。

旅鸽一度被认为是地球上鸟类数量最多的，然而在 1914 年的 9 月 1 日，

[①] S. J. Gould, "Evolution and the Triumph of Homology, or Why History Matters," *American Scientist* 74（1986）: 60-69.

当最后一只旅鸽死于俄亥俄州辛辛那提的一家动物园时，它就灭绝了。就在 1 个世纪前，这一物种的数量估计达到数十亿只之多。旅鸽是高度游牧物种，云集的旅鸽群飞行数百英里，去寻找像橡树和山核桃树这样生产果实的作物。大量的鸽群和游牧行为可以理解为旅鸽对大量结实的适应。大量结实代表了一种丰厚的食物资源，因此能够保证鸟类的高种群增长。植物的大量结实也是区域性分布的，因此对旅鸽来说，为了保持稳定的食物供应，长途飞行去寻找大量结实的地方是非常必要的。尽管由于旅鸽密集地栖息，人类对它们所造成的射击压力非常大，但导致旅鸽灭绝的最重要的原因，应该是 18 世纪末和 19 世纪的森林砍伐。砍伐者阻碍了旅鸽继续获得植物的大量结实。[①]随着食物供应的减少和狩猎压力的持续，旅鸽的种群不可避免地走向衰落。没有别的物种能在"大量结实"上进化出这样的依赖性，并且旅鸽能够在树种上施加一种强烈的选择压力。自从 19 世纪后半叶农场被遗弃之后，橡树林和山核桃林已经在北美洲东部的大部分地区重新繁殖起来。旅鸽消失了。要注意的是，如果不知道以前存在的旅鸽数量确实如此庞大，任何生态学家都有理由疑惑为什么选择压力会青睐于树种的大量结实。今天的事实是，所有可能的种子捕食者加起来似乎也不足以真正威胁到橡树的繁殖，但再放入几十亿只旅鸽，你就能看得更清楚了。

有几种昆虫已经进化出和树种大量结实相似的生殖模式。其中一种是所谓的周期蝉（与每年夏天以小数量出现的一年生蝉不同）。成年蝉成群出现，聚集在一起的蝉鸣声显著提高了夏季森林的分贝值。它们一生中的大部分时间都是以若虫（未成熟的生命周期阶段）的形式生活在土壤中，并且以植物根部为食。它们以 13 年或 17 年的周期（视物种而定）同步出现。2008 年夏天，我在科德角附近的土壤中发现了 17 年的周期蝉。似乎每一根树枝上都覆盖着几十个。蝉声不断。这些红眼、矮胖的黑色昆虫数量极为丰富，像生产橡子的树木一样。蝉"充斥着市场"，超出了捕食者的捕食能力。有朋友问我："为什么没有更多的鸟来吃这些昆虫？"那是因为，许多周期蝉在

---

① E. H. Bucher, "The Causes of the Extinction of the Passenger Pigeon," in D. M. Power, ed., *Current Ornithology*, vol. 9 (New York: Plenum Press, 1992): 1-36.

繁殖之前就被吃掉了，但大多数都没有。而鸟类寡不敌众，并且在场的鸟儿很快就吃饱了。大多数的蝉都没有被吃掉，还能在其短暂的成年生活中成功地繁殖下一代。

在夏季，蜉蝣（Ephemeroptera）会同步从池塘里出来，它们大约会活一天。在令人难以置信的短暂成年期，它们唯一的功能就是繁殖。同步出现有助于确保雄性找到雌性，但就像刚才对周期蝉描述的一样，它也以类似的方式大大降低了捕食的整体影响。鱼类成群、鸟类簇拥和哺乳动物的群集，这些都至少在一定程度上降低了某种特定动物被捕食的可能性。

在一个丰收年后，橡子的产量可能会降至几乎为零，这可能是因为在上一年中橡树就将其储存的大部分能量用于生产橡子。因此，橡子的捕食者开始经历食物由盛筵到饥荒的转变。在橡子大丰收的一年里，从冠蓝鸦到灰松鼠都会因为丰富的食物资源非常成功地进行繁殖，从而扩大其区域的种群规模。在一个富庶年份之后，橡子的匮乏迫使其中的许多动物迁徙，以寻找更多产的区域。在这样的年份里，大量的冠蓝鸦在白天也会迁移，长途跋涉去寻找食物。对弗吉尼亚州西部橡树林的研究表明，灰松鼠、白足鼠和花栗鼠的数量随着橡子产量的变化而变化。[1]橡子越多，松鼠就会越多；橡子越少，松鼠也就越少。

大量结实给橡树生态系统的功能增加了时间上的复杂性，这是一个时间尺度效应的例子。生态系统的过程在橡子的不同生产年份也会有所不同。如果一个学习生态学的学生，在非大量结实的年份研究橡子的消耗和冠蓝鸦数量变化之间的关系，那么所得的研究数据，将会和大量结实年份或没有结实年份中收集的数据不一致。

橡树大量结实可能发生在冠蓝鸦群体的部分范围内，但不会发生在所有地方。冠蓝鸦广泛分布于北美洲的东部和中部。尺度的概念对区域（所选择研究区域的大小）来说，与时间长度是一样重要的。

时间和区域尺度已经被公认为是构建任何生态学研究的基本考虑因素。

---

[1] W. J. McShea, "The Influence of Acorn Crops on Annual Variation in Rodent and Bird Populations," *Ecology* 81 (2000): 228-238.

一个生态学家想要研究冠蓝鸦的筑巢行为，例如，研究亲鸟（parent birds）喂养幼鸟的频率，就可以把研究限制在一两个繁殖季节的一两个研究区域内。但是，如果一个生态学家想要了解某一特定地区冠蓝鸦一生的整体繁殖成功率，就必须在相当长的一段时间内，观察不同地区的林地（某些鸟类筑巢成功率会随面积而变化），才能准确地回答这样一个复杂的问题。

随着时间和面积尺度的增加，生态系统的瞬时性变得明显。我之所以会反复强调这一点，是因为理解这一点对生态学非常重要。对生态系统尺度效应的研究清楚地表明，自然是动态的，在不同的时间和空间尺度上总是在不断地发生变化。生态学家研究的看似是独立的生态系统，因为它们通常会呈现出一种均衡状态（即"平衡"），但实际上它们只是时间和空间连续统一体的一小片段，是生命形式进化所处进化史中极小的瞬间，这段进化史几乎可以追溯到地球本身起源的那个时期。

随着时间的延续，森林的变化也会随之而来，因为树种对地球上的温度高度敏感。据预测，目前的全球气候变化将改变橡树林的分布，大大增加其北部的范围。在新英格兰和加拿大，橡树林可能最终会取代更多的北方枫树林和山毛榉林。即使是现在被云杉和冷杉覆盖的土地，在下个世纪也可能会成为橡树林的领地。[①]

在橡树林中观察冠蓝鸦是一件很简单的事情，但在橡树林中研究冠蓝鸦的所有活动则要复杂得多。在一定的空间和时间尺度里，冠蓝鸦、橡树和大量结实之间的关系似乎变得清晰。但要永远记住，自然平衡只是一种隐喻，而非现实。舞毒蛾很好地证明了这一点。

舞毒蛾（*Lymantria dispar*）是北美洲的一种入侵物种。像许多外来入侵物种一样，这种昆虫最初并不是原产于北美洲本土（生态学家称之为"外来物种"的一个例子）。该物种被认为是一种入侵物种，因为它们的数量可以迅速增长，然后通过集体消耗树叶，对橡树林产生强烈的负面影响。一群舞毒蛾的数量能够使橡树林的叶子落得像冬天的森林一样光秃。如果这种情况

---

① 以 http://www.fs.fed.us/ne/delaware/atlas/web_atlaso.html 为例，说明各种模型如何在气候变化情景下预测树种分布的变化。

连续发生几年，橡树不仅会停止生产果实，而且自身也有可能会消亡殆尽。

舞毒蛾之所以被引入北美洲，主要是因为它们可被用于商业用途来生产丝绸。20世纪初，有些舞毒蛾逃到了野外，由于没有天敌和寄生虫，舞毒蛾开始大量繁殖，其幼虫因此变成了严重的害虫。在所谓的害虫"暴发年"里，大量的舞毒蛾幼虫在橡树叶上大快朵颐，它们的集体咀嚼声在森林树冠下的小径上久久回荡。舞毒蛾幼虫那小而黑色的粪便像小冰雹一样散落在橡树林的地面上。

但橡树林当中有一股力量阻止了舞毒蛾的扩散。从某种意义上说，敌人有时可以成为朋友。

白足鼠（*Peromyscus leucopus*）是橡树林中数量丰富的一个物种。C. G. 琼斯（C. G. Jones）等发现了一个涉及白足鼠的事实，这也揭示了影响橡树林健康的微妙复杂性，也许还影响了住在附近的人类的健康。[①]

在大约每3～5年发生一次的大量结实期间，丰足的橡子刺激了许多动物消费者的种群增长，这些动物包括白尾鹿和白足鼠。白足鼠在橡子大量结实的年份里储存食物，以便在冬天有足够的食物资源确保其繁殖后代。这是它们在非丰收年份很少做的事情。当一个物种的食物变得更加丰富时，它的数量就会增加。生态学家称之为"数值反应"（numerical response）。

但白足鼠并不只吃橡子，它们也非常喜欢吃舞毒蛾蛹。白足鼠越多，它们吃的蛹也就越多。因此，被视为橡树种子破坏者的白足鼠，最终可能对橡树有益。因为白足鼠有助于减少舞毒蛾种群在橡树林中暴增，从而有助于减轻舞毒蛾数量激增造成的落叶威胁。

在橡树林中，白足鼠和白尾鹿的数量在大量结实之后的年份里增加（它们的种群数量会随着橡子数量的增加而增加）。白尾鹿常被鹿蜱（*Ixodes scapularis*）所困扰。这些蜱虫又寄生在螺旋体（spirochete）细菌，即伯氏疏螺旋体（*Borrelia burgdorferi*）上，它是人类患莱姆病（Lyme disease）的原因。当白尾鹿数量增多，蜱虫的数量也会跟着增多，因此人类患莱姆病的

[①] C. G. Jones et al., "Chain Reactions Linking Acorns to Gypsy Moth Outbreaks and Lyme Disease," *Science* 279 (1988): 1023-1026.

概率就会增加。

白足鼠也会帮助莱姆病的传播,因为它们像白尾鹿一样,也是蜱虫的宿主。幼年蜱虫以白足鼠为食,因此,当橡树的大量结实使白足鼠和白尾鹿的数量增加时,蜱虫的数量就会随之增加,从而大大增加人类罹患莱姆病的风险。即使白足鼠可以保护橡树林,使其免受未来舞毒蛾的落叶侵袭,但它们也可能会增加人类感染严重疾病的风险。当然,这些对白足鼠来说都无关紧要,它们只是老鼠。但从人类的角度来看,白足鼠减少舞毒蛾对橡树的威胁,远不如莱姆病给人类健康带来的威胁重要。人类,作为人类,是高度以人类为中心的,而生态系统却不是。

白足鼠并不总对舞毒蛾产生强烈的捕食影响。当橡子产量很低的时候,不管舞毒蛾的数量有多少,白足鼠的数量都会随之减少。此时,舞毒蛾的数量开始迅速增加,并可能会导致森林落叶的产生。最后,舞毒蛾的数量非常密集,一种病毒会在它们的种群中传播,导致种群崩溃。

所以,橡树林是自然平衡的例子吗?

就像洋葱上的多层表皮一样,不同时间和空间尺度的生态相互作用,决定了生态系统的动态性和生物本身的进化。正如达尔文指出的那样,自然选择一直在发挥作用。橡树生态系统是一个生态剧场,现在你应该对进化的表演有所了解了吧。

第九章　有幸成为一个地球人

"一切以我为中心"（It's all about me）是自我中心主义（egocentrism）常用的表达方式。当然，这一切都是关于我的，自然选择确保了这一点。从我的角度来看，为什么它是关于你的？至少从我的角度来看，你有你的基因，我有我的基因，我爱护我的基因多于我爱护你的。正如进化论者理查德·道金斯（Richard Dawkins）所说，这也是可以反过来理解的。[①]我是我"自私基因"的产物（当然，它们必须"合作"造就我），因此我的行为（至少在某种程度上还有信仰）反映了我的基因对自我保护的编码指令。"我思故我在。"笛卡儿（Descartes，他实际上写了 *Dubito，ergo cogito，ergo sum*）的思想听起来很深奥。我思，我就是一个思维的存在者。思考是一件大事。但我的思考很大程度上是沿着某些特定路线进行的，因为我是我 DNA 的产物。尽管许多社会科学家（我认识的那些）对这个想法深感厌恶，但作为一名进化生物学家，我认为我完全被编程为，我更关心我自己，而不是你。[②]

自我中心主义的思想绝不仅限于智人。任何研究过动物行为的人都知道，非人生物关心的也是它们自己，尤其是它们各自的安全。即使是愚蠢的动物也会为了安全对周遭环境产生怀疑并逃跑。但是我们人类不同于动物，人类拥有一个庞大而复杂的大脑，一个能够对各种意义、声音、颜色、感情等方面进行细微区别和推测的人脑。从自我中心主义到人类中心主义，这只

---

① R. Dawkins，*The Selfish Gene*（Oxford：Oxford University Press，1976）. 这本书对受过教育的普通读者理解进化生物学，以及影响生物学家如何看待自然选择的影响，无论怎么说都不为过。我强烈推荐这本书和道金斯的《盲人的钟表匠》（R. Dawkins，*The Blind Watchmaker*. New York：W.W. Norton，1986）一书。此外，有兴趣的读者最好读一读乔治·C. 威廉姆斯（George C. Williams）的经典著作《适应与自然选择：一些当前进化思想的批判》（*Adaptation and Natural Selection：A Critique of Some Current Evolutionary Thought*. Princeton，NJ：Princeton University Press，1966）。自然选择理论比它看起来的更难以理解。这些书讲得非常清楚。

② 我非常清楚人类之间的合作、深厚的友谊、爱、人际关系、拥抱、慷慨。我喜欢这样描述人类种族好的方面。但是人类行为的可塑性以及爱和承诺的能力，至少部分可以用亲缘选择、群体选择和互惠利他主义等自然选择理论来解释。了解这一点并不会降低这些特征的价值，而是在阐明它们的起源。

是人类大脑思维的一个短暂跳跃。人类中心主义是关于人类的，人类在进化的过程中成为一种社会性的动物，因此人类中心主义实际上是注定要出现的。诚然，地球所承载的不仅仅是人类，我们对这一点理解得很透彻。因此，与世界上多种宗教相关的各种创世神话通常也会包括其他生命形式。人类通常认为，这些生命形式的出现从根本上就是为了满足人类的需求。伊甸园的传说就能够说明这一点。

所有这些都有严肃科学的一面，这与地球本身以及宇宙有关。为了让地球成为"关于我们的一切"，我们所有人所居住的星球不仅必须有利于维持生命，而且必须有利于维持复杂的多细胞，实际上是智能生命。正像本章要说明的那样，这是一项相当艰巨的任务。

让我们从宇宙开始说起。宇宙是一个非常巨大的地方，地球不过是茫茫宇宙中的一粒小沙粒。人类所知的所有生命都由碳原子组成。碳是一种神奇的元素，因为它很容易同时与多达四种元素或元素组形成共价键（电子"共享"的键），因此可以组成长链和复杂的环，构成生命本身的能量、结构和信息。我们的身体是由复杂碳化合物、碳水化合物、脂类、蛋白质和核酸组成的。DNA 是一种碳基分子，它有一种独特的双螺旋结构，由碳、氮和磷原子组成的两条相互缠绕的链，其排列得如此复杂而又精密，能够携带编码指令复制出更多的自身和它所代表的生物体。

碳和其他元素一样，都是在恒星内部形成的。1954 年，英国天文学家弗雷德·霍伊尔（Fred Hoyle）[①]解决了一个化学家和物理学家称之为碳原子共振的大问题。霍伊尔解决了宇宙是如何包含如此丰富的碳（从而有可能演化出生命）的问题。他从理论上证明，（在恒星内部）两个氦原子融合成一

[①] 弗雷德·霍伊尔（Fred Hoyle，1915~2001）是一位反传统主义者。他因反宇宙膨胀的概念而闻名，事实上，正是他创造了"大爆炸"这个词。当有证据表明宇宙确实在膨胀时，这个原本愤世嫉俗的描述变成了一个被广泛使用的术语。他是自然选择的反对者，这很大程度上是因为他自己的研究工作，即碳原子不可能具有的确切性质。他认为恐龙/鸟类始祖鸟化石是一个骗局。他认为生物是从太空中殖民地球的（而不是在地球上进化的），像梅毒和艾滋病这样的疾病是通过一颗经过地球的彗星播撒种子而来到地球的。霍伊尔还写了一些有趣的科幻小说，在我看来最好的是 1957 年的《黑云》(*The Black Cloud*)。霍伊尔的自传《家是风吹的地方：宇宙学家的生活篇章》(*Home Is Where the Wind Blows: Chapters from a Cosmologist's Life*) 于 1994 年出版。我还推荐 Simon Mitton, *Conflict in the Cosmos: Fred Hoyle's Life in Science* (Washington, DC: Joseph Henry Press, 2005)。

个铍原子,随后借助"共振频道",一个铍原子会与一个氢原子结合生成碳元素。这种碳元素的原子核由6个质子组成,在最常见的状态(碳-12)下,还有6个中子。霍伊尔的理论工作后来得到证实,碳原子的独特性质变得越发明显。确实很独特,碳的特质只要出现一丁点儿不同,其关键属性就会改变,生命也就不会存在。

宇宙的许多特征也是如此。从最早与大爆炸有关的轻微不对称,到膨胀理论,再到无数其他维度(dimension)(事实上,甚至到这些维度本身),我们的宇宙是唯一能够容纳人类的!想想看,我们的宇宙被认为只有4%是由"普通物质"组成,这些元素构成了从恒星到海藻的一切。宇宙的22%的物质被认为是暗物质,迄今为止,暗物质还无法被真正识别。但是根据万有引力,这些暗物质确实存在。宇宙的74%的物质由最神秘的暗能量构成,正是这一种迄今为止都无法解释的力量,正在导致宇宙的膨胀加速。这是一个非常奇怪的宇宙,但话又说回来,也许它是我们知道的唯一宇宙,也许不是。

鉴于人类倾向于自我中心主义和人类中心主义思想,因此近年来科学家们越来越关注他们称之为"人择原理"(anthropic principle)的东西也就不足为奇了。[①]物理学家和宇宙学家很难忽视这样一个事实,即宇宙的许多特征,只要它们稍有变化,就有消除一切人类目前知道的所有生命形式存在的可能性。因此,对许多以人类为中心的人,即使是像物理学家这样聪明的人来说,宇宙似乎就是为了维持生命而特别构建的。当然,这是指宇宙特别为人类构建的。

人择原理有两种形式:弱人择原理(WAP)和强人择原理(SAP)。本书并不对两者的细节进行讨论。两种形式都断言生命之所以存在,是由一系列高度不可能的事件所致的,这些事件共同构成了宇宙的特性,其中每一件都是生命形式所必需的。多重宇宙的概念是SAP的一部分,在这个概念中必须存在许多不同的宇宙,其中至少有一个宇宙恰好具有能够满足人类生存的特性。

---

① 人择原理在许多网站和书籍中都有详细的讨论。可参阅 http://ourworld.compuserve.com/homepages/rossuk/canthro.Htm,该网站提供了大量书籍和其他网站的链接。

人择原理，无论它是弱的还是强的，都不能掉以轻心。它们以理论物理学、实验物理学和宇宙学为基础，围绕它的问题，并且其研究已触及到了物质、能量，以及宇宙形成的核心内容。我们不能否认，与人择原理有关的哲学涌流是不可信的。仅仅是名字"人择"就说明了这一点。有些人利用人择原理"证明"上帝的存在，这种观点将讨论的焦点转向了目的论，认为宇宙必须有目的，而人类就是那个目的。

地球也似乎令人信服的是"人择"的。不过天体生物学家（那些乐观地寻找地球以外生命的人）使用了一个更通俗、更可爱的术语——"金发女孩效应"（Goldilocks effect）。很久以前，一个名叫金发女孩的小姑娘（众所周知，她和熊有关系）对喝粥非常挑剔。粥不能太热也不能太凉，必须是"刚刚好"的温度。天体生物学家将地球比作"金发女孩的粥"。地球的各种特性（与太阳的特性有关）使我们的星球"刚好"适合生命生存。地球位于太阳系的"宜居带"内。那么，这些宜居带的特征可能是什么？如果让你列出你想要度量的变量，以确定一个未知星球上会存在生命的话，你会怎么说？还是先从给自己倒杯水开始。

地球上存在生命是因为地球上有液态水。事情就这么简单（当然，在科学领域，没有什么是这么简单的），水是关键。但生命也需要前体（precursor）：多样的、低能量的无机化合物和有机化合物，以及在适当条件下能够合成富含能量的复杂分子的能源。好消息是，宇宙中似乎存在大量的低能量的有机化合物（例如，在彗星中就是如此）。而且现在许多科学家都认为，地球在其历史早期曾受到来自太空中无数物体的撞击，其中许多含有有机"前体"化合物（organic "precursor" compounds）以及水。这些化学物质是后来构成生命的原始材料。太阳为地球提供大量的能量，新生的海洋中充满了液态水，因此，复杂有机化合物就合成了。

宇宙中有大量的水，但没有液态水，也就没有海洋、湖泊和河流。例如，彗星上大部分是水，但都是以冰的形式存在。如果没有液态水，我们所知生命的化学性质就不可能出现。生命是一系列在水溶液中完成的、连续而复杂的有机反应。想一想这样一个事实：我们死于脱水比死于饥饿快得多。液态水对人类的生存来说一直以来都是必不可少的。看看太阳系中的其他八颗行星（是的，我将冥王星也包括在内，虽然它已经被降格为"矮行星"，也称"类冥王星"），没有一颗行星上有无冰的海洋表面，这降低了在这些地方形成生命形式（至少是人类所知的）的可能性。

有证据表明，火星表面曾经有大量的液态水流动，甚至仅仅在几百万年前可能还在流动。即使是现在，液态水也可能在季节性的积雪下流动。火星轨道航天器的照片清楚地显示了火星上有许多古老（也许不是那么古老）的水道。[①]有液态水的地方可能（或曾经）就有生命。在我写本章的时候，美国宇航局的凤凰号火星探测器正在火星北极采集土壤样本，以了解火星土壤中的化学成分，看火星上是否有或曾经有过生命。那样的实验结果将会是什么消息啊！

天体生物学家之所以对木星的卫星非常好奇，是因为覆盖在其表面的冰块可能附着在深层的液态海洋之上，也许还有东西在其中游动。木卫二（Europa）、木卫三（Ganymede）和木卫四（Callisto）是木星最大的几个卫星，它们可能各自都存在地下海洋。只要有液态水的地方，理论上就可能有代谢物质。[②]

当被问及离地球最近的恒星是哪一颗时，有些人禁不住回答是半人马座（Proxima Centauri），它距离地球只有4.24光年，但这个答案并不正确。离我们最近的恒星是太阳，距离地球为9300万英里（1.5亿千米），仅为8光分的距离。正如金发女孩很快就会注意到的那样，这个距离对于维持液态水的海洋来说"刚刚好"。但是，太阳在允许地球上的生命生存和进化方面做了更多的工作。

光合作用是维持地球上生命的关键，它将太阳电磁辐射（可见光波长）作为基本能量来源。在光合作用中，产生的分子中所包含的势能，最初是从太阳穿越太空到达地球的。这些能量在核聚变反应中被释放出来，为太阳以及宇宙中其他数十亿颗恒星提供能量。就能量输入而言，地球是一个"开放

[①] 《科学》（Science）和《自然》（Nature）等期刊，以及《天文学》（Astronomy）和《天空和望远镜》（Sky and Telescope）等通俗杂志上都大量讨论了火星上有水流动的证据。还有一些网站，包括美国宇航局支持的网站，都有提供相关解释和图片。

[②] 包括美国宇航局在内的很多网站上都有木星及其主要卫星的惊人图片。

系统"，地球从太阳那里得到持续的能量（以及从其他恒星那里得到的可以忽略不计的能量）。没有这种不间断的能量供应，地球上就不会有生命。因此，地球上的生命要想进化并持续下去，太阳必须稳定而长久地燃烧下去。它也确实如此。

正如大多数人（希望）知道的那样，太阳比地球大得多。太阳的直径（865 000 英里或 1 392 000 千米）是 109 个地球放在一起的长度，太阳的体积可以容纳多于 100 万个地球。但太阳却不是一颗大恒星。天文学家把它归入黄矮星的类别。对于地球上的生命来说，太阳被归属于这样一个类别是一件好事。

恒星的质量、颜色各不相同，最重要的是，能量输出也各不相同。恒星的发热强度也各不相同，很多恒星比太阳还要热。有些恒星与太阳相比是巨大的，质量可达太阳的 100 倍，而有些则比太阳小很多；有些恒星是红色的，有些是黄色的，有些是蓝白色的。正如白热物体的温度高于红热物体的温度（电弧焊机发出的火焰比在壁炉中燃烧木头的火焰要热得多），蓝白色恒星比红色恒星也要热得多，太阳表面的温度高达 6000 摄氏度（11 000 华氏度），而有些恒星的温度高达 50 000 摄氏度。

恒星的质量对其消耗核燃料——氢的速度至关重要。一般来说，恒星的质量越大，其温度就越高，消耗其核燃料的速度也就越快。处女座（Virgo）中明亮的恒星"角宿一"（Spica）是一颗"蓝星"，温度极高，1000 万年内就会耗尽核燃料。这段时间不足以进化生命，更不用说复杂的多细胞生命形式。如果有任何类地行星围绕着角宿一的轨道运行，那上面就不可能有生命存在。

太阳的质量要比角宿一小得多，属于恒星一类。从诞生之日起，太阳的核燃料可以维持大约 100 亿年。鉴于太阳形成于约 46 亿年前，也就是说，目前太阳正处于"中年"。相对稳定的 100 亿年的燃烧时间不仅能够维持生命形式的存在，而且能为复杂的进化模式的出现提供足够的时间。这段时间足够出现像我们人类这样复杂的生命形式。

在未来的 50 亿年内，太阳将逐渐耗尽其氢燃料，而转变成一颗红巨星。这一变化将在数千年的时间里缓慢发生。因此，地球最终会被膨胀的太阳加热到生命无法承受的地步,这才是真正的全球变暖。此时,地球上所有的生态系统将停止运作,所有的生命将面临灭绝。也许人类的后代会在太阳系的其他地方定居下来,甚至在银河系的某个地方定居,科幻小说将成为科学事实。当然,这取决于我们的文明能否存活到那个时候。[①]至于太阳,在它变得非常老的时候,将会收缩成一颗白矮星,那时候太阳不再有能量输出,也不再是一个维持生命存在的行星系统的地方。

别担心太阳的消亡,这还有很长的路要走,而其他的问题对人类来说则更为紧迫。但要明白,相对于其他类型的恒星来说,太阳已经到了"中年",这可是一件大事。太阳(和太阳系的其他部分)是由气态云凝聚而成(如前所述,大约46亿年前)。这些气态云被重力压缩,由形成早期恒星的元素的尘埃构成。宇宙形成于137亿年前,虽然地球上的生命可能在38亿~35亿年前就已经进化了,但在地球形成后的10亿年间,多细胞生物并没有进化出来。直到大约18亿年前,复杂的真核细胞才进化出来。所有的植物、动物、真菌和原生动物都是由真核细胞组成。这种细胞比构成各种细菌的原核细胞更大,也更为复杂。根据我们所掌握的化石证据发现,直到6亿多年前,多细胞生物才得以进化。直到大约600万年前,类人生命才进化出来。最早在约20万年前,才出现了和人类大脑基本一样的、直立行走的生物。也就是说,尽管地球上的生命"只"花了10亿年左右的时间进化,但它又花了30多亿年的时间才变得聪明起来。所以说,智慧"来之不易"(请注意,人类的DNA与黑猩猩的DNA只有约2%的区别。说句实话,黑猩猩与人类相比,是相当愚蠢的)。

要理解进化出微生物生命和智慧生命两者的可能性的差别在于,前者的进化可能遍布整个宇宙,后者则不然。

在最新的天文学研究中最有趣的结果之一,是人们证实了在宇宙中拥有行星系统的恒星是司空见惯的。尽管已经发现了一些"类地"星球,但这并不意味着在这些恒星上都会有生命存在。人们利用恒星类型的基本分布作为

[①] 阅读马丁·里斯(Martin Rees)的《我们最后一小时》(*Our Final Hour*,New York:Basic Books,2003)会让人清醒。里斯提出了一系列清晰合理的论点,表明人类很可能无法撑过21世纪。

数据库，试图计算出整个宇宙中可能存在的宜居星球的数量。著名的德雷克方程（Drake equation）[①]就是这样一个尝试。这个方程乘以一系列的变量，其中每一个变量大多是关于对生命进化、存在和维持所需的有根据的猜测。从银河系中的恒星数量开始，然后乘以有行星的恒星比例、每个行星系中类地行星的数量（金发女孩效应）、实际有生命进化的宜居行星比例（假设生命并非"必然存在"）、出现复杂生命形式的行星比例（较小），以及出现复杂生命形式的行星生命期的百分比。鉴于在银河系中存在2000亿～4000亿颗恒星，德雷克方程有可能导致在我们的银河系中发现多达100万个智慧文明（请记住，宇宙由不同于我们银河系的数十亿个星系组成），但先不要抱太大期望，可能还有更多会让你失望的东西。

在一本名为《珍贵的地球：为什么复杂生命在宇宙中不常见》（*Rare Earth: Why Complex Life Is Uncommon in the Universe*）的书中，[②]彼得·D.沃德（Peter·D. Ward）和唐纳德·布朗利（Donald Brownlee）提出了一个可信的理由，用以说明为什么德雷克方程可能大大高估了复杂生命的丰度。

沃德和布朗利在这个等式中加入了更多的变量，包括拥有富含金属元素行星的恒星的比例，银河系宜居带中的恒星数量，有卫星的行星的比例，有木星大小的行星与太阳的比例，以及有极少灭绝事件发生的行星的比例。添加这些变量，会显著减少银河系中可能支持有感知能力的复杂生命的行星数量。但是为什么要添加它们？有丰富的金属，有卫星，有木星或有类木行星，又有什么关系呢？

富含金属的行星能够给生命提供维持其生存的基本元素，这些元素在各种新陈代谢过程中起着关键作用。铁原子是血红蛋白分子的基本元素，镁原子是叶绿素分子的基本元素。硅、钙、钾甚至硒原子对许多生命形式来说都是必不可少的。但并非所有的行星都有如此的馈赠。例如，海王星是一颗巨大的气态行星，它稠密的大气由风力驱动，其大气成分由80%的氢气、18%

[①] 许多网站都描述了德雷克方程，如 http://www.activemind.com/Mysterious/Topics/SETI/drake_equation.html。

[②] P. D. Ward and D. Brownlee, *Rare Earth: Why Complex Life Is Uncommon in the Universe*（New York: Copernicus, 2000）. 这本书见解深刻，读起来非常有趣。

的氢气和约 1.5%的甲烷组成。没有人确切知道，但人们认为在海王星充满气体的外部深处有一个小型（地球大小的）岩石内核，即使它处于宜居带，生命似乎也不太可能在这里进化。

　　银河系中并非每一个地方都有利于生命的进化。像其他星系的中心一样，银河系的中心显然由一个巨大而又高度活跃的黑洞组成。这个黑洞并不是行星宜居的好地方。事实上，最新的证据表明，在距离地球约 26 000 光年的银河系中心，附近的恒星非常年轻，而且寿命也可能很短。对于生命的进化来说，最好是在银河系的四郊，就像我们一样，位于一个螺旋臂上，远离最糟糕的社区。银河系的"内城"太危险了。

　　月球呢？为什么生命又要依赖于一个大卫星呢？在微生物层面上可能不需要依赖于卫星，但考虑到复杂多细胞生命进化必需的行星稳定性（这里的关键词），不要感谢你的幸运之星，应该感谢月球。月球是地球唯一的天然卫星，它作为卫星运行是不同寻常的。相对于月球的行星来说，月球是相当大的。实际上，月球是太阳系中的第二大卫星。只有冥王星的卫星卡戎（Charon），比它的行星更大（但冥王星现在被归为矮行星）。地球的直径为 7926 英里（12 756 千米），月球的直径为 2160 英里（3476 千米），这意味着月球的直径约为地球的 0.27 倍，略大于地球直径的 25%。木星的木卫三是太阳系中最大的卫星，直径为 3268 英里（5260 千米），比月球还要大。但相对于它的母行星——直径为 88 842 英里（142 947 千米）的木星来说，木卫三的直径仅为其母行星的 3.7%。月球与地球质量之比，远远超过了木卫三与木星质量之比。地球和月球的不同寻常之处在于，因为月球和地球的直径比很大，所以天文学家将它们描述为一个双行星系统。因此，月球离地球距离很近意味着它的引力对地球会产生强烈的影响。

　　如果地球没有月球会怎么样？是的，地球上将不会有皓月当空的夜晚，人们就不会写出许多有关月亮的浪漫歌曲（我 1963 年的大学舞会主题是"月亮河"），日食也将不会发生，银汉鱼（grunion）更不会产卵，狼也没有什么可嚎叫的对象。但月球消失的后果在生态上将更为深远。

　　今天的月球到地球的平均距离为 238 860 英里（384 400 千米）。在月球形成时，它与地球的距离要近得多，尽管确切距离有多近还是一个猜测。如今，月球离地球越来越远，每年后退约 3 厘米。但是，由于月球与地球的距离很近，而且体积大，这就意味着在其存在的整个过程中，月球对其行星产生巨大的引力效应。我们大多数人都知道，地球的潮汐周期主要是由月球的影响造成的（当然，是与太阳一起作用）。考虑到生命可能普遍起源于潮汐池和其他沿海地区这样的环境，月球可能间接促成了地球上生命的首次出现。

通常不太为人所知但更重要的是，月球在太空中稳定了地球的倾斜角度，也就是天文学家所说的地球倾角。如果地球的倾角发生了无数实质性的变化，将会使地球无法预测地"摆动"。此时地球上的气候将会经历更频繁、更剧烈的波动，可能过于剧烈以至于不允许复杂多细胞的生命进化。水星、金星和火星都经历了所谓的"混乱的"倾斜度变化。水星和金星都没有卫星，而火星只有两个小卫星且不足以稳定火星的振荡。月球的引力对地球的"镇定"（calming）效应对其未来的居民至关重要。月球，一个没有生命的地方，可能帮助它的更大的邻居更有可能存在生命。[1]而且月球的存在可能源于地球历史早期发生的一次不太可能的灾难性事件（人择原理的另一个例子）。

当地球形成时，很可能还没有月球，至少没有一个与我们现在所熟知的月球大小相当的月球。直到 20 世纪，月球的起源还是一个谜。20 世纪 70 年代初，我参加了诺贝尔化学奖得主哈罗德·尤里（Harold Urey）的讲座。他回顾了当时用来解释月球存在的三个流行的假说，以及为什么每个假说都有缺陷且不太可能是真的之后，他反讽地总结道：根据这三个假说，月球就不可能存在！在结束演讲时，尤里希望第四个假说能够被发现，这个假说能够更好地解释月球为什么存在。当然，第四个假说最终也被发现了。

阿波罗计划（Apollo program）可以说是 20 世纪最伟大的科技成就，它成功地执行了六次任务，使人类成功登上月球并安全返回地球。1969 年 7 月 16 日，阿波罗计划宇航员尼尔·阿姆斯特朗（Neil Armstrong）成为第一个踏上月球的人类。宇航员探险者的共同努力，特别是他们带回的月球岩石样本，为研究月球如何形成提供了大量线索。

---

[1] P. D. Ward and D. Brownlee, *Rare Earth: Why Complex Life Is Uncommon in the Universe*（New York: Copernicus, 2000）. 其中第 222~226 页中对倾角问题进行了讨论。

第九章 有幸成为一个地球人

月球岩石与地球上的地幔和地壳（地球的最外层）有着惊人的化学相似性。从对地球和月球的地质研究中收集到的证据表明，月球是在地球和一个行星大小的天体之间发生巨大碰撞后形成的。根据计算机模拟，碰撞物体的直径被认为接近火星的直径，略大于地球直径的一半。

所谓的"大碰撞假说"断言，在地球形成约 5000 万年之后，它与火星（Mars）大小的行星体发生了一次碰撞。[1]我们只能通过想象推测该事件的规模到底有多大。引力很快开始重组粉碎的地球残骸，一些从地球上吹来的物质在地球附近凝聚形成月球。大约在 43 亿年前，月球已经冷却。碰撞后残留物质的猛烈撞击以及太阳系形成的时期也差不多结束了。月球的大部分组成都是地球的"残余"物质。

撞击给地月系统带来了大量的角动量。月球刚形成时，地球的旋转很快（也就是说，1 天的时间远远少于 24 小时）。随着这种势头逐渐消失，地球的旋转速度也变慢了。地球的自转归功于这次形成月球的撞击，这种撞击也影响了磁场的产生，甚至还影响了天气模式。因此，在满月的夜晚仰望天空时，请向月亮说一声"感谢"。

当你感谢月亮时，请向木星点头致意。木星很容易被人们看到，因为它巨大而又明亮。木星不仅比地球大很多，比太阳系中几乎所有的行星都大很多（只有土星与之相当）。木星巨大的质量意味着它会对靠近它的物体产生很强的引力，如小行星和彗星。太空中有许多物体的轨迹偶尔会与地球轨道相交。中生代末期的恐龙和许多其他生命形式都是这些物体的受害者，我将在下一章详细讨论这一事件。在结束中生代的那次撞击前后，地球上还发生过许多次其他撞击，其中一些可能还是非常严重的。因此，在某种程度上，地球的情况可能会更糟糕，也可能不会，我们可能要感谢木星。

想想苏梅克-列维彗星（Comet Shoemaker-Levy）发生了什么。1992 年，

---

[1] 参阅 http://www.psi.edu/projects/moon/moon.html 获得带有插图的概述。也可参阅 P. D. Spudis, "The Moon," in J. K. Beatty, C. C. Petersen, and A. Chaikin, eds., *The New Solar System*（Cambridge, MA: Sky Publishing, 1999）; R. M. Canup and K. Righter, *Origin of the Earth and Moon*（Tucson: University of Arizona Press, 2000）; J. Melosh, "A New Model Moon," *Nature* 412 (2001): 694-695.

它被木星的引力作用吸引过来，在经过离木星相当近的地方被撕成几个彗星碎片。更重要的是，木星"捕获"了这颗彗星的轨道。两年后，众多的天文学家，包括专业人士和业余爱好者，都观测到了苏梅克-列维在坠入木星大气层时的残骸。①

像木星这样的大型行星的存在，减少了地球与小行星和彗星等物体发生灾难性碰撞的可能性（请参阅第十章）。木星就像是一种宇宙的"真空吸尘器"，清扫太阳系内部潜在的危险物体。虽然地球上以前的毁灭事件确实带来了新生命形式的进化（我们将自己的好运归功于这样的事件！），但如果大规模的碰撞频繁发生，则可能会阻止复杂的生态群落的形成。正如达尔文反复指出的那样，进化是需要时间的。

沃德和布朗利断言，灭绝事件必须遵循金发女孩效应的模式。灭绝事件不能太多或太频繁。否则，就没有足够的稳定性维持复杂生命的进化。地球必须在很长的一段时间内足够稳定，以允许通过进化累积多种生命形式，存在的生命形式越多，最终进化出复杂智慧生命的可能性就越大。

总而言之，地球有许多独一无二的特性，这些特征使复杂的生命存在于地球成为可能。而且，地球在这方面的独特性表明，即使在宇宙中简单的生命形式可能比比皆是，但宇宙的其他地方出现复杂生命的可能性仍然很小。这也意味着有智慧的生命可能相当罕见。

其他因素也有助于地球成为复杂生命的温床。

我们大多数人想当然地认为，地球是一个有磁性的星球，指南针的指针指向北方，因此我们用指南针作为导航的辅助工具。但如果地球像大多数其他行星一样，没有磁场呢？同样，这也会带来某些后果。

地球不断受到来自太空的潜在的有害辐射，大部分都来自太阳，也有来自太空的宇宙射线。太阳发出所谓的"太阳风"（solar wind），这种辐射肯定会对生命有害，甚至会阻碍大型多细胞生命的进化。但现实是，我们正与大象和红杉树一起安全地活着，那么我们该如何保护自己免受宇宙射线和太阳风的伤害呢？

---

① 参阅 http://seds.org/archive/sl9/sl9.html 查看撞击图像。

第九章 有幸成为一个地球人

答案是,地球产生了一个强大的磁场,我们称其为"磁层"(magnetosphere)。1958年,美国发射的第一颗人造卫星"探索者1号"(Explorer 1)证实了范艾伦辐射带(Van Allen radiation belts,曾经的假设)的存在,它就像地球周围的防弹衣一样。辐射带拦截来自太空的宇宙射线和来自太阳的太阳风粒子,为地球提供一层磁毯式的保护。范艾伦辐射带是由地球磁场产生的,而地球磁场本身是由地球的固体内核和液体外核产生的。外核中的重金属,如铁和镍等重金属的复杂流动产生了强大的磁场,有效地保护地球上的生命免受太空中各种形式的"子弹"伤害。[①]

人择原理和金发女孩效应有力地说明了地球的独特性。地球成为一颗生态行星的原因有很多,但其中大多数根本都不可能。还记得碳原子共振通道的发现者弗雷德·霍伊尔吗?他喜欢说通过自然选择进化出的复杂生命形式的可能性,就像龙卷风吹过垃圾场并组装成一架747喷气式飞机的可能性一样。正如霍伊尔对几乎所有的生物进化的看法一样,他的这个天真的类比真是大错特错。自然选择是经过许多代的累积而来,而不是龙卷风。

这样想吧:地球和它所维系的生命可能看起来不太可能,但你也一样,你现在正拿着这本书。想想在你被孕育时,有多少潜在的卵子和精子细胞可以结合。一个特定的精子细胞(在那一次命运的射精中包含的数十亿个精细胞中的一个)和一个特定的卵细胞(在那个特定的生理周期中有可能脱落的数千个中的一个)结合,产生你的可能性可能比现在已知宇宙中许多其他地方发现复杂生命的可能性要小得多。现在人们认为,这是930亿光年分之一的大小。如果在那个生理周期中,一个不同的精子赢得比赛,或者一个不同的卵子被排出,你将不再是你,你将是另一个人(当然,你会认为你还是你)。我们每个人作为个体性的存在,都是不可思议的。当然,这一切都是关于我的。受孕是容易的,也是常见的,但是每一次受孕都是独一无二的。也许宇宙也是如此,每个宇宙都是独一无二的。[②]也许,正如许多宇宙学家逐渐相

[①] 进一步的解释和说明可参阅 http://www.astronomycafe.net/qadir/ask/a11789.html。

[②] 理论物理学家和宇宙学家李·斯莫林(Lee Smolin)在其著作《宇宙的生命》(*The Life of the Cosmos*, Oxford: Oxford University Press, 1997)一书中,提出了诸如自然选择这样的过程是如何在多元宇宙中发挥作用的。

信的那样，实际上存在着由许多宇宙组成的多元宇宙，人类的宇宙是独一无二的，至少对我们来说是如此。

我们应该感到幸运的一个方面是，人类作为一个物种能够生活在地球上，可能只是因为约 6500 万年前恐龙经历了一个极为糟糕的日子带来的。这是下一章的主题。

第十章　人生就像买彩票

反对自然平衡（这样的自然平衡含有目的和目的论的思想）的一个显而易见的论点是，自然是平衡的还是不平衡的，纯粹靠运气。尤其是当运气可以改变世界的时候，无论是好运还是恶运，都无关紧要。

运气不是一个非常科学的术语，但它接近于"随机"这个词，意思是不确定的。如果改变进化的事件在自然界中是随机的，那么物种形成与灭绝模式（肯定有这样的模式，甚至很多），可能与"狗屎运"（dumb luck）没什么关系。但这一现实并不能降低自然选择的重要性，事实上，正是这种随机激发了自然选择的发生，因为新物种就是在随机的情况下才进化出来的。

当我在写这一章的时候，本地的电视新闻报道，一个被定罪的多重性犯罪者（multiple sex offender）刚刚在马萨诸塞州的彩票中赢得 1500 万美元。毫不奇怪，报道的重点是，一个对社会造成不良影响的人，只要通过购买刮刮乐彩票就能得到如此巨额的奖金。这是多么的不公平啊，但这就是"运气"。想想那些所有在那场马萨诸塞州彩票游戏中购买彩票的体面的、值得尊敬的、守法的人。是谁赢了那场游戏呢？性犯罪者。当然，一个人的社会背景、犯罪记录与是否会中奖之间是没有联系的。多亏了购买彩票这样一个小小的举动，以及在这种完全随机性的游戏中的好运气，才让马萨诸塞州有了一个拥有数百万美元的多重性犯罪者。

这对深层次生命史的研究富有启发性。我认为，之所以生态学家很晚才意识到时间尺度对生态系统研究的重要性，部分原因就在于，他们是在时间跨度很短的当下工作的（获得博士学位大约需要 4 年时间）。另外，他们关于生态系统结构和功能的大多数模型和基本假设，都是以生态系统能够达到和维持均衡的设想为基础。尽管现在随机模型确实很普遍，但在 20 世纪 60 年代我接受研究生教育时并不常见。这就是为什么我要用这一章专门讲述进化，当然还有生态系统是如何被偶然事件（运气）改变的。

我讲授恐龙的相关知识[①]，恐龙很令人着迷。关于恐龙，被学生问得最多的问题就是，是什么杀死了恐龙？存在于侏罗纪公园中的大型恐龙早已消失，这一事实引发了很多关于恐龙灭绝原因的猜测。我阅读了许多关于恐龙的书籍，其中一些可以追溯到半个多世纪以前，其中对恐龙灭绝最常见的解释就是"气候变化"。但很少提供有关气候如何变化的细节，虽然是猜测，可以理解的是，恐龙灭绝原因的范围从气候"太热"到"太冷"都有。

探究恐龙灭绝原因的情景表明，古生态学者有时简直把想象力发挥到了极致。一个古老但非常流行的观点是恐龙种族衰老，或者更准确地说，是物种的衰老导致的恐龙灭绝。这种观点认为，进化只能让一个物种走到一定程度，然后它就会消亡。通常这种观点会被认为是"过度特化"（over-specialized）。晚更新世的爱尔兰大鹿（*Megaloceros giganteus*）就是一个很好的例子。爱尔兰大鹿有巨大的鹿角，有人推测其灭绝的原因就是鹿角太大、太累赘，所以它就灭绝了。而实际上，爱尔兰大鹿是非常庞大的动物，其鹿角的大小相对于其身体而言不算很大。虽然它确实灭绝了，但并不是因为鹿角的累赘。我们也可以看看美洲鲎（*Limulus polyphemus*）和银杏（*Ginkgo biloba*）等物种，它们都是如此古老，因此经常被称为"活化石"。所以，不要考虑种族衰老的原因。还有其他一些异想天开的猜测，包括氧气的耗尽、爆炸的恒星释放出致命的宇宙射线照射了恐龙、哺乳动物吃掉恐龙所有的蛋、哺乳动物与恐龙争夺食物、毛毛虫在食物上与恐龙竞争、太多的寄生虫、糟糕的亲代抚育，以及吞食新进化的开花植物而引起的便秘。甚至漫画家加里·拉森（Gary Larson）也加入了进来。在一幅漫画中，他描绘了三只吸烟的恐龙，标题是"恐龙真正灭绝的原因"。拉森并不满足于此，他又画了另一幅漫画，描绘了恐龙与蜥蜴召开的城镇会议，图片说明是这样写的："先生们、女士们，这张照片相当凄凉——世界气候正在变化，哺乳动物们正接管地球，而我们所有恐龙的脑袋都只有胡桃大小。"

到底是什么杀死了恐龙？这个问题并没有一个简单的答案，因为恐龙在

[①] 由现代学者出版社出版的，名为"看那强大的恐龙"的我的讲座包括本章部分依据的内容。可参阅 http://www.rbfilm.com/index.cfm? fuseaction=scholar.show_course&course_id=101。

1.6 亿年前的确非常繁盛。在那个漫长的时间里,新物种接连不断地进化,其他的旧有物种不断灭绝。基于现存物种的平均寿命与恐龙相比,估计恐龙可能已经早存在了 300 万到 500 万年。如果你仔细研究化石记录,就会发现在侏罗纪晚期的北美洲常见的剑龙(*Stegosaurus stenops*)(一种容易辨认的恐龙,背部有巨大的三角板,尾巴上有四个长刺,头只有核桃大小),其实在霸王龙进化之前的 7000 万年就已经灭绝。这一时期比整个新生代都要长,从 6500 万年前到现在。当时现代哺乳动物已经统治了这个星球。更不用说,剑龙和霸王龙从未生活在同一时期。① 因此,所有的恐龙不是立刻灭亡,而是有一个过程。不管是什么东西在白垩纪末期杀死了霸王龙,都与剑龙的灭绝毫不相干。

灭绝有一般的模式。一种是背景灭绝(background extinction),即一个物种灭绝而其他物种没有灭绝。这种过程是相对恒定的,当然也会通过持续的物种形成得到补偿(尽管肯定不是平衡的)。有一些小的灭绝事件,如在侏罗纪末期,许多物种几乎同时灭绝。

另外还有 5 次大的灭绝事件,它们分别发生在奥陶纪(4.39 亿年前)、泥盆纪(3.64 亿年前)、二叠纪(2.51 亿年前)、三叠纪(2.14 亿~1.99 亿年前)以及白垩纪(0.65 亿年前)。② 每一灭绝事件都导致大量物种的丧失(远超 50%),并在本质上改变了物种的进化模式。在任何一次大灭绝事件之后,说地球上的动植物处于衰亡状态都是准确的,这确实是保守的说法。这些灭绝事件使地球上的生物多样性大大减少,这种萧条需要许多年,以数十万到数百万年计,才能恢复到接近灭绝前的生物多样性水平。但是,要意识到,这种灾难性的灭绝给少数幸存下来的幸运物种带来了许多进化的机会。

霸王龙与其同伴似乎是最广为人知的大规模灭绝事件——"K-T 事

---

① 在大银幕上最出色的对恐龙的早期描述中,这种时间和进化的事实很容易被忽视。在 1940 年的迪士尼动画片《幻想曲》(*Fantasia*)中,有一个戏剧性的镜头,一只非常凶猛的霸王龙在大雨中扑向并杀死了一只笨重的剑龙。哇,这个场景看起来非常棒。虽然不够准确,但很精彩。

② 奥陶纪、泥盆纪和二叠纪事件发生在古生代,另外两个事件发生在中生代。有史以来最大的灭绝事件是二叠纪事件。参阅 http://www.space.com/scienceastronomy/planetearth/extinction_sidebar_000907.html 了解每项研究的简要概况。

件"("K-T event")的受害者,"K-T 事件"结束了中生代,开始了新生代。如果这一事件没有发生,哺乳动物的多样化以及之后的人类物种进化是值得怀疑的。大型恐龙作为食草和食肉动物,在生态上占据主导地位。哺乳动物的进化大约发生在 2.3 亿年前的三叠纪晚期,与第一批恐龙进化的时期差不多,哺乳动物和恐龙一起生存。但在整个中生代,它们的体形都很小。白垩纪所有现存的非鸟类恐龙[①]的灭绝给了哺乳动物一个"大爆发"(big break)的机会。

恐龙在三叠纪晚期首次进化以来,经历了各种各样的灭绝事件。这并不奇怪。在恐龙统治陆地生态系统的 1.6 亿年间,世界发生了巨大的变化。板块构造重新排列了大陆,带来了气候和海平面的变化。[②]新的海洋盆地形成,一些大陆板块被部分或完全地孤立。大陆板块的逐渐重新排列可能是一把双刃剑,一方面刺激了某些恐龙物种的形成,另一方面又导致了其他恐龙物种的灭绝。

在白垩纪的中后期,从木兰(magnolias)、梧桐(sycamores)到各种早期草本开花植物都在进化。我们也看到了恐龙群落的变化。长颈龙[如谬龙(*Apatosaurus*)]的数量减少了,而拥有更好咀嚼能力的鸭嘴龙("duck-billed" dinosaurs)和角龙[有角和头盾的大型犀牛类恐龙,如三角龙(*Triceratops*)是最大的也是最有名的]变得多样化和丰富。[③]在新生代,对于大型哺乳动物的多样性也显示出类似的模式。到了中新世(始于约 2400 万年前),维持森林的热带气候已经让位于更加温和的季节性气候。随着草原扩展,森林的面

---

① 非鸟类恐龙(non-avian dinosaur)现在被广泛使用。因为大多数进化生物学家认为,鸟类是直接从食肉恐龙的一个分支进化而来。非鸟类恐龙是指那些不是鸟类的恐龙。使用"非鸟类"是因为当应用现代分类方法(称为"系统发育系统学"或简称为"分支系统学")时,鸟类牢牢地嵌套在恐龙内部(没有双关语的意思),因此鸟类是恐龙的一种形式。在白垩纪灭绝事件中,一些鸟类幸存下来,但非鸟类恐龙没有。要了解更多信息,请查阅 Luis M. Chiappe, *Glorified Dinosaurs* (Hoboken, NJ: Wiley, 2007)。

② 在 2.48 亿年前的中生代之初,地球不仅遭受了最严重的大灭绝事件,而且所有大陆都融合在一起,组成了名为泛大陆的超级大陆。在中生代期间并延续至今,这块大陆分裂了,首先是北部的劳亚古大陆(Laurasia)和南部的冈瓦纳古大陆(Gondwana)。它们随后被划分为如今的大陆分布,所有这些板块在板块顶部继续向不同方向移动。

③ 有几十个介绍恐龙的网站,也有许多介绍恐龙的畅销书。其中有一本图文并茂的通俗读物是《恐龙》(*Dinosaurs*),作者是 T.R.霍尔茨(T. R. Holtz),由 L. V.雷伊(L. V. Rey)创作插图。纽约的兰登书屋于 2007 年出版。

积减少了。专门吃草的新哺乳动物物种进化了，而主要以草为食的其他哺乳动物物种则灭绝了。①

一本取名很有趣的书——《是什么困扰了恐龙？》(What Bugged the Dinosaurs?)②表明，在白垩纪时期，叮咬型昆虫和其他寄生虫的进化增殖（proliferation）和多样化，可能对恐龙产生了强烈的负面影响。昆虫是各种疾病的媒介，并且许多生态学家正在研究昆虫以及由它们传播的疾病是如何影响脊椎动物的进化模式的。恐龙不可能对这些疾病的攻击免疫。

一些古生物学家认为，随着白垩纪的结束，恐龙的数量及其物种数量在逐渐减少。如果情况确实如此，那么无论是什么终结了白垩纪，都只是恐龙灭绝的致命一击（coup de grace）。但是，许多古生物学家并不相信有什么数据能够支持"白垩纪的末期，恐龙数量减少"的观点。因此，灭绝事件确实具有重大意义。

抛开恐龙不说，有一件事情是确凿无疑的，那就是白垩纪的大规模灭绝影响到了除恐龙以外的许多动物群体。在这种模式下，许多生态上不同的生命形式同时经历了高灭绝率，这正是大规模灭绝事件的界定。

无论是什么原因终结了白垩纪，白垩纪末期发生的一切还是导致了某些海洋浮游动物的大规模灭绝，包括许多种有孔虫物种。它们是单细胞的变形虫状动物，有一个小小的碳酸钙外壳，生活在海洋的上层区域，其中一些至今仍在茁壮成长。它们的小贝壳聚集在海底的某些地方，形成抱球虫软泥（Globigerina ooze）。这些海洋浮游动物以位于海洋食物金字塔最底层的浮游植物为食。它们不同于恐龙。此外，所有的菊石（ammonite），也就是一种类似于今天有腔鹦鹉螺的、不同种类的掠食性海洋头足类软体动物，无一例外都灭绝了。而且，在离开海洋之前，请注意，所有的蛇颈龙（爬行类"海蛇"）和巨蜥（大型海产巨蜥）都是在白垩纪末期灭绝的。显然有什么东西让海洋食物链彻底崩溃。

---

① 现代马，马属（Equus），是曾经繁荣的包括食草动物物种的最后残余，随着草量的增加，食草物种也会随之增加。可参阅 http://chem.tufts.edu/science/evolution/HorseEvolution.htm 上面的例子。

② G. Poinar, Jr., and Roberta Poinar, *What Bugged the Dinosaurs? Insects, Disease and Death in the Cretaceous* (Princeton, NJ: Princeton University Press, 2007).

在陆地上，除了恐龙之外，所有的翼龙（一种会飞的爬行动物，与鸟类不同也不是恐龙）也都灭绝了，有些翼龙的翼展非常大（有一种翼龙的翼展超过40英尺）。而青蛙、蝾螈、海龟、蛇、蜥蜴、鳄类、现代鸟类和大部分的哺乳动物等种群（但不是所有物种）都通过了灭绝过滤器。为什么其中许多物种存活下来了，而恐龙和其他物种则灭绝了？换句话说，白垩纪的灭绝事件似乎具有一定的选择性，这种选择性还有待解释。

目前出现了两个比较著名的假说来解释白垩纪大灭绝，它们之间也不是相互排斥的。它们共同或单独地发生，都会对全球生态系统产生毁灭性的影响。而且每一种情况在将来都可能重演。

这两个假说是：极端的火山活动导致了灾难性的全球气候改变；一颗直径6英里（10千米）的小行星撞击了尤卡坦半岛（Yucatan Peninsula）。[①] 毫无疑问，这两种可能的情况也确实发生了。争论的焦点是它们各自实际产生的生态影响到底有多大，以及它们在多大程度上导致了物种大规模的灭绝。

首先来看第一个假说，即火山活动的影响。其强有力的证据表明，白垩纪末期，在印度一个被称为"德干岩群"（the Deccan Traps）的地区，存在持续而大量的火山活动。"德干"（Deccan）一词在梵语中指的是"南方"（southern），"暗色岩"（trap）一词在荷兰语中指的是"楼梯"（staircase），因为熔岩流呈阶梯状出现。德干岩群的面积很大，有些地方的熔岩流厚度达500英尺。有证据显示，在印度西部有8000英尺厚的熔岩流。在德干岩群的鼎盛时期，火山岩浆和气体连续不断地从火山口喷出，总共有772 000英里^2（1 999 471千米^2）被熔岩流覆盖。这类规模巨大的火山活动会产生严重的全球气候影响。火山灰可以遮挡太阳并降低全球的温度，同时，释放的二氧化碳和含硫气体可以改变大气层，这会导致酸雨及其他一些严重的气候

[①] 讨论火山活动和撞击假说的一般参考资料包括 J. D. Archibald, *Dinosaur Extinction and the End of an Era: What the Fossils Say*（New York: Columbia University Press, 1996）; D. E. Fastovsky and D. B. Weishampel, *The Evolution and Extinction of the Dinosaurs*（2nd ed., Cambridge: Cambridge University Press, 2005）。有关撞击假说的第一手资料，可参阅 W. Alvarez, *T. rex and the Crater of Doom*（Princeton, NJ: Princeton University Press, 1997）。

问题。全球的生态食物网几乎肯定会受到严重破坏。

确定德干火山熔岩流的年代有些困难，但现在的证据已经表明，德干岩群的火山活动发生在马斯特里赫特期（Maastrichtian epoch），开始于白垩纪之前的几百万年，从时间上来看似乎是正确的。

1980年，路易斯·阿尔瓦雷斯（Luis Alvarez）和沃尔特·阿尔瓦雷斯（Walter Alvarez）父子牵头的研究小组，首次公布了小行星撞击地球的证据。路易斯是一位获得两次诺贝尔奖的物理学家，他的儿子沃尔特是一位著名的地质学家。他们并不专门研究恐龙灭绝，而是致力于白垩纪–第三纪（K-T）界线上的特殊黏土层来源的研究。黏土层中的铱（在地球上很少见，但在行星和陨石中很常见）含量很高。很快在K-T界线上的其他区域也发现了红色和绿色的黏土层。看来，"铱价飙升"是全球性的。有证据表明，黏土中含有"冲击石英"，这种石英有细纹，只有在撞击或核爆炸时才会形成。在K-T界线上，他们还发现了冲击玻璃，即一种在行星撞击中形成的黑色的小玻璃珠。对冲击岩的放射性的测年表明，其年龄为6501万年，正好在白垩纪和第三纪之间。

小行星撞击理论首次提出时备受争议。当一些古生物学家对一个物理学家竟敢介入恐龙灭绝问题的研究而感到愤愤不平时，一场古生物学家和物理学家之间的研究地盘之争就此爆发了。但是越来越多的证据支持小行星撞击理论，特别是当巨大的陨石坑的地点被人们发现时。

1990年，艾伦·希尔德布兰特（Alan Hildebrand）通过一系列的研究工作后，公布了陨石坑的位置就在尤卡坦半岛的北部。他将陨石坑命名为希克苏鲁伯（Chicxulub）。这个玛雅命名取自附近的一个小村庄，意思是"恶魔的尾巴"（tail of the devil）。

整个陨石坑，直径约125英里，大部分是在水下。现在并没有人会质疑K-T界线陨石坑的存在和年龄。这个陨石坑是由一颗直径约6英里的小行星，以每小时3万英里的速度倾斜撞击而成，随后向北美洲喷射出大量物质。在行星撞击的前10秒内，会形成一个直径30英里的陨石坑，最终陨石坑的直径会超过100英里。撞击、随后的冲击波和碎片都会让世界在瞬间发生变化，带来灾难性的全球火灾，密集和持久的大气混浊，以及可能的强酸雨。总之，小行星的撞击会造成自然中食物网的灾难性破坏。不管是否存在自然的平衡，受到这种撞击的影响后，自然界也不可能再平衡了。

行星撞击的确切影响尚不清楚。由道格拉斯·S. 罗伯逊（Douglas S. Robertson）领导的研究小组提出假设：撞击后的最初几分钟到几个小时内，头顶上会有一个极高强度的热脉冲，它会对许多生物产生了致命的体温，并导致地表大面积焚烧。火势向全球范围内蔓延，并且，在有燃料的地方，大火会大范围地燃烧很多天。白垩纪晚期的森林和草地也是如此。灰尘、烟尘以及硫和氮的化合物被释放到大气中，使全球变冷并导致光合作用的停止，也可能会增强大气中的气体毒性。小行星撞击地球导致的影响可能会持续数月。①

这里很有必要引用罗伯逊等人论文中的一段话："继希克苏鲁伯撞击之后，世界范围内的红外辐射是地球上的第一个显著压力。其可能发生在撞击后的最初几个小时，并且在大气浑浊之前可能导致了'核冬天'*。除了那些在土壤、地下、岩石下、水中、茂密的水生植被中，或与外界隔绝的卵、蛹、孢子、种子或根的生物之外，红外辐射的强度足以杀死所有单个的非海洋宏观生物。"小行星撞击以及德干岩群的火山作用类似于全球性的热核战争对地球生态系统造成的影响，这就是用"核冬天"描述这一影响的原因。

现在已经知道了，为什么像哺乳动物和蜥蜴这样的小型动物，只要找个避难所就能比大型恐龙更好地规避最坏的撞击影响。鳄鱼在水中会有藏身之

---

① D. S. Robertson et al., "Survival in the First Hours of the Cenozoic," *Geological Society of America Bulletin* 116（2004）：760-768. 另可参阅 D. E. Fastovsky, "The Extinction of the Dinosaurs in North America," *GSA Today* 15（2005）：4-10.

* 核冬天假说是一个关于全球气候变化的理论，它预测了一场大规模核战争可能产生的气候灾难。核冬天假说认为：当使用大量的核武器，特别是对城市这样的易燃目标使用核武器，会让大量的烟和煤烟进入地球的大气层，这将可能导致非常寒冷的天气。当核爆炸时，巨大的能量将大量的烟尘注入大气，有的还高达 12 千米以上进入平流层。由于核爆炸所产生的烟尘微粒有相当大部分直径小于 1 微米，它们能在高空停留数天乃至 1 年以上，因为它们的平均直径小于红外波长（约 10 微米），它们对从太阳来的可见光辐射有较强吸收力，而对地面向外的红外辐射的吸收力较弱，导致高层大气升温，地表温度下降，产生了与温室效应相反的作用，使地表呈现出如严寒冬天般的景观，这被称为"核冬天"。必须指出的是，核冬天是基于数据化模型的假设，对于该假设的准确性并没有决定性的论证，在最新研究中（2006年），科学家认为原版的核冬天假设的模型有误，实际上的 14～20 摄氏度的降温只会持续几小时，并在 3～4 个月内恢复正常。——译者注

处，大多数的陆地植物最终也能够存活下来，至少那些植物的种子和孢子能够保持休眠状态直到地球的环境好转。

因此，虽然说能够在这样的灭绝事件中存活并非只靠运气，在很大程度上主要还是运气使然。体形小、新陈代谢慢可能是行星撞击后最有可能存活的生物组合特性（这对昆虫和其他节肢动物来说是个好兆头），像恐龙这样新陈代谢活跃的大型动物则是运气不佳的。

小行星撞击地球之后，海洋食物链将迅速遭到破坏，浮游植物的活动会因阳光的消失而停止。如今我们还可以在厄尔尼诺年期间的加拉帕戈斯群岛看到，由于食物链的破坏对该岛生态系统造成的后果。当海洋浮游植物的生产力突然下降时，食物链顶端的生物，如海鬣蜥（marine iguanas）和海鸟，就会遭受严重的损失。与小行星撞击相比，厄尔尼诺现象完全算不上什么。

当然，许多问题仍然存在。例如，像青蛙和蝾螈这样敏感的动物是如何逃过行星撞击后的酸雨影响的，关于碰撞后的气候效应究竟会持续多久，以及这样的气候效应可能会是什么样的，等等。

就恐龙而言（它们确实"消失"了），在白垩纪那个灾难性的日子里，它们可能无法找到庇护所。考虑到行星射入的角度，这次撞击可能会使火灾和碎片散落在北美洲的大部分地区，那里有成群的鸭嘴龙（hadrosaurs）和角龙（ceratopsians）四处游荡，很快它们和它们的捕食者就被烧成一片灰烬。恐龙无法庇护自己，它们对食物的大量需求，也让数量稀少的幸存动物无法在撞击事件之后找到足够的食物。

古生物学家在第三纪早期 K-T 界线附近的沉积物中发现了一种蕨类植物的穗状物（fern spike）。一个地区被火山灰摧毁后，蕨类植物通常会首先出现在受影响的地方，如 1980 年发生在圣海伦斯山（Mount St. Helens）的火山爆发。蕨类植物很快会从非常具有抗性的孢子中生长出来，因此各种蕨类植物很快就会覆盖恢复中的地区。后来，随着开花植物的恢复，蕨类植物逐渐被大量取代。这种发育模式在第三纪开始的沉积岩中发现的孢子和花粉剖面中可以很明显地观测到。即使其他植物开始繁殖，蕨类植物仍然会继续存活。请注意，一位有抱负的年轻生态学家，如果他或她在行星撞击发生后的一代人左右的时间里，进行野外调查，很可能会认为该地区的"顶极生态系统"是各种蕨类植物物种的混合物。

生态学家想知道，在经历了一个灾难性的灭绝事件后，需要多长时间才能重新在该地区建立一个多样化的生态系统。地球历史上规模最大的一次灭绝事件发生在 2.51 亿年前的古生代晚期的二叠纪。据估计，由于这次灭绝事件，地球上超过 90%的物种都灭绝了。最新的研究[①]表明，这次灭绝事件之后的整整 3000 万年后，复杂的、富含物种的生态系统才又再次出现。这是用进化时间——进化新物种所需的时间来衡量的恢复。在物种灭绝后的最初阶段，所谓的机会主义物种（opportunistic species）开始激增。在三叠纪早期，一种脊椎动物，名为水龙兽（Lystrosaurus）的同源爬行动物，被认为占据了所有陆生脊椎动物的 90%。地球生态系统 3000 万年的完全恢复时间真的是令人唏嘘。

斯蒂芬·杰·古尔德（Stephen Jay Gould）在其发人深省的著作《精彩人生》（Wonderful Life）中，提出了"偶然性"的概念。[②]该书名源于 1946 年弗兰克·卡普拉（Frank Capra）的电影，詹姆斯·斯图尔特（James Stewart）主演的《生活多美好》（It's a Wonderful Life），这部电影已经成为美国假日季的一个标志。它讲述了乔治·贝利（George Bailey）的人生。贝利想要去"看世界"，但他从未离开过贝德福德瀑布（Bedford Falls）小镇。当贝利陷入困境并考虑自杀时，他的守护天使克拉伦斯（Clarence）出现了。守护天使告诉贝利，他为家人和贝德福德瀑布小镇上的居民所做的一切，都是那么重要，没有他，这座小镇将会陷入混乱，生命将会丧失，痛苦将蔓延整个镇子。因此，拥有乔治·贝利是贝德福德瀑布小镇的幸运。没有他，所有的事情将会变得截然不同。古尔德之所以采用这一书名，是基于他的信念，即如果我们能以某种方式将生命演化的磁带回放，并在任意时间重新开始，那么地球目

---

① S. Sahney and M. J. Benton, "Recovery from the Most Profound Extinction of All Time," *Proceedings of the Royal Society B* 275, 1636 (2008).

② S. J. Gould, *Wonderful Life: The Burgess Shale and the Nature of History* (New York: W.W. Norton, 1989). 该书是畅销书，当古尔德详细讨论的人之一西蒙·康韦·莫里斯（Simon Conway Morris）发表了他对伯吉斯页岩动物群的描述时，本书就引起了争议。他对伯吉斯页岩动物群的解释与古尔德截然不同。*The Crucible of Creation: The Burgess Shale and the Rise of Animals* (Oxford: Oxford University Press, 1998) 中，莫里斯不仅不同意古尔德对伯吉斯页岩的解释，也不同意古尔德所描述的偶然性的重要性。

前的结果将会非常不同,此种不同主要是运气和偶然性使然。

重大灭绝事件是进化的彩票。其中输家很多,但最终还是有一些成为大赢家。古尔德认为,有些生物群体在经历灭绝事件之后幸存下来仅仅是因为运气好,而不是因为它们对灭绝事件的适应。他写道:我们自己的门类,脊索动物门(Chordata),在寒武纪时期就已经存在,并且随着时间的推移,它成功地通过了各种灭绝事件的"过滤器"。如果不是这样,如今世界上的动物就都是没有脊椎(sans backbone)的。谁知道它们中会不会有动物能够阅读?由于只有一群动物,而且只有一种现存的物种,即人类,进化出了足以发展复杂语言、艺术、文化和科学的智慧。古尔德认为,如果灭绝事件发生了改变,那么智慧很可能就不会进化出来,至少现在还没有。

如果终结中生代的灭绝事件没有发生,哺乳动物进化的轨迹将会有所不同,恐龙可能无限期地存在。研究恐龙的古生物学家戴尔·罗素(Dale Russell)甚至构建了一个"类恐龙人"(dinosauroid)模型,它是有双足、大脑袋、直立姿势和灵巧双手的智慧生物。看起来与新墨西哥州罗斯韦尔(Roswell,New Mexico)中出现的神秘事物惊人地相似。[1]罗素在一个"思想实验"中假设,像他所研究的、脑袋相对较大的恐龙模型,如伤齿龙(Troodon),如果它们能够存续下来,最终就有可能进化成像你和我这样的智能生物。

进化生物学中最古老的观点之一就是进步论(progressionism)。该观点认为进化具有固有的内在方向,是一条预先确定的通往进步的道路。古尔德坚持不懈,令人信服地反驳了这种观点。古尔德认为,进步论相当于一个"驴唇不对马嘴"的想法。上帝创造了地球上的生命,大自然享受着一种有目的的、有意义的平衡,而你知道进化确实发生了,你如何调和这两种主要的观点?答案是进步论。你得用亚里士多德古老的自然等级(存在的巨链)(scala naturae「the Great Chain of Being」)理论,并添加一个时间性的成分。[2]古往

---

[1] 在 Dale Russell, *An Odyssey in Time: The Dinosaurs of North America*(Minocqua, WI: NorthWord Press, 1989)的最后一章里,有关于这种"类恐龙人"的精彩插图。

[2] Ernst Mayr, *The Growth of Biological Thought*(Cambridge, MA: Belknap Press, 1982),对自然等级及其在进化思想出现中的影响的启发性讨论是有用的。

今来，生命在进步。事实上，生命注定会进步，最终在我们人类身上达到极致，保持平衡和目的。

偶然性的观点则不然。那些死于火车事故或者其他类似灾难的人并没有做错什么，不是他们不适应环境，也不是他们注定要死亡。他们只是在错误的时间出现在错误的地点，那些活下来的人并不比死了的人更有价值。大卫·M. 劳普（David M. Raup）在其书《灭绝：坏基因还是坏运气？》（*Extinction: Bad Genes or Bad Luck?*）[1]中总结道：适应性并不能保证物种可以免于灭绝。生态系统不断经历着"火车失事"，不断经历着来自外部因素的破坏，有时这种破坏还是灾难性的。在这些灾难中，有赢家也会有输家。

如果你热衷于那种"驴唇不对马嘴"的想法，那么一种看待偶然性的方式就是认为自然是平衡的。在各种破坏事件之后，生态系统的重新稳定，新的生命形式不断出现，这种平衡会被不断地重新塑造。事情最终会变得越来越好，或者不会，这都由你来决定。

而且要知道，偶然性在地球的过去以及未来必然存在。天文学家已经确定了 168 个近地物体（近地天体、小行星和彗星），它们中的每一个都有可能在下个世纪与地球发生碰撞。[2]不过任何一个发生的概率都微乎其微，所以不要过于担心。但考虑到小行星阿波菲斯（Apophis）的轨道，至少在理论上可能会在 2036 年 4 月 13 日与地球表面相撞。如果发生这种情况，"好消息"是这颗小行星的直径仅仅只有 1150 英尺（350 米），远远小于 K-T 事件中的小行星，尽管如此，它仍然是一块大石头。

像阿波菲斯一样，大多数已知的近地天体都比结束白垩纪的那颗小，不过，任何尺寸的近地天体都可能摧毁你的生活，并改变地球至少一部分的生态。它们就在那里。也就是说，不仅自然是不平衡的，太阳系也不可能是平衡的。

---

[1] D. M. Raup, *Extinction: Bad Genes or Bad Luck?* (New York: W.W. Norton, 1991). 更具专业的讨论可参阅 D. M. Raup, "Biological Extinction in Earth History," *Science* 231 (1986): 1528-1533.
[2] R. Stone, "Preparing for Doomsday," *Science* 319 (2008): 1326-1329.

第十一章 为何全球气候与新英格兰天气一样？

40年前我搬到新英格兰的时候，当地人经常告诉我："如果你不喜欢这种天气，就等上15分钟再说。"众所周知，这里的天气模式以变化无常而闻名。但话又说回来，全球各地的其他地区又何尝不是如此。以科罗拉多州为例。在我去科罗拉多州的一次旅行中，周日天气晴朗，气温接近70华氏度（21摄氏度），但周二的一场暴风雪，导致丹佛机场关闭数日。在人类生存的尺度上，新英格兰和科罗拉多州的天气一样，确实是多变的。现在，回到深层的时间尺度来看，地球的气候也是如此。它只是在更大的时间尺度上的天气。如果我们的寿命以地质时间来衡量，那么假如我们不喜欢当时的气候，等上几千年它就会发生改变。气候一直都是如此，并将继续如此。气候的变化是自然现象，其变化的原因不同，变化程度不同，变化速率也不同。但变化确实发生了，而且这非常重要。

除非你住在一个封闭、没有窗户、没有外界信息输入的房间里，否则你可能知道正在进行的关于全球气候变化的讨论或辩论。众所周知，过去1000年中，最热的10年（平均气温）是1990年、1995年、1997年、1998年、1999年、2000年、2002年、2004年、2005年和2006年。这一变化趋势表明，全球正在变暖。如果真是如此，那么温度的上升是人为导致的，即温室气体（主要是二氧化碳和甲烷）的排放吗？我们是不是该做些什么？现在改变这一趋势是不是太晚了？这些都是相当好的问题，且答案具有非常深远的意义。

气候变化值得人类关注，因为气候是决定任何特定地区陆地生态系统类型的主要因素。气候是大气和海洋环流以及热量分布模式的结果。就陆地生态系统来说，如果你告诉我年均降水量和年均气温，我就能告诉你哪种生态系统将占据主导。这很简单，只有两个变量，这部分的生态学知识不是什么高深的科学。

例如，如果年均降水量在300~400厘米（118~157英寸）之间，年均气温在20～30摄氏度（68～86华氏度）之间，那么郁郁葱葱但常青的热带雨林将占据主导。但是，如果年均降水量只有100厘米左右，即使年均气温在20～30摄氏度之间，生态系统也将是稀树草原，这是一种类似公园的只有零星树木（如洋槐）的草地。沙漠是独特的干旱地区，每年小于50厘米（不足10英寸）的降水，通常远比这少得多。有些沙漠会像热带雨林那样温暖或者更甚之，它们常以仙人掌等肉质植物为主。还有一些以灌木为主（如山艾属植物）的典型的沙漠，这些地方会在冬天定期降雪。生态学家将这两种沙漠类型称为"热沙漠"和"冷沙漠"。然后是北极苔原，即旅鼠、北美驯鹿和麝牛的领地，它干燥而寒冷，以至于冻土[土壤在水的冰点（0摄氏度或32华氏度）以下持续两年或更长时间]整年存在。苔原每年接收约50厘米（20英寸）的降水量，年均温度只有–10摄氏度（14华氏度）。

年均气温和年均降水量将陆地生物组成巨大的生态系统，我们称之为生物群系（biome）。生物群系中包括落叶林、常绿热带森林（湿润森林和热带雨林）、北方林、苔原、冷热沙漠、热带稀树草原和草地。生物群系表明，温度和降水共同作用于生物强大的进化选择压力。生物体在结构和生理上的进化，让它们能够适应气候的变化。例如，无花果树作为一种典型的热带树木，在遥远的北纬地区难以生存。在冬天，无花果树会因不够潮湿、土壤冻结、缺水而死。而北极熊在雨林中却无法生存，它对寒冷环境的适应，如在冰水中游泳、追踪和捕获海豹这些技巧将在雨林中毫无用处。它们会因过热而死亡。我告诉过你们，生态学并不是一门高深的科学，但这也不是微不足道的。地球之所以如此多样化，很大程度上是因为空间和时间上的气候变化。在自然选择的进化过程中，生命会随气候变化。气候变了，生命也会随之改变。

在向吉米·巴菲特（Jimmy Buffett）[*]致敬的同时，考虑一下生物群系伴随"纬度的变化"而变化是显而易见的。

加通湖（Gatun Lake）是巴拿马运河（Panama Canal）的一部分，靠近

---

[*] 吉米·巴菲特（Jimmy Buffett），1946年12月25日出生于美国密西西比州帕斯卡古拉，职业是演员。《纬度的变化，态度的变化》（Changes in Latitudes, Changes in Attitudes）是吉米·巴菲特1977年的唱片专辑里收录的一首歌。——译者注

第十一章　为何全球气候与新英格兰天气一样？

赤道，大概在北纬 9°西经 80°左右。加通湖附近的热带湿润森林是树懒、豹猫、吼猴、鹦鹉、蝴蝶和蟒蛇的家园。相比之下，同样位于西经 80°的默里·马克斯韦尔湾（Murray Maxwell Bay），是北纬 70°巴芬岛（Baffin Island）的一部分。说得温婉一点，加通湖和默里·马克斯韦尔湾之间的 61 个纬度的差异，有着重要的生态意义。

假如我们在相对较低的海拔，严格按照 80°经线飞行，我们就能看到从巴拿马到巴芬湾的生态景观特征。我们直接从巴拿马城的正北出发，首先飞过炎热潮湿的巴拿马雨林，然后穿过温暖的加勒比海，很快就飞过了古巴上空，然后经过佛罗里达州的迈阿密（Miami）东部（这是热带最北的边缘地带）。附近的佛罗里达群岛和亚热带沼泽因其类热带气候而适于很多物种生存，如红树林、秋葵、鹦鹉鱼、美洲鳄鱼和玫瑰琵鹭（roseate spoonbills）。在开普卡纳维拉尔（Cape Canaveral）以东飞行，我们再次飞越陆地，抵达南卡罗来纳州的查尔斯顿（Charleston）时，又回到了陆地上。当我们穿越阿巴拉契亚山（Appalachian Mountains）时，沿海的夹杂着南木兰树和各种松树的混杂的常绿橡树阔叶林，又逐渐让位于以落叶阔叶为主的复杂森林。当我们继续向北越过匹兹堡（Pittsburgh）、伊利湖（Erie Lake）和加拿大多伦多（Toronto, Canada）时，这个巨大的生物群落，东部落叶林在我们脚下蔓延开来，至此生态环境再次发生变化。

阔叶落叶林最终让位于针叶林、冷杉和云杉，这些都是北方森林生物群系的特征树种。鹿族中最巨型的个体——麋鹿，以及野兔和猞猁都生活在这里。在我们到达哈得孙湾（Hudson Bay）之前，下面出现了大片的北方森林。在那里，当哈得孙湾结冰时，北极熊开始捕猎海豹。沿着西经 80°再往北飞，我们向西经过南安普敦岛（Southampton Island），向东看到巴芬岛，如果天气允许的情况下（但并非总是如此），最终在默里·马克斯韦尔湾结束飞行。巴芬岛让位于林木线以北寒冷而严酷的北极苔原，这里的雪鹰以旅鼠为食，狼群捕食雪兔，麝牛成群地挤作一团抵御寒风。我们的飞行跨越了 61 个纬度，飞越了热带雨林、亚热带森林、落叶林、北方针叶林和苔原。这种变化的出现是因为随着纬度的变化，天气变得越来越冷，也越来越干燥。

为什么气候会随着纬度的变化而变化？为什么极地寒冷而赤道温暖？

因为赤道地区全年都能获得更稳定的太阳直射，所以气候温暖。高温促进了水分蒸发，而水分在大气上升时冷却、凝结，并以降雨形式落下，因此赤道地区常常又湿又热，是热带雨林的理想条件。与此形成鲜明对比的是，由于地球的地轴倾斜 23.5°（造成季节性的变化），在极地地区每年只能接收 6 个月相对直射的阳光。其中大部分以较低纬度接收，这减少了作为热源的太阳辐射的影响（因为光子必须穿过更多的大气层，在传输过程中热量会损失）。因此极地很冷，太冷了，几乎无法蒸发水分，故而降水也就受到了一定的限制。在南北两极降雪并不多，但是海洋中的水会结冰，因此这里有很多冰。当然，如果地球温度持续上升，这一切在下个世纪都可能会发生实质性的改变。

沿着同一纬度横跨北美洲的旅行，从东海岸带到西海岸带，在同一个纬度，同样会让你穿过各种生物群系。从北美洲东部落叶林开始，到中西部草原（现在的玉米和小麦带），再到山地、沙漠和更多的山脉，最后到达太平洋海岸的地中海式的查帕拉尔群落。因为地形的复杂性影响着气候，因此生态系统会随着经度的变化而变化。山脉的变化尤其影响气候（见下文）。但地形的其他方面同样也影响降水模式，使同一纬度出现沙漠、草地或森林。

由于气候随经度和纬度的变化而变化，像北美洲这样的大陆就产生了各种各样的生态系统类型。[1]

虽然似乎有必要通过广泛的旅行来参观各种陆地生物群落，但令人惊讶的是，只要走很短的距离，你就能很容易看到一个有代表性的数字。你所要做的就是登上一座相当高的山脉。这样做意味着你将体验气候变化，并由此去体验生态的变化。

1899 年，美国农业部的哈特·梅里亚姆（Hart Merriam）记录下了旧金山山脉（San Francisco Peaks）海拔梯度的变化。旧金山山脉是靠近亚利桑那州弗拉格斯塔夫大峡谷的山脉。[2]梅里亚姆描述了这里的"生命带"（life

---

[1] M. G. Barbour and W. D. Billings, eds., *North American Terrestrial Vegetation*（Cambridge: Cambridge University Press, 1988）.

[2] 可参阅 http://cpluhna.nau.edu/Biota/merriam.htm 获取更多信息。

zones）：海拔的变化伴随着明显不同的栖息地。术语"生命带"大致相当于"生物群系"这个概念。因此，仅仅通过登山就有可能看到一系列不同的生物群系。

美国西部的生命带可以在落基山脉、内华达山脉或喀斯喀特山脉上发现。生命带的名称反映了这样一个事实，即海拔上升几百英尺，大致相当于纬度上移动几百英里。举例来说，让我带你们来一次从落基山脉中部的最低海拔到最高海拔的驾驶旅行，比如科罗拉多州。

从海拔最低处开始，那里的条件像沙漠一样。你就进入了索诺拉带低海拔地区（Lower Sonoran Zone），是典型的矮草和沙棘灌木沙漠。但当你走进索诺拉带高海拔区（Upper Sonoran Zone），这里仍然干旱，但有足够的水分维持小型而广距的矮松和刺柏。当这些区域会聚在一起时，它们相互重叠和融合，从而使得边界通常不会显得突兀。

接下来是过渡区，因从干旱气候向湿润气候的过渡而得名。在这里，高大的黄松林、橡树和白杨占了多数，而不是小型乔木和灌木。温度的降低和水分的增加更加适合植物的生长，因此这里的生态系统生物量显著增加。

继续向上攀登就到了加拿大区，这里基本上是云杉和冷杉的寒带森林，与你在加拿大大部分地区看到的几乎没什么区别。

再往上走，就进入了哈得孙湾区。这里，它以加拿大的哈得孙湾命名，位于北纬60°左右。这个生命带寒冷多风，冬季下雪频繁。正是这里，寒风使树木变成了高山矮曲林（意思是"扭曲的木材"，形容一些树木像灌木一样的外观）的外形。降雪能保护这种林木。当冬季来临，天气寒冷，大风凛冽，被覆盖的树枝依然挺立（0摄氏度或32华氏度）。因此高大的树木死了，被雪覆盖的树木长成了矮灌木状。在哈得孙地区的某些地方生长着狐尾松，这种树是最坚硬的树种之一，有些狐尾松的寿命长达6000年。

最后是树木分界线之外的生命带，即高山苔原、干燥、寒冷、狂风肆虐。在碎石、卵石以及雪地上生长着地衣、苔藓和多年生野花。其中一些与生长在数千英里之外、远在北极圈（Arctic Circle）内的小型耐寒的植物品种相同。

让我们停下来，做个快速计算，大约625英尺（190.5米）的海拔变化，相当于在纬度上移动约100英里（160千米）左右。如果你爬了10 000英尺高，就相当于在纬度上走了1 600英里，怎么样！

接下来是雨影效应*。有一次，我和一车生态学家进行实地考察。那年我们都打算参加在俄勒冈州科瓦利斯（Corvallis, Oregon）举行的美国生态学会的会议。我们的巴士从西向东，越过喀斯喀特山脉的顶峰。我们的第一站是凉爽而又湿润的温带雨林，这里长满了高大的道格拉斯冷杉和西部红杉树，还有茂密的大叶枫树和各种灌木。即使是在倒下的原木上排列的苔类植物也是巨大的。当时天阴沉沉地下着雨。我们知道这称之为"温带雨林"，所以我们不应该对来自天空中的湿气感到惊讶。在阴暗潮湿的雨林中，摄影是有挑战的，相机的光圈要大开，快门速度要放慢，我们要靠着树木稳住照相机（生态学家喜欢拍摄生态系统的图片用于教学）。接着我们从西坡向上走，此时的风越来越大，温度也越来越低，树木变得矮小而扭曲。雨仍在继续，当我们登顶时雨势有所缓和。在山脉顶峰，温带雨林被小而扭曲的云杉和冷杉所取代。一旦翻过山头到了东坡，这里主要的森林就变成了雕塑般的高大黄松，东坡明显比西坡的温带雨林干燥。这片松林与西坡上的温带雨林处于同一海拔高度。我们在多云、干燥的松林里吃了一顿愉快的野餐。最后一站，我们来到海拔较低的大盆地西部边缘的沙棘沙漠区。但我们中的有些人有其他的想法，当我被问到是否愿意返回道格拉斯杉木林时，我以为这只是个玩笑，没想到他们是认真的。他们认为这会儿那里"雨已经停了"。为什么我会觉得他们是在开玩笑呢？

山的西坡与东坡之间显著的降雨差异，是由太平洋刮来的潮湿盛行风所致。当这些风遇到高高的喀斯喀特山时，气流被迫抬升。当气流上升时，其温度降低，凝结其中的水汽，产生大量的降水。这些降水催生了茂盛的温

---

* 雨影效应（rain shadow effect）是伴随地形降水产生的现象，用以解释地形抬升降水在迎风坡和背风坡的显著差异。具体地，当山地迎风坡发生地形抬升降水时，其背风坡可表现出晴好天气，形成"雨影"（rain shadow）。雨影效应的天气学解释是湿气块在迎风坡产生降水后，由于水汽饱和度下降，在背风坡出现的干绝热增温，以及山地自身对地形降水云系的阻滞效应。由于雨影效应与特定的地形和风向相关，因此会在一些地区反复出现，对天气预报具有参考价值。在气候尺度上，雨影效应可以部分解释山地背风坡的干燥气候，与迎风坡形成反差。例子包括澳大利亚大分水岭西面的内陆沙漠、智利北部的阿塔卡马沙漠等。——译者注

带雨林。当风越过喀斯喀特山顶峰时，水分大大减少，因此东坡生长不了雨林，但是有足够的水分生长黄松。最后，水分耗尽，空气干燥得只能出现沙漠灌木。

这就是雨影效应。喀斯喀特山脉的东坡处于雨影中，这意味着东坡的生态系统更具干旱特性。落基山东部、喀斯喀特山和内华达山西部的雨影效应是美国大盆地沙漠产生的主要原因。

并不只有我认为返回道格拉斯杉木林这个提议很奇怪，我们的向导也是如此。向导耐心地向大家解释说，西坡仍然可能还在下雨。于是我们一拨人仍继续前往沙漠区域，在晴朗的蓝天下嗅着沙棘刺鼻的气味。希望一些生态学家学到了一些生态学知识。

在人类历史上，北美洲生态系统的分布发生过巨大的变化，更不用说在人类出现之前了。在 20 000 年前，北半球在"近期"（recent）冰川作用的高峰时期被冰吞没，北美洲的（来自西伯利亚）人口出现的时间与威斯康星的冰川融化时间相吻合。

冰川运动在地球的历史长河中有着悠久的历史，冰川时代甚至在四足脊椎动物进化之前就已经开始了。地质学数据表明，在大约 4 亿年前的古生代奥陶纪时期，大冰期是造成物种大灭绝的原因。在多细胞生命变得普遍之前，有一段"冰球期"（snowball Earth period），大概在 7 亿年前，当时地球非常寒冷。有些人推测，"冰球期"之后的变暖刺激了多细胞生物的快速多样化和增殖。

大陆的位置同样影响着气候。在新生代早期、古新世（Paleocene Epoch）和始新世时期，地球主要是热带气候。但是在新生代中期，当南极洲从其他冈瓦纳古大陆分离，并漂移到南极的位置时，这引发了全球变冷效应。随着世界变得更加温和，许多封闭的森林被草地和热带稀树草原所取代，这种趋势一直持续到今天。

气候变化是被大气中各种气体浓度的改变驱动的。[1] 目前，大气中氧的

---

[1] P. D. Ward, *Out of Thin Air: Dinosaurs, Birds, and Earth's Ancient Atmosphere*（Washington, DC: Joseph Henry Press, 2006）.

浓度约为 21%，但是在古生代的石炭纪（Carboniferous Period）（约 3 亿年前）却是 35%。在氧气充足的环境下，蜘蛛、千足虫和某些昆虫等无脊椎动物长得巨大无比。有些蜻蜓的翼展可达 1 米！有些蝎子长达 1 码（0.91 米），估计质量约为 50 磅（约 22.5 千克）。这些动物巨大的体形源于丰足的氧气。节肢动物需要被动地进行气体交换，并不像哺乳动物那样需要用肌肉泵来强制气体进出。只有空气中氧气的浓度很高时，氧气才能进出大型动物身体深处。当氧气浓度降低时，选择压力变得只对较小的节肢动物有利。昆虫、蛛形纲动物和它们的亲缘动物如今体形都变得很小是有原因的，如果体形再大一些，它们就无法呼吸了。

古生代石炭纪的高氧浓度还造成了其他后果。例如，森林火灾更加频繁和广泛。的确，那时候是一个完全不同的世界。

纵观地球史，二氧化碳的浓度一直在变化。二氧化碳是一种温室气体，其变化影响地球温度的变化。如今，这种变化很大程度上（如果不是完全）是人为造成的。

人类历史上最重要的事件之一是化石燃料的发现。煤、石油、油页岩和天然气，每一种都是当今全球经济发展的必需品。它们形成于数百万年前，特别是在含氧量暴增的石炭纪时期。在那个郁郁葱葱的热带森林时代，有一段时间，光合作用的固碳速率和生物进行碳排放（分解者和其他消费者将碳氧化并将储存的碳释放回大气）的速率之间，明显缺乏均衡（大自然的平衡在哪里？）。碳在未完全分解的植物组织内积累，以沉积岩的形式储存在地壳中，碳化合物在高压下被转化为长链高能分子，这些高能分子是形成化石燃料（如煤）的基础分子。巨大的能量储存在数万亿计的化石燃料分子中，注定要在未来数百万年里被人类用于维持工厂运转、家庭供暖，并为火车、飞机和汽车提供动力。

到了 18 世纪晚期，一个被称为工业革命的时代来临。工业革命始于煤的使用，人们发现煤可以用来产生蒸汽，而蒸汽能更有效地驱动机器运行。当时所有的工厂都依靠煤炭驱动机器运行。工业革命席卷了整个欧洲，并很快波及到了北美洲。

很明显，20 世纪初，化石燃料已经改变世界，我们已经没有回头路了。

第十一章　为何全球气候与新英格兰天气一样？

随着化石燃料的发现，人们获得了巨大的能源补贴。这种能源补贴将成为改变世界的催化剂，所产生的影响比人类发明文字和农业（大约在1万年前）要大得多。

工业革命伴随着很多副产品的产生。燃煤会产生主要由碳的化合物组成的煤烟和颗粒物质，这些物质很快就会在工业中心周围迅速聚集起来。著名的工业黑化现象就是自然选择的典型例子之一，[1]这种现象是由煤灰对树的污染造成的。但工业生产还伴随着其他副产品的出现。这些副产品看不见也闻不到，但它们就在那里，这就是二氧化碳。随着工业和交通运输业的发展，使用的煤和石油等化石燃料的燃烧量不断增加，大气中二氧化碳浓度也随之增加。到19世纪中期，大气中的二氧化碳浓度约为270ppm（1ppm = 1毫克/升）。150年的时间（仅仅是地质学的"心跳"时间），二氧化碳的浓度就升到380ppm。据估计，二氧化碳的浓度还会继续增长，最终会超过400ppm。[2]

工业革命的爆发结束了一个地球生物化学循环，这个循环从恐龙产生之前就已经开启了。在整个20世纪，人类对化石燃料的使用都在稳步增长，取代了3亿年前就储存在生物化学库中的二氧化碳。储存在"深池"（deep pool）中的二氧化碳不再循环，但随着化石燃料的燃烧，它被迅速释放。

水蒸气、甲烷、氧化亚氮和二氧化碳等气体能够阻止热量通过大气。这些热量被"捕获"，在大气中停留相当长的一段时间，而不是从地球迅速、畅通无阻地进入太空中。大气中的温室气体越多，吸收热量的效果就越明显。这种现象（被气体捕获的热能保留）被称为"温室效应"。它能够减缓地球温度的快速波动，并为使地球成为一个宜居的星球做出了重要贡献。如果没有温室气体的话，多细胞生物能否进化是很值得怀疑的一件事。

回想一下，在第九章中提到过，地球是金发女孩效应的一个例子。地球与太阳的距离刚好适合水以液体形式存在。液态水海洋存在的一个巨大益处在于，温室气体尤其是二氧化碳，能被海洋吸收，并参与很多物理反应，最

---

[1] 工业黑化现象是指当树皮被煤燃烧产生的烟尘覆盖时，深色桦尺蛾的自然选择超过了浅色桦尺蛾（普遍的表型），它在几乎所有的进化论文献和许多网站上都有描述。

[2] 可参阅 http://cdiac.ornl.gov/trends/co2/contents.htm。

终转化为不溶性的碳酸盐退出循环。要知道，如果没有海洋，就没有二氧化碳的累积（火山喷发将无法挽救），大气中二氧化碳的浓度不断增加，反过来会吸收更多的热量，最终吸收热量的过程会"消失"，温度将上升到生命所无法忍耐的程度，就像金星的情况一样。[1]因为金星的地表温度能熔化铅，所以金星上不可能有生命。当然，值得注意的是，生物可能也为确保生命的未来做出贡献，它们利用大量的碳酸盐形成珊瑚礁和贝壳，从而减少大气中二氧化碳的积累。

尽管海洋的确吸收二氧化碳，但很明显，自工业革命后，大气中的二氧化碳浓度一直在大幅度地增加。这意味着海洋吸收的二氧化碳量与工业产出的二氧化碳量并不"平衡"，这只会让那些沉迷于自然平衡概念的人感到惊讶。二氧化碳的增加是伴随着化石燃料使用的增加而增加的。尤其是在 20 世纪后半叶，与全球森林砍伐的增加有关（森林砍伐导致吸收和储存碳的树木被移除；通常这些树木被烧毁，并很快释放出二氧化碳；有时森林被农田取代，也会大大减少二氧化碳的吸收量）。

通常，伴随着森林砍伐的木材燃烧和化石燃料的燃烧，会释放出巨量的二氧化碳。这一过程是持续的，并正在改变大气成分，使地球变暖，使气候一直发生着变化。当然，有些人并不同意这一观点。他们认为，即使气候变化确实在发生，但那也不是人类活动导致的，而要归咎于地球气候的自然变化。

在最近的一项综合研究中，生态学家使用了一种叫作元分析（meta-analysis）的方法驳斥了这一观点。[2]通过元分析，作者回顾了从 1970 年到现在所有大陆和大多数海洋发生的变化。这些变化几乎都与假设地球强烈变暖趋势后的预测吻合。研究者将数据与政府间气候变化专门委员会（Intergovernmental Panel on Climate Change）的结论联系起来，认为：至少从 20 世纪中期到现在，人为温室气体的增加导致目前全球气候的变暖。

我住在马萨诸塞州的科德角，在自家后院目睹了气候的变化。我在最早

---

[1] 可参阅 http://www.nasa.gov/centers/ames/news/releases/2002/02_60AR.html。

[2] C. Rosenzweig et al., "Attributing Physical and Biological Impacts to Anthropogenic Climate Change," *Nature* 453（2008）：353-357.

的一本书《北美东部森林图鉴》（*A Field Guide to Eastern Forests*，1988）中，讨论了整个北美洲东部各种森林类型的典型动植物物种。在描述南方硬木林的图版 14 上，我展示了簇绒山雀（tufted titmouse）、红腹啄木鸟（red-bellied woodpecker）、北方嘲鸟（northern mockingbird）和弗吉尼亚负鼠（Virginia opossum）。南方硬木林的其他图版，展示了许多如主红雀和卡罗苇鹪鹩等物种。在 1960 年，而不是现在，这些物种被认为是科德角的稀有物种，而现在所有这些物种，包括负鼠，在我的科德角庄园里都很常见了。生态学家们把这些物种统称为"南方亲缘物种"（southern affinity species）。其他诸如火鸡和黑头美洲鹫（black vultures）也开始增加了它们在北方的活动范围。

当然，其他的变化也很明显，双色树燕（*Tachycineta bicolor*）平均提前 1 周到 10 天回到它们的繁殖地。这种观察结果清晰地表明，鸟类在对全球的气候变暖作出响应。从进化的角度来看，鸟类的生理耐受性与平均温度紧密相连。

生态学家特里·鲁特（Terry Root，是上述元分析的作者之一）表明，很多北美洲鸟类物种在冬季的分布与温度密切相关。[①]在研究的 113 种鸟类中，有 60.2% 的鸟在北方冬季的活动范围受到特定等温线的限制。等温线是在地图上把同一时间中温度相等的点，连接起来的一条线。例如，灰胸长尾霸鹟（*Sayornis phoebe*）在冬季的活动范围受到 −4 摄氏度的等温线（约 25 华氏度）的限制，也就是 1 月的平均最低温度。此外，鲁特还表明，鸟类在北方冬季的代谢率是其基础代谢率的 2.45 倍。这一结果也适用于其他许多物种。鲁特总结道，低温能够影响鸟类的生理需求，从而限制其在冬季的分布，这也是其冬季分布的主要限制因素。他承认，小范围内气候的影响可能被竞争和捕食生物之间的相互作用所掩盖。因此，就像在元分析中所做的那样，通过研究大尺度上鸟类分布的变化模式，来观察气候的变化是至关重要的。举个例子，在不到半个世纪的时间里，一系列生态上不同的南方亲缘物种大量涌入新英格兰及更远的地方。这些动物并不是作为一个整体的、平衡的群落迁移，而是如鲁特所言，很可能是因为它们有着相近的生理耐受

---

① T. Root, Energy Constraints on Avian Distributions and Abundances, " *Ecology* 69（1988）：330-339.

限度。如果温度上升，某些南方物种（并非所有）会向北方扩大它们的范围。

很多模型都预测了气候变化可能产生的影响。预测结果都表明，随着物种各自对气候的选择压力作出响应，主要的生态系统会发生变化。曾经被英国鸟类学家詹姆斯·费希尔（James Fisher）称为"生态石蕊试纸"（ecological litmus paper）的鸟类，是一种会飞行的高代谢率物种，它们的分布最先随气候变化而变化。这一点并不令人惊讶，这说明鸟类是受环境变化影响最明显的动物群体之一。美国鸟类保护协会（ABC）有个网站专门研究气候变化对北美洲鸟类分布的潜在影响。[①] 在 21 世纪，更多的南方亲缘鸟种[例如，蓝雀和玫红丽唐纳雀（*Piranga rubra*）]将可能成为马萨诸塞州的繁殖鸟类，而其他物种（例如，暗眼灯草鹀和黑喉蓝林莺）则不再在该州繁殖，因为气候变化使这里不再适合它们生存。马萨诸塞州的州鸟是黑冠山雀。气候变化模型预测，在 21 世纪黑冠山雀将被卡罗利纳山雀（Carolina chickadee）取代。如果橡树林逐渐向北移动，迫使北方硬木林和针叶林减少时，这种情况就会发生。

总而言之，气候变化对全球生态系统会产生以下影响：

它将迫使世界上几乎所有生态系统的时空模式发生重大重组。今天任何给定经纬度的物种组合将被新的物种组合所取代。目前，典型的橡树-山核桃林将会被一个不同的森林生态系统所取代，因为自然选择作用于每一个物种（更准确地说，作用于整个物种范围内的当地种群），所以这就会导致不同物种组合的产生。气候变化将导致大规模格利森意义上的个体群落的出现。人类明显关切的问题，包括农业地区分布的变化和海平面的变化，因为它们将影响沿海地区。很多沿海城市可能正面临（说得委婉些）水资源过剩的情况。美国国家海洋和大气管理局（NOAA）预测，在 21 世纪余下的时间里，天气将变得越来越恶劣，他们将责任完全归咎于温室气体的排放。

如果气候变化是迅速的（好像目前确实如此），这将会给一些（可能是非常多的）物种带来进化瓶颈，以高选择压力来衡量，因此加大了物种灭绝的风险。许多种群将会减少，物种灭绝率将会上升，如北极熊等特化种

---

① http://www.abcbirds.org/conservationissues/globalwarming/.

（specialized species）面临的风险最大。一些广幅种（generalist species），如美洲知更鸟和郊狼，受到的影响则不大。总的来说，21世纪全球生物多样性将会降低，这种趋势不可避免。这不仅是由于气候变化所致，也要归咎于人为因素。

鉴于目前的气候变化及其对全球生态系统的总体影响将会在21世纪变得越来越明显，因此任何关于自然平衡的说法都很幼稚。但好消息（如果你想这么说的话）是，自然一开始就不存在平衡。不知何故，这并不能让我安心。

第十二章　食物网的自上而下或自下而上

在我迄今为止唯一的一次非洲之旅中，我们的旅行团在坦桑尼亚的塞伦盖蒂（Serengeti）这个神秘的地方发现了巨型动物群。当时正值黄昏时分，我们开车去寻找大型猫科动物。一只站在湖边泥滩上，显然是被雌性牛羚丢弃的小牛羚出现在我们面前。没有什么事情比一个群居生物脱离群体更可怜了，小牛羚孤独地站在那里咩咩叫着。很快我们发现它并不孤独，附近茂密的灌木丛中出现了一头母狮，缓慢地穿过泥滩直接奔向小牛羚。我们团队的一些人因不希望目睹即将发生的事情而想要离开，我和其他人想留下来，想深入地了解真实的自然到底是什么样的，以及自然界每天都在发生什么。于是，我们留下来继续观看这一场景。我从两个导游的眼睛里发现了奇怪的疑惑表情。马利迪（Malidi）和斯蒂芬（Stephen）知道一些我们所不知道的事情。母狮继续向小牛羚靠近，然后我发现狮子胀大的肚子前后摇摆着。"怀孕了吗？"不，它只是吃得很饱。她并不饿。狮子为了生存杀死其他动物并把它们吃掉。当它们不饿的时候，它们对这些动物是没有兴趣的，即使是小牛羚。母狮走到离小牛羚几米的地方，都没有看一眼这只孤独的小牛羚，马利迪和斯蒂芬宽慰地笑着。母狮继续走进一片灌木丛中。而小牛羚呢？喔！它竟然跟着母狮走了，也许小牛羚希望被母狮收养。它们在幼崽阶段没有什么能力，确实需要母亲的哺育，也许小牛羚认为它找到了一个新的母亲。母狮很有可能将会有一顿丰盛的早餐。

众所周知，狮子位于埃尔顿食物链的顶端（第六章），即自然食物金字塔的顶点。关于自然平衡，最常见的观点之一是基于食物链。在我年轻的时候，听到过这样一种对打猎行为的辩护："如果没有猎人，鹿、兔子、鸭子、鹌鹑、野鸡等动物将会泛滥成灾。"我被这种说法弄糊涂了，因为我很清楚，冠蓝鸦、小嘲鸫、花栗鼠、乌龟以及几乎所有的动物从来没有被猎杀，但我们也没有被这些物种侵占过。在此，我不是反对捕猎，只是对猎人能够控制被捕动物数量的看法持有怀疑态度。一方面也许会；另一方面，也许不会。

食物链，更确切地说是食物网，是真实存在的，代表着物种之间复杂的相互作用。食物网动力学是生态学研究的一个主要领域，而且我们认为物种之间的复杂联系与经济学上的相互依赖关系类似。[1]经济有多稳定？人类会担忧经济上的稳定性，也知道某些与经济有关的问题会发生迅速的变化。自然界中的食物网也是如此。正如一家大公司或银行的破产会引起整个股市的激烈动荡，最终也会波及普通消费者，食物网也是如此。经济学中的平衡并不比自然中的平衡更多。而且在自然中，就像在经济学中一样，事物是会发生变化的。

我没有参加 1962 年 6 月的高中毕业典礼，而是去参加了缅因州沿海为期两周的国际奥杜邦社会夏令营（the National Audubon Society Camp）活动，因此有幸第一次接触到食物网动力学。我和我的表弟布鲁斯·卡里克（Bruce Carrick）一起获得了温科特鸟类俱乐部（Wyncote Bird Club）的夏令营奖学金。这个久负盛名的俱乐部位于我们居住的费城郊区附近，我和布鲁斯是夏令营活动中最年轻的成员。我猜是因为他们认为我们这些孩子很有前途。

这次夏令营给我印象最深的是，它让我完全陷入了对生态的热爱之河。这也是使我坚信，我能够成为一名生态学家的原因。各个导师都是在博物学或生态学某个领域中的杰出专家。无论是在吃饭，还是在休息时，他们都在不停地谈论无数生物之间的相互作用，正是这些相互作用共同构成了自然。从鸟类到昆虫，从树木到藤壶，我们学会了识别动植物。我们还了解了这些动植物是如何生存和相互交流的知识。同样，我们也学到了很多关于食物链的知识。

有一次我们参观了一个沿海盐沼，发现了各种盐沼草和其他动植物，以及依靠这些植物作为能量基础的无脊椎动物。其中一种盐沼草——互花米草（*Spartina alterniflora*）覆盖了大部分沼泽。一种小型的普通蜗牛——常见的

---

[1] 要更详细地探究这一概念，请参阅 R. M. May, S. A. Levin, and George Sugihara, "Ecology for Bankers," *Nature* 451 (2008): 893-895。

滨螺（periwinkle）——欧洲玉黍螺不仅存在于沼泽之中，也在沿海岩石的潮间带之间出现。我们了解到小滨螺是沼泽和潮间带之间的"绵羊"，以藻类，包括互花米草在内的其他植物为食。我们所不知道的是，这些小海螺的消费能力究竟有多大。40年后，当我在《美国国家科学院院刊》（*Proceedings of the National Academy of Sciences*）上看到一篇题为《营养级联控制盐沼的初级生产量》（A Trophic Cascade Regulates Salt Marsh Primary Productivity）的论文时，我才明白这一点。①

这篇论文讨论了互花米草——与我在缅因州看到的是同一物种的生产力。此后，我在从佐治亚州到新西兰的许多沼泽地里都曾发现过它。这项研究集中在另一种不同种类的滨螺（*Littoraria irrorata*）上。它是一种来自与欧洲玉黍螺的不同物种——沼泽滨螺（the marsh periwinkle），是玉黍螺属。研究人员B.S.西利曼（B. S. Silliman）和M.D.贝尔特尼斯（M. D. Bertness）进行了一系列的实验，揭示了为什么互花米草的数量如此之多，为什么互花米草在生态上的生产力如此之强。研究结果表明，这是因为从蓝蟹（*Callinectes sapidus*）到钻纹龟（*Malaclemys terrapin*）等各种动物会把大量的沼泽滨螺都吃掉。

西利曼和贝尔特尼斯在弗吉尼亚州和佐治亚州都进行了研究。他们把沼泽滨螺置于围栏当中，让它们能够自由地吃到互花米草而又不让肉食动物接近它们。结果是令人印象深刻的：在高密度（每平方米1200只沼泽滨螺）和中等密度（每平方米600只沼泽滨螺）的情况下，沼泽滨螺吃掉了大部分的互花米草。在某些情况下，草地沼泽几乎变成了光秃秃的泥滩。值得注意的是，这两种密度在自然界中都已被证明是存在的，所以科学家们并没有夸大互花米草的潜在种群密度。相反，当捕食性动物被允许自由接近沼泽滨螺时，互花米草就会继续大量生长。研究者用尼龙绳将沼泽滨螺拴在小柱子上，这样沼泽滨螺就会有很大的活动范围，它们就能在进食的同时又不能离开研究区，以此来检测沼泽滨螺的捕食率。研究者们仅需计算有多少只沼泽滨螺

---

① B. R. Silliman and M. D. Bertness, "A Trophic Cascade Regulates Salt Marsh Primary Productivity," *Proceedings of the National Academy of Science* 99 (2002): 10500-10505.

脱离了绳子，就可计算出沼泽滨螺的捕食率。

捕食者阻止了沼泽滨螺达到足够高的密度，从而通过对沼泽滨螺的集体放牧大大降低了互花米草的生物量。各种盐沼"狮子"控制着软体动物"牛羚"。这就是生态学家们所谓的，食物网中自上而下的力量。如果用我年轻时人们对这种现象的解释应该是，沼泽滨螺之所以没有在沼泽中"泛滥"，是因为猎人控制了它们的数量。

这项研究意义重大。因为几十年来，生态学家们一直认为，盐沼独特的高初级生产力主要是由于潮汐循环，它给沼泽草提供了丰富的营养物质，尤其是氮元素。例如，当一种营养物质负责提高生态系统的生产力时，就被称为自下而上的力量。术语"自下而上"意味着食物链底端的资源最终决定了食物链上一级到另一级会发生什么。氮元素增强了互花米草的生产力，使它生长得更好，但这并不能完全用来解释为什么互花米草长得如此茂盛。如果没有捕食者减少沼泽滨螺的数量，沼泽的生产力将会大大降低。在某些情况下，盐沼可能会被破坏变成泥滩。盐沼的高初级生产力还受螃蟹、乌龟以及其他沼泽滨螺捕食者的影响，而并非仅依靠大量的可用氮提高其生产力。生态学家把这样一个系统称为"营养级联"（trophic cascade）。这个例子可以表明，食物网自上而下和自下而上的力量都影响含盐沼的生产力。

从表面上看，埃尔顿食物链很容易被解释。太阳是能量最初的来源，谁获得了来自太阳的大部分能量？当然是植物。它们进行光合作用，是自养型初级生产者。由于来自太阳的大部分能量被用来维持植物的存活和生长，这让以植物为食的生物（像牛羚和蝗虫等）的可利用能变少。因此，用于供养牛羚和蝗虫生存的能量远远小于维持植物生存的能量。你猜怎么着？牛羚和蝗虫的能量远远小于植物，大约少了近 90%（第六章）。像狮子、老虎和大白鲨（我知道，你以为我会说"熊"）这样的大型凶猛动物的可利用能就更少。因此，它们的数量远远小于它们所捕食的动物数量。从食物链的"环节"（生态学家称之为"营养级"）来衡量，物种生物量和丰度下降的模式与食物链中它们与太阳之间的距离有关，这种模式受热力学第二定律，即熵定律影响。热量是化学反应的副产品，是能量的一种稳定形式。当生物体新陈代谢时，转化为热能的能量对其他生物体来说是不可用的，所以离"生态金字塔"的底端越远，营养级所含的能量就越少。如果上述所说的就是生态能量学的全部内容，那么这儿就没有继续讨论的必要了，但还有更多的内容值得讨论。

举个例子，为什么食草动物不能把植物全部都吃掉？这个问题生态学家争论了很多年。世界上的植物，既不能躲起来也不能逃跑，它们似乎能很好地维持自身的生存，以抵御众多不同种类的食草动物的攻击。植物是否通过使用有毒化合物、树脂、荆棘和其他的一些适应性手段来抵御食草动物，或像它们在上面的盐沼中所做的那样，或者通过食肉动物抑制食草动物的数量，以至于没有足够的食草动物来吃光植物？食物网是自上而下还是自下而上进行调节的？

关于食物网是如何被调节的，为什么世界是"绿色"的，以及究竟是什么力量构建了食物网的讨论，催生了许多重要的生态学研究。1960年，海尔斯顿（Hairston）、史密斯（Smith）和斯洛德金（Slobodkin）发表了一篇简短但十分有影响力的文章，集中对这个问题进行了讨论。[1]在各种观点中，作者认为，食草动物的数量与其说受到食物源（绿色植物）的限制，还不如说是受到捕食的限制。因此，食草动物无法吃光所有的植物，因为它们最终会被食物链上端的食肉动物所限制。这篇文章引起了很多批评，特别是保罗·埃利希（Paul Ehrlich）和L. C. 伯奇（L. C. Birch），他们认为海尔斯顿等人的文章中固有的隐含的自然平衡观点很明显是错误的。[2]埃利希等人的批判是正确的，在该学科成熟的阶段，生态学家正在寻求广泛的范式来描述自然和定义生态学，但通常情况下，这些范式往往是难以捉摸的。

食物网随时间和空间尺度的不同而有所不同，它们包含具有不同进化史、生命周期特征和生理耐受极限的生物。而且食物网里还会有食物网，试想一下，原生动物、蠕虫以及跳蚤、扁虱类的节肢动物寄生群落，是以像灰松鼠这样的野生种群为寄主的。从寄生虫的角度来看，松鼠是食物资源的基

---

[1] N. G. Hairston, F. E. Smith, and L. B. Slobodkin, "Community Structure, Population Control, and Competition," *American Naturalist* 94 (1960): 421-425.

[2] P. R. Ehrlich and L. C. Birch, "The Balance of Nature and Population Control," *American Naturalist* 101 (1967): 97-107.

础，因此松鼠食物网中的每一种寄生虫最终都受到捕食者捕获松鼠数量的影响，或受因橡子短缺而饿死的松鼠数量的影响。这么说，橡树果实最终可能也会调节蜱虫的数量。

在一些食物网中（绝不是全部），有些特定物种会对食物网产生更大的影响力。生态学上称之为"关键种"（keystone species）。

海獭（*Enhydra lutris*）生活在太平洋沿岸的海藻森林中，从加利福尼亚的中部到阿拉斯加海岸。太平洋东北部水域的典型特征在于该处气候寒冷而营养丰富，而海獭是唯一能够适应这片近海水域生存的鼬鼠家族成员。海獭有长而下垂的胡须、大眼睛和短小的嘴巴，这使海獭看起来天真而好奇。它们仰面浮在水面上随着海浪摇摆，还常常把石头抱在胸前拍打鲍鱼（一种蛤蜊）。海獭妈妈把幼崽抱在肚子上。尽管在我们看来海獭很可爱，但它却是几种无脊椎动物的主要捕食者。因此，海獭对于维持它们生存的海藻生态系统至关重要。

像所有的哺乳动物一样，海獭是恒温动物（"温血动物"），需要大量的食物。它们吞食海胆、蛤类和其他海洋无脊椎生物。海胆是有着尖刺皮肤的棘皮类生物，这种无脊椎动物很少被北美人食用，尽管它们的性腺在日本很珍贵。但是鲍鱼（一种软体动物），就是另一回事了。它们大而多肉的脚在全世界都是珍贵的美味佳肴。由于这个原因，历史上有些人把海獭看作大海中最美味食物之一（软体动物鲍鱼）的竞争者。

海獭靠浓密的皮毛为其供暖，对人类来说也太有吸引力了。19 世纪晚期和 20 世纪早期，海獭在太平洋沿岸的某些地方已经被猎杀到几乎濒临灭绝。去除这一关键种极大地破坏了当地的海藻生态系统，扰乱了生态系统的营养级（回想一下互花米草和玉黍螺的例子）。如果海獭不吃成年海胆，海胆的数量就会急剧增长。大量的海胆消耗了几乎所有的海藻，从海藻森林中移走了"树"，降低了鱼类生态系统、无脊椎动物和其他海藻类组成的复杂生态系统的多样性，而所有这些都是依靠海藻生态系统生存的。正如多米诺骨牌效应一样，海獭数量的减少与海藻生态系统的生物多样性的丧失息息相关。

太平洋海岸的海洋渔业面临严重衰退的威胁，因为海藻森林是许多具有商业价值的鱼类和贝类的繁殖地和苗圃，而海獭数量的减少导致海藻森林中的鱼类和贝类受到影响。一项旨在重新引进海獭的尽责的保护计划，恢复了太平洋大部分沿岸的海藻生态系统。

1998年，J.A.埃斯蒂斯（J. A. Estes）等人发表在《科学》杂志上的文章表明，重现海獭的计划失败了。[①]从1990年开始，阿留申群岛（Aleutian Islands）西部的海獭数量减少近90%，从20世纪70年代的约53 000只减少到1997年的6 000只。这一关键种的丧失破坏了该地区的生态级联，影响了很多物种的种群，其中还包括很多与海獭没有直接联系的物种。

海獭数量减少的原因，不仅是因为人类的捕杀，还受到另一种哺乳动物——虎鲸（Orcinus orca，鲸中杀手）的影响。在阿拉斯加这片区域内，虎鲸的重量在2.5吨到5吨不等，一般都是远洋生物。它们通常不吃只有25~80磅（11~36千克）的近海海獭，海獭只是大型掠食性哺乳动物微不足道的猎物。虎鲸吃海獭就像狼吃鹿鼠一样。研究人员发现，4只虎鲸就能造成海獭数量的急剧减少，这一结果令人惊讶。

为什么某些虎鲸会突然决定捕食海獭呢？这样的食物选择不是虎鲸的最佳觅食选择。虎鲸在小型猎物身上花费了大量的精力，充其量只是一种边际效益。一个明显的原因是：饥饿。虎鲸通常以海狮和海豹为食，它们都比海獭更大且具有更多的热量。但海狮和海豹的数量却在减少，也许是因为海狮和海豹赖以生存的鱼群已经迁移到了别的地方，或者是因为人类的商业性捕食捕捞了大量的鱼类资源，以致海狮和海豹饿死了。因为虎鲸的食物源明显减少，所以它们转而捕食体形较小、不太受它们欢迎的海獭。也就是说，虎鲸捕食海獭是别无选择的选择。

如果人类的商业性捕鱼是虎鲸把食物源转向海獭的主要原因，那么这就是人类如何在无意中造成生态系统中食物网发生重大变化的一个例子。但是，这并不值得大惊小怪。

并非所有的关键种都是顶级食肉动物。例如，潮湿和温暖的热带雨林生

[①] J. A. Estes et al., "Killer Whale Predation on Sea Otters Linking Oceanic and Nearshore Ecosystems," *Science* 282 (1998): 473-476.

长着许多树种。无花果树[榕属（*Ficus*）]是一种能结出体形硕大且富含营养果实的树木之一，许多大型动物物种，从貘、猴子到鹦鹉和其他彩色鸟类都在寻找这种果实。在印度尼西亚部分地区发现的红毛类人猿猩猩（*Pongo pygmaeus*），严重依赖无花果为食，它们在森林里努力地搜寻，直到找到一棵满是无花果果实的树。因为无花果树分布分散，猩猩需要大片的森林。

果树是热带雨林的重要资源。在对亚马孙雨林的一项研究中，生态学家约翰·特伯格（John Terborgh）发现，大型哺乳动物和鸟类的生存依赖于诸如无花果树、棕榈树、月桂树和一些其他果树的持续供应。尽管雨林中有超过 2000 多种植物，但特伯格认为，对这些以水果为食的动物种群来说，仅有十几种植物（包括无花果树）是必不可少的。特伯格甚至认为，如果没有无花果树，雨林生态系统将面临崩溃的危险。[1]无花果树和一些其他生产果实的植物就是关键种，它们在雨林群落中具有无可替代的重要作用。

关键种表明，并非所有的物种都会在食物网中起着同等重要的作用。有些物种对食物网的结构有着不可替代的作用，而其他物种的作用相对来说则要小很多。生态学家意识到每一物种的作用都介于关键和非关键之间。"承载物种"（load-bearing species）一词，是用来描述在维持生态系统功能方面具有高度重要性的物种。承载物种的缺失会导致食物网的改变，从而降低生态系统的多样性。一些关键种维持着生态系统的生态级联，它们在食物链的顶端或接近顶端，产生的影响直接波及生产者的营养级。其中一些物种，如无花果树，给生态系统提供一个十分重要的资源库，而另一些则是传播种子的基础，这对植物的繁殖来说至关重要。有许多物种会对生态系统产生重要影响，但这些影响与它们在生态系统内较小的丰度不成比例。[2]

确定承载物种并不总是那么容易。齿栗曾经在美国东部落叶林中非常丰富，被称为橡树-栗林（oak-chestnut forests）。[3]栗树所生产的大量的坚果作物，被许多动物食用。但齿栗并不是唯一一个向大量消费者提供食物源

---

[1] J. Terborgh, "Keystone Plant Resources in the Tropical Forest," in M. E. Soule, ed., *Conservation Biology: The Science of Scarcity and Diversity* (Sunderland, MA: Sinauer, 1986).

[2] W. Bond, "Keystone Species—Hunting the Snark?" *Science* 292 (2001): 63-64.

[3] E. L. Braun, *Deciduous Forests of Eastern North America* (New York: Hafner, 1972).

的物种，这说明齿栗并不是当地唯一的坚果作物，还有丰富的橡树和山核桃树。20世纪初，由于引入了真菌枯萎病，导致栗子的大量减少，美国东部的落叶林大部分逐渐转变成橡树-山胡桃林。除此之外，那里的生态群落没有什么其他的变化。

罗伯特·佩因（Robert Paine）对太平洋西北海岸的海洋岩石潮间带生态系统进行了研究，这是证明自上而下效应最早和最清晰的研究之一。[1]在沿海生态系统中，许多生物的生长环境受到岩石上可用空间的限制。海星（*Pisaster*）是由10种动物物种组成的食物网上的顶级食肉动物，是一种广义物种捕食者（generalized predator）。因此捕食各种各样的猎物，从各种附着在岩石上的蜗牛到藤壶和贻贝。

实验将海星移除后，最终导致食物网的彻底改变和简化。最初藤壶大量繁殖，但最终被贻贝取代。贻贝的不断繁殖，使得占据岩石表面的藻类物种被淘汰。现在岩石上已经完全被密集的贻贝群所覆盖。其他依赖藻类为食的生物也因藻类物种的移除而迁居，这让生态系统被彻底简化了，所有这些最终都是由于顶级食肉动物海星的消失。单一顶级食肉动物物种的消失足以改变所有低级物种的丰度，从而大大简化生态系统结构。[2]

生态学家已经通过海獭和海星这些典型的例子，创建了强有力的营养级联理论。其中，单一顶级食肉动物对其下方的营养级产生独特的强大影响，从而产生很强的营养级联效应。相比之下，具有捕食者多样性高的食物网能够抑制或减弱营养级联效应。这是因为如果一种或两种捕食者的数目减少，其他捕食者的数量可能会相应增加。因此，食物网就会变得更加稳固，更不容易受到干扰。

这一论点虽然合乎逻辑，但很大程度上是凭直觉得出的。与只有一只股票的投资组合相比，它们可以被看作是"多样化的股票投资组合"。在一个多样化的投资组合中，也许有一种或几种股票会下跌，这种下跌的货币效应很可能会被其他几种股票的上涨所抵消。但是，自然并不是股票的组合投资，

---

[1] R. T. Paine, "Food Web Complexity and Species Diversity," *American Naturalist* 100（1966）：65-75.

[2] R. T. Paine, "Food Webs: Linkage, Interaction Strength and Community Infrastructure," *Journal of Animal Ecology* 49（1980）：667-685.

许多研究仍有待去进行。可以明确的是，至少在某些食物网中，不管是单独掠食者还是集体掠食者，都起着自上而下的力量。

食虫鸟对那些食草动物（如毛毛虫）以及其他一些食叶昆虫的影响有多大？我们经常能够看到林莺、山雀、翔食雀、黄鹂和其他鸟类在森林顶端觅食，在落叶上搜寻各种昆虫。但是，这些鸟类联合觅食真的会对生态系统产生重大的影响吗？有一种情况下它们会。实验者用网将各种白栎（*Quercus alba*）的叶子完全覆盖，以便于将鸟类排除在外。在那些没有鸟儿的树上，昆虫的数量明显增加。由昆虫数量的增加所引起树叶的破坏程度也在大大增加。这项研究表明，鸟类在减轻昆虫对叶子的破坏方面起到了明显的抑制作用。[1]

在日本进行的类似实验[2]也研究了两种食虫鸟类是如何影响不同的昆虫种群的。研究人员研究的两种食虫鸟类，一种是大山雀（*Parus major*），它从树叶上觅食昆虫（如毛虫）；另一种是普通䴓（*Sitta europaea*），它只从树皮的缝隙里捕食昆虫。研究人员在落叶橡树林中使用围栏。实验表明，大山雀降低了森林中毛虫的数量，这直接导致昆虫对树叶损害的减少。普通䴓并不捕食毛虫而捕食蚂蚁，而大山雀对蚂蚁却视而不见。因此，普通䴓在降低昆虫对落叶损坏的影响上并不是那么显著。

最近[3]在巴拿马的一个咖啡种植园里，蝙蝠被证明能够限制食草昆虫的数量。使用围栏阻隔蝙蝠，咖啡树的虫害比允许蝙蝠进入咖啡树时更为严重。因此，蝙蝠自上而下地捕食昆虫，有助于确保你早上的咖啡供应。

在约翰·特伯格等人所谓的"生态崩溃"（ecological meltdown）[4]中，观测到了热带干旱森林中食物网自上而下的影响。实验团队在委内瑞拉进行研究时，一个水电站淹没了大片森林，只留下这片区域的山峰和森林碎片。

---

[1] P. P. Marquis and C. J. Whelan, "Insectivorous Birds Increase Growth of White Oak through Consumption of Leaf-chewing Insects," *Ecology* 75（1994）: 2007-2014.

[2] M. Murakami and S. Nakano, "Species-specific Bird Functions in a Forest-Canopy Food Web," *Proceedings of the Royal Society of London B* 267（2000）: 1597-1600.

[3] M. B. Kalka, A. R. Smith, and E. K. V. Kalko, "Bats Limit Arthropods and Herbivory in a Tropical Forest," *Science* 320（2008）: 71.

[4] J. Terborgh et al., "Ecological Meltdown in Predator-free Forest Fragments," *Science* 294（2001）: 1923-1926.

并形成新的"岛屿",包括6座小的岛屿,每座的面积约在0.25~0.9公顷;与之相比还有4座中等大小的岛屿,每座的面积在4~12公顷;还有两座大型岛屿,每座的面积都超过150公顷(1公顷等于0.01千米^{2}或约2.5英亩)。此外,所有岛屿都用来与陆地上的两个地点进行比较。结果发现,中小型岛屿的面积不足以养活正常的食肉动物物种,而各种顶级食肉动物都生活在大型岛屿和陆地上。

那些岛屿碎片化的结果十分发人深省。在没有捕食者的中小岛屿上,各种食草动物的数量急剧增加。例如,在中小型岛屿上捕捉到的啮齿动物的数量是在大型岛屿和陆地研究基地捕捉到的35倍。据估计,在中小型岛屿上鬣蜥(大型食草蜥蜴)的数目几乎是大型岛屿上的10倍以上。尤其是在那些小型岛屿上,切叶蚁的数量显著增长。据估计,吼猴的数量竟然增加了2个数量级,其密度达到1000只/千米^{2}左右,而以前猴子的密度仅20~40只/千米^2。

综合考虑,这些结果代表了食物网自上而下效应的明显证据。如果没有捕食者,食草类动物的数量将不受控制,那么生态系统将会发生难以想象的变化。不出所料,研究团队很快发现食草动物对植被的影响不断增加的有力证据。在中小型岛屿上,通过计算秧苗或树苗的数量确定了林冠树种的增长,但很快就出现了显著减少的现象,因为那些食草动物正在吃掉它们。

食肉动物的消失,不应被解释为中小型岛屿的生态系统随着时间的推移而完全被破坏所导致。他们不会这样认为的。例如,当吼猴数量密集增加的时候,它们的繁殖就会减少,这是一种来自种群内部自下而上的调节,是受其食物来源——多叶植物所限制的。曾经物种丰富的森林将会变化,在这个过程中森林生态系统会失去许多物种。正如特伯格等人所述:"植被的物种组成产生了一种自下而上的制约与调节。"换句话说,那些最难摄入或消化的植物物种,以及那些最具有反食草动物适应性的植物物种,将会在生态系统中占据主导地位,而其他适应能力较差的植物物种将会灭绝。随着生物多样性的丧失,作为"生态崩溃"的一部分,食物网将大大简化。想想看,这只是大自然最基本的自然选择在起作用。

那自下而上的效应如何呢?自下而上的效应在初级生产者,也即植物群落中最为明显。这些生物体很容易受到各种外界因素，如太阳辐射量、水分利用率、培养基的矿物成分、温度和其他非生物因素的强烈影响。事实上，回想一下刚才提到的因素是生物群系特征的主要决定因素，这也许是自下而上效应的最极端形式，控制这些非生物因素通常能够改变生态系统。植物物种之间的相互竞争可能会受到非生物因素的影响，这些非生物因素可能以损害其他物种为代价而有利于某种物种的生长。

维持这些高等植物物种丰度的因素，可能会对整个生态系统产生自下而上的影响。例如，在一个实验中，研究人员在操纵大型水生植物（统称为大型植物）的物种丰富度时，发现大型植物的物种丰度越高，植物的总生物量就越高。换句话说，植物种类的多样性促进了植物生产力的提高（体现在更大的生物量上）。但我们还了解到，大型植物的多样性也会促进水藻的生物量的增加以及生态系统中更多的磷存留。[1]大型植物的物种丰度通过提供更丰富的食物资源、更全面的覆盖和更好的营养维持，增强食物网内更高营养层级的功能。正如研究人员所指出的："我们的研究结果表明，湿地中维管植物物种丰度较高，可能会产生多达25%的海藻生物量，可供养更多的鱼类及某些野生动物，可保留高达30%的潜在污染营养物质（如磷）。"该研究的意义是，保持大型水生植物物种丰度的积极管理措施，将会导致整个食物网多样性自下而上地整体增强。

在那些食草动物特别密集的生态系统中，自下而上效应是可以预测的。换句话说，食草动物会对植物产生强大的选择压力，促使植物进化出抵抗食草动物的机制。一个可能出现这种情况的生态系统是低地热带雨林，在这里全年都是生长季节，其中食草动物（大多是昆虫）是生态系统的一个固定组成部分。

防御性化合物（defense compound）和高纤维含量，这两种树叶特征都能阻止食草动物，它们在热带植被中比例更高。一项研究[2]显示了纬度上的

---

[1] K. A. M. Engelhardt and M. E. Ritchie, "Effects of Macrophyte Species Richness on Wetland Ecosystem Functioning and Services," *Nature* 411（2001）：687-689.

[2] D. A. Levin, "Alkaloid-bearing Plants: An Ecogeographic Perspective," *American Naturalist* 110（1976）：261-284.

相关性，例如生物碱（alkaloid）（植物防御性化合物的一种形式）的含量会随着地球纬度的升高而减少。换句话说，热带植物中的生物碱比温带植物的生物碱更多样化。切叶蚁（蚁科）为什么在新热带雨林中数量如此之多，这是因为它们只以它们在地下花园中精心照料的真菌为食[因此有了"真菌花园蚁"[（fungus-garden ants）的别称]。真菌附着在被切叶蚁剪下的叶子上，并被它们搬到自己巨大的地下花园中。叶子上的防御性化合物能够抑制食草动物但却抑制不了真菌。真菌靠叶子生存，而切叶蚁以真菌为食，所以切叶蚁能够避免直接接触抗食草化合物，而其他许多昆虫会发现这些化合物完全难以下咽。因此蚂蚁的数量将会更多。蚂蚁专门以一种独特的真菌为食，在进化过程中绕过了许多植物物种的防御。所以切叶蚁存活得非常好。

在人类感染的传染病中，可能高达60%的传染病最初是通过动物传播给人类的。像汉坦病毒肺综合征（HPS）、蜱传脑炎（TBE）、莱姆病，以及最近的严重急性呼吸综合征（SARS）等，被称为是人畜共患疾病。目前，人们非常担心一种存在于野生和家养鸟类种群中的致命流感，这种流感可感染与鸟类有密切接触的人。换句话说，在人畜共患疾病中，疾病因子是在动物种群中首先出现的，它们以某种方式从动物宿主"跳跃"到人类。

自上而下地对潜在疾病库物种（特别是啮齿动物）进行控制，对防止疾病给人类造成严重灾难的暴发可能是至关重要的。[①]这里存在的逻辑很简单，如果人类活动能够减少那些产生自上而下效应的食肉动物（典型的食肉动物，如黄鼠狼、猫、猛禽），那么啮齿动物（典型的猎物）的数量将会增加。这样的增加很快就把病原体从啮齿动物捕食者自上而下控制的模式中释放出来。当啮齿动物的数量较少时，病菌的传播就会随之减少（如果携带病原体的动物越来越少，疾病的传播也就越困难），因此啮齿动物的数量需保持相对稳定。但是当啮齿动物的数量增加，拥挤使动物之间的病原体传播变得更加容易，病原体开始大量扩散。很快这种病原体就会在动物间以流行病的形式传播，当达到一定的程度时，流行病就会感染人类。因此，自上而下控

---

① R. S. Ostfeld and R. D. Holt, "Are Predators Good for Your Health? Evaluating Evidence for Top-down Regulation of Zoonotic Disease Reservoirs," *Frontiers of Ecology and the Environment* 2 (2004): 13-20.

制啮齿动物的数量,也间接地控制了病原体的数量,并有助于避免其传播给人类。该模式适用于由鼠疫耶尔森菌(*Yersinia pestis*)引起的、褐家鼠(*Rattus norvegicus*)传染的黑死病等传统疾病。

食物网虽然也有模式,但这些模式各不相同。正如没有两个物种是完全相同的,也没有两个食物网是完全相同的,它们对各种扰动的反应也不尽相同。那些认为生物种群多样性更强的食物网本质上比多样性更低的食物网更稳定的看法是错误的。[①]当物种丰富多样,或者当新物种进入生态系统而其他物种灭绝时,食物网就会经历变迁。入侵物种这一严重的全球性问题就是一个典型例子,说明进入生态系统的单一物种通常是通过减少生物多样性极大地改变食物网结构,从而实现快速繁殖。简而言之,人类必须学会管理食物网,搞清楚食物网赖以维持的因素到底是什么。例如,如果将狼重新引入黄石国家公园等地区,狼直接对麋鹿产生典型的自上而下效应,减少麋鹿的数量。然而事实上,重新引入狼导致麋鹿群更具生命活力,因为像冬季饥饿和疾病传播等因素在较小的动物种群中不太可能发生。反过来,尽管声称麋鹿对那些可食性植物(如柳树、三角叶杨和白杨等)的影响较小,但这些可食性植物因麋鹿的过度放牧而严重减少。[②]

食物网的结构错综复杂,它们是动态的、持续变化和脆弱的,但这并不代表某种自然界的平衡。食物网经常被改变和被简化等。尽管如此,我们如何改变或维护它们是非常重要的。食物网是生态系统生物多样性的衡量指标,在接下来的一章,我将围绕生物多样性展开进一步讨论。

---

① S. L. Pimm,*Food Webs*(London:Chapman and Hall,1982).
② 可参阅 http://www.innovations-report.com/html/reports/life_sciences/report31960.html。

第十三章　忠于生物多样性（和稳定的
　　　　　　　生态系统？）

　　在某年 6 月的一个晴朗夜晚，我和一群朋友从热带岛屿特立尼达岛（Trinidad）返回驻地。那天星光闪烁，温暖、潮湿的夜晚伴随着青蛙和昆虫的鸣叫。正当我们启程回驻地——阿萨赖特中心（Asa Wright Centre）的时候，看见一条毒蛇在我们车前缓缓地爬过。急刹车后我和朋友急忙下车，在前车灯的照射下，我们惊奇恐惧地看着这条 9 英尺长的大蛇，这是世界上毒性最强的蛇之一。它好像对我们的存在不屑一顾，而我们却目不转睛地观察它。在那种动物面前，哺乳动物的肾上腺素水平都会被打乱。因为我们离驻地已经很近了，所以非常清楚我们走的这条小路正处在这种动物的活动范围内。说实话，据报道，巨蝮（bushmasters）在这里"很常见"。近距离观察这种生物会让人感到恐慌，它的学名南美巨蝮（*Lachesis muta*），翻译过来就是"命运无声"（silent fate）。它的体形很长，攻击范围也很广，这就意味着它可以在毫无征兆的情况下对你发动攻击（不像响尾蛇，我们可以听到响尾蛇尾巴的振动信号，这就表明它被激怒了）。它那长得像注射器一样的毒牙，能够一次性注射大量的毒液。在它的受害者中，死亡是常态，因此最好避免接近这种生物。我们站在那里，看着那条三角状的蛇头在探索着周围的草地，然后轻轻地爬进树林中，而它那厚厚的菱形身体的剩余部分仍然伸展在狭窄的道路上，几分钟后毒蛇消失了，它回到了雨林中，但肯定不会被人遗忘。

　　我和朋友们兴奋地"聊着蛇"（talked snake），同时让我们的心率恢复到接近正常的水平。看到这样的掠食者，大家都印象深刻，这条蛇也赢得了我们的尊重。不，我们之中没有人仅仅因为它离我们的小屋很近，就想要杀死这个动物。相反，看到它我们都很兴奋。我们的反应是否像精英一样，因为遇到一只可以杀死我们任何人的动物而欣喜若狂？我更愿意相信我们是开明的环保主义者。我们很珍惜与这个独特的动物在它的森林里,以一种莫名的方式不期而遇。

棕熊(*Ursus arctos*)有时候会伤害人类。2003年,蒂莫西·特雷德韦尔(Timothy Treadwell)和他的女友艾米·于格纳尔(Amie Huguenard)在阿拉斯加双双被一只棕熊杀死。[①]这件事之所以受到人们特别的关注,是因为特雷德韦尔对棕熊的喜爱广为人知,他常常接近棕熊甚至会和它们说话。在接受各种媒体的采访中,他反复强调,如果棕熊不表现出侵略性,接近它们是很安全的。不幸的是,这种善意但幼稚的行为被证明是灾难性的。

棕熊不是泰迪熊,它是一种脊椎肉食性动物,也就是所谓的"大型凶猛动物",因此人类最好不要与它们有太过亲密的行为。但话又说回来,对待其他大多数动物也是如此,更不用说植物、真菌、原生动物、藻类或微生物了。生物多样性就像岩石、土壤、冰川、沙漠、大气和大量液态水的存在一样,是我们这个星球的特征。生物多样性是一个事实,是目前地球上生命的表现。生物多样性以多种形式进化,只要地球适于居住,它就会继续进化,人类是这种生物多样性中的一部分。但人类应该如何看待它?人类对它的责任又是什么?生物多样性又能为我们人类带来什么?它为什么需要人类的关注,即使有证据表明,生物多样性正在全球范围内衰退?

生态学家们正在努力地解决这些问题。某些情况下,因为人类与各种物种之间的情感纠缠,答案似乎相当简单,像特雷德韦尔就爱着他的棕熊伙伴们。我认识的大多数人指责的是特雷德韦尔本人的判断失误,而不是指责杀死他的那只棕熊。世界自然基金会(WWF)将大熊猫(*Ailuropoda melanoleuca*)这种人见人爱的动物列为其徽标动物,中国人民哀悼在2008年大地震中丧生的大熊猫"毛毛"。蓝鲸也很受人喜爱,很多人都想去看看蓝鲸,想近距离地欣赏这种巨型的海洋哺乳动物,因此人们认为应当保护蓝鲸!由于北极冰川的融化,北极熊(*Ursus maritimus*)目前正处于生态困境。2008年春季,联邦政府把北极熊列为濒危物种,我的许多朋友和同事都强烈支持采取措施,保护北极熊,即使他们没有过在野外看到北极熊的兴奋经历。不管是棕

[①] 详情见 http://dwb.adn.com/front/story/4110831p-4127072c.html。还有关于这一事件的书和电影。

熊、熊猫还是北极熊，得到公众的支持和喜爱是一件很容易的事情，蓝鲸也一样。人们以这些动物为原型制作了很多动物玩具和纪录片，它们是动物高贵的象征，是"野性的呼唤"（call of the wild）。但对其他不那么迷人的生命又如何呢？又如那些人们从来都没有见过的深海鱼类呢？还有那些热带军蚁（army ants in the tropics）以及北极旅鼠（lemmings in the Arctic）呢？还有那些屎壳郎，你见过有人穿着印有"拯救屎壳郎"字样的 T 恤吗？（我在特立尼达之旅的同伴确实送给我一件印有巨蝮的 T 恤，我很自豪地穿着这件 T 恤。至于屎壳郎，我敢打赌，某个生态学研究者正穿着一件印有屎壳郎的 T 恤。）

迄今为止，公众对生物多样性的支持更多地是基于情感而非科学，对于这种判断是非的方法没有必要深究其对错。因为通过我们对顶级食肉动物的关怀，整个生态系统就会被拯救，这是一种自上而下的保护方式。不过生态学家有责任研究生物多样性蕴含的科学意义。他们迄今为止都研究出了什么？我们不妨先问问：到底什么是生物多样性？

在公众心目中，生物多样性这个词往往缺乏精确的定义。大多数人每当提到生物多样性时都会想到物种的数量，但是生物多样性也可以在亚种或基因不同的种群水平上衡量。《濒危物种法》[1]指出了保护生物亚种的重要性，如斑林鸮（*Strix occidentalis occidentalis*）的北方亚种。

生物多样性也可以从遗传多样性的角度进行衡量，这样做有很强的保护意义。例如，猎豹（*Acinonyx jubatus*）总体的遗传多样性水平相对于其他猫科动物来说较低，这就导致猎豹这个物种更容易受到外界威胁，较差的遗传多样性会导致它们更难适应未来的环境。有报道称，猎豹有更高的精子异常程度、更高患病率、更高的幼崽死亡率和不育率，所有这些都表现出由于缺乏遗传多样性而导致的近亲衰退的特征。不过也有人对这些数据产生怀疑，他们认为我们需要更多关注栖息地保护问题而不是遗传多样性的问题。[2]"猎豹之争"

---

[1] 可在 http://www.fws.gov/laws/lawsdigest/ESACT.HTML 获取更多详情。

[2] 见 S. J. O'Brien et al., "The Cheetah Is Depauperate in Genetic Variation," *Science* 221（1983）：459-462；S. J. O'Brien et al., "Genetic Basis for Species Vulnerability in the Cheetah," *Science* 227（1985）：1428-1434。另见 Roger Lewin, "A Strategy for Survival？" *in New Scientist*（issue 2017，February 17，1996），讲述了保护猎豹的争论有多么激烈。

（cheetah debate）正是一个实例，说明保护生物学是如何尚在纠结于自己的数据信息，更遑论它的科学了。

生物多样性也可以从整个生态系统的层面来考虑。例如，原始森林是一种在世界范围内衰落的生态系统。因为大多数森林经常被人类砍伐用作木材，即使其物种组成可能与原始森林相似，但这些森林生态系统的组成并不能代表原始森林生态系统的组成。在许多地区，高度多样性的珊瑚礁生态系统也正在受到灭绝的威胁，原因是过度的捕捞，沉积物增加造成的污染，邻近红树林的消失以及游客对珊瑚礁的破坏。

当今究竟还有多少物种栖息在地球上？我们不知道，因为人类并没有充分研究过这个问题。许多生物类群的统计学和分类研究一直处于滞后状态。对一些生物来说，包括像甲虫一样显而易见，或像热带螨虫一样神秘莫测，我们都只能对它们的实际物种数量进行有根据的推测。虽然现存的 300 万到 500 万种物种经常被认为是全球生物多样性的总和，但一些研究表明，仅热带节肢动物物种的数量就可能高达 3000 万种。[1]地球上物种的实际数量可能接近 1 亿种。[2]罗伯特·M. 梅（Robert M. May）在对所有分类群的已知物种数的综合评述[3]中得出结论，目前关于地球上现存物种总数的推测数据并不能令人信服。最近的一篇综述[4]中，引用了大约 1 750 000 种被描述的物种，但据估计一旦所有物种都被描述出来，实际的总数约为 14 000 000 种。作者指出，他们的估计是非常保守的，实际数字可能更大。由于生物种概念本身很难应用于微生物，甚至植物，因此这一总数被低估了。我们根本不知道地球上有多少物种，但我们对某些物种丰度的了解，如鸟类和哺乳动物，要比对线虫和真菌等其他物种的丰度了解精确得多。

生态学家普遍认为，人类活动是导致生物多样性减少的重要原因。但是，

---

[1] T. L. Erwin, "Tropical Forests: Their Richness in Coleoptera and Other Arthropod Species," *Coleopterists' Bulletin* 36（1982）：74-75；T. L. Erwin, "The Tropical Forest Canopy: The Heart of Biotic Diversity," in E. O. Wilson, ed., *Biodiversity*（Washington, DC: National Academy Press, 1988）.

[2] P. R. Ehrlich and E. O. Wilson, "Biodiversity Studies: Science and Policy," *Science* 253（1991）：758-762.

[3] R. M. May, "How Many Species Are There on Earth？" *Science* 241（1988）：1441-1449.

[4] B. Groombridge and M. D. Jenkins, *World Atlas of Biodiversity*（Berkeley: University of California Press, 2002）.

生物多样性减少的实际证据是什么？最近公布的一份清单列出了从 16 世纪到现在大约 500 年的时间里，已经灭绝或被认为是已经灭绝的脊椎动物物种[①]，而这段时期代表了人口和技术的快速发展时期。其中一些物种相对来说广为人知，如渡渡鸟（*Raphus cucullatus*）和虎头海牛（*Hydrodamalis gigas*），但是还有许多对于普通人来说是完全陌生的，如来自马达加斯加的古原狐猴（*Palaeopropithecus ingens*），以及一种蜥蜴——牙买加巨草蜥（*Celestus occiduus*）。还有许多是岛屿物种，它们往往比大陆种群更容易受到入侵物种和人类的干扰。这份清单上共列有 87 种哺乳动物，128 种鸟类（包括 13 种管舌雀科），20 种爬行动物，5 种两栖动物（几乎肯定是低估了）和 171 种生活在淡水中的鱼类，仅维多利亚湖就有 102 种鱼类。人们认为所有这些鱼类都在 20 世纪中后期灭绝了。因此在大约 500 年的时间里，灭绝的脊椎动物的总数估计为 424 种。但这些灭绝大多发生在 18 世纪晚期到现在，因此灭绝率实际上还在不断增加。受到威胁、情况严重或濒危的物种数量逐年增加，但却没有一个出现在这份名单上。脊椎动物虽然很明显，但也只是代表了一个分类群。昆虫和其他无脊椎动物，以及大多数植物群落的灭绝记录就很少。但毫无疑问，这些物种的灭绝已经发生并继续发生着。

生物多样性减少的主要原因是物种栖息地的丧失或严重破碎化。全球热带雨林面积已经减少了其历史覆盖面积的 50%以上，并且还在继续减少。假定大量的雨林物种是特有的且占据有限的区域，那么计算表明，每年可能有多达 4000 种雨林物种灭绝。整个赤道地区的森林砍伐率也很高。不仅仅是热带雨林，在南美洲的部分地区，还有很多其他的生态系统类型正在迅速消失，其中主要包括干燥的热带稀树草原[称为塞拉多（*cerrado*）]和干燥的灌木沙漠[称为查科（*chaco*）]。这些生态系统曾经有着丰富的特有物种，现在这些区域大部分都已经变成大豆田。

尽管森林等生态系统的持续丧失是导致物种灭绝的主要原因，但有关这一断言的文献大多局限于零星的观察。一项对新加坡（Singapore）的森林砍

[①] B. Groombridge and M. D. Jenkins, *World Atlas of Biodiversity* (Berkeley: University of California Press, 2002).

伐后物种灭绝的详细研究[①]表明，严重的乱砍滥伐确实导致大量分类群的灭绝。新加坡是马来半岛最南端的一个小国，地处潮湿的热带地区，原本这片区域是茂密的森林。在对新加坡的研究中发现，自英国人首次在新加坡定居以来，183年的时间里，新加坡的栖息地损失估计高达95%。森林保护区现在只占新加坡主岛总面积的0.25%，但却拥有新加坡50%的生物多样性。令人吃惊的是，各类脊椎动物和无脊椎动物（如蝴蝶）都有大规模灭绝的记录，其中以蝴蝶、鸟类、鱼类和哺乳动物灭绝占比最高。对新加坡的观测记录表明，在过去的183年间里，至少有881个动物种类灭绝，占到了总数（3196种）的28%。这一数据仍在随着自然保护区面积的缩小持续上升。研究者将已灭绝物种和受限于保护区物种的数量相加，再除以原始物种数量，得到了随保护区丧失而可能灭绝的物种总百分比。这一数值令人警醒，因为将会有78%的两栖动物、39%的鸟类、69%的哺乳动物和77%的蝴蝶随着仅存的少量森林保护区的消失而灭绝。研究者继续拓展了他们的研究：通过物种-面积模型（该模型能够准确地预测物种损失与面积损失之间的关系），在假设栖息地面积以当前的损失速率持续减少的情况下，估算出东南亚的物种灭绝率。结果表明，到2100年，东南亚13%～42%的物种将会消失。

还有一些其他因素会导致生物多样性的丧失，尤其是外来动植物物种的引入，会导致无数生态系统中本土物种的减少和丧失。外来种的强势源于其"拓殖地"中相对较少的天敌和病原体数量，并且会在其定植期经历一种"生态释放"（ecological release）。有些外来种击败了本土物种，还有一些本身就是强势的食肉动物或者食草动物。例如，在南太平洋的关岛上，棕树蛇（*Boiga irregularis*）在20世纪50年代初的某个时候被偶然引入，之后20年间，蛇群数量猛增并占据了整个岛屿。在岛上它们没有任何的天敌或竞争对手，棕树蛇本身也被证明是一个强大的捕食者。由于它们的存在，关岛的11种森林鸟类中的9种已经灭绝[②]，残存的鸟类种群以及本地哺乳动物的数量也在

[①] B. W. Brook, N. S. Sodhi, and P. K. L. Ng, "Catastrophic Extinctions Follow Deforestation in Singapore," *Nature* 424（2003）: 420-423.

[②] 访问 http://www.fort.usgs.gov/resources/education/bts/impacts/birds.asp# gotohere1，可以全面了解棕树蛇对鸟类的影响。

大幅度减少。关岛的生态系统因为单一入侵物种而遭到了彻底摧毁。还有许多其他例子表明了入侵物种是怎样破坏生物多样性的,无论是在岛屿还是在大陆上,这种现象都变得日益严重。

赤道非洲西部的人口增长已经使当地的猿类濒临灭绝。[①]由于东非和西非的人类开发,大猩猩和普通黑猩猩的数量在历史上都有所下降,但直到最近,这些物种在赤道非洲西部的一些国家,如加蓬(Gabon)和刚果(布)(Republic of Congo)才安全一些。然而从 1983 年到 2000 年,加蓬的猿类数量减少了 50%以上。这主要归咎于该地区的捕猎和机械化伐木的增加。另外,致死性强的埃博拉出血热也在当地的猿群中广泛传播,这一系列因素共同使当地的猿群数量处在一个非常危急的境地。

非洲是一片人口数量急速增长、生物多样性非常丰富的大陆。正如猿群困境的例子所呈现的那样,生物多样性的保护将是非洲未来将要面临的巨大挑战。在撒哈拉以南非洲的一项关于人口和生物多样性分布的研究表明,内部生物多样性最高的区域恰好也是人口最稠密的区域。[②]这是因为这些区域的初级生产力最高,使这些地区在对人类充满诱惑的同时也吸引着很多野生动物。当人类希望扩大他们对土地的需求时,人类与野生动物之间的冲突必然会出现。研究人员研究了 940 种哺乳动物、1921 种鸟类、406 种蛇类和 618 种两栖类动物的分布情况,其中许多都是这一地区的特有物种。但由于栖息地的丧失,其中一些已经成为濒危物种。一些悲观的结论是,正是人类对这片土地的开发利用才导致冲突的产生。

生物多样性的减少表明,当前的物种灭绝率已经超过了"本底水平"(background level)。历史上曾几次出现过物种形成速度超过灭绝速度,比如在新生代早期发生的哺乳动物、鸟类、维管植物和昆虫等的多样性的扩张。世界顶尖生物多样性方面的专家威尔逊估计,现今每年约有 27 000 个物种注定要灭绝,[③]也就是说每天有 74 种,每小时有 3 种物种消亡。如果这一观

[①] P. D. Walsh et al., "Catastrophic Ape Decline in Western Equatorial Africa," *Nature* 422 (2003): 611-614.

[②] A. Balmford et al., "Conservation Conflicts across Africa," *Science* 291 (2001): 2616-2619.

[③] E. O. Wilson, *The Diversity of Life* (Cambridge, MA: Belknap Press, 1992).

点可信的话，那么这样的速率就可以称得上是一次大灭绝事件了。威尔逊提出这一主张的逻辑建立在大量案例研究基础上，表明人类活动累积的负面影响。例如，威尔逊引用了加拿大、美国和墨西哥的淡水鱼类数据。在过去的一个世纪中，总计 1033 种鱼类，其中的 27 种已经灭绝，另有 265 种面临灭绝危机。具体的威胁如下：自然栖息地遭到破坏（73%）；外来物种的取代（68%）；栖息地遭到化学污染物的破坏（38%）；与其他种和亚种的杂交（38%）；过度捕捞（15%）。这些比例相加超过 100% 的原因是，许多物种面临多重威胁。

但谁会在乎这些呢？除了失去一个不可替代的物种的凄凉之美外，生物多样性的丧失为什么会引起关注？请放心，我并非妄图贬低美学和伦理学的重要性，这些可能适用于一个物种固有的生存权利（更多关于生物多样性的批判性论点，见下一章）。但话说回来，生态学家是否有实质性数据来说明生物多样性对生态系统功能的重要性？仅仅说我们不应该减少或破坏自然的平衡是不够的。

我的博士论文专门讨论了鸟类的物种多样性与栖息地特征之间的关系。我是众多研究物种多样性与生态系统稳定性之间假设关系的生态学家之一，这个研究方式似乎具有启发式的价值。一个生态系统中的物种越多，物种之间的相互作用就越多，冗余就越多，生态系统稳定性就越高，对干扰的抵抗力就越强。这个观点重复了前一章的类比，有点像把一个生态系统看作一个多样化的股票投资组合。一只股票可能会下跌，但其他股票可能会上涨，人的投资收益仍将保持稳定。

我的研究[①]表明物种多样性和我认为的（通过论证）稳定性呈正相关联系，但没有明显的因果关系，这与当时和之后的其他研究结果也是一致的。但这种情况正在发生改变。今天，许多生态学家仍在继续研究生物多样性和生态系统功能（尤其是稳定性和冗余性，也包括生产率和再循环）之间的关系。2000 年 12 月，巴黎召开了题为"生物多样性与生态系统功能：综合与展

---

① J. C. Kricher, "Bird Species Diversity: The Effect of Species Richness and Equitability on the Diversity Index," *Ecology* 53（1972）: 278-282.

望"(Biodiversity and Ecosystem Functioning: Synthesis and Perspectives)的会议。[1]在会议之前,各方研究者被要求用图表描述生物多样性和生态系统过程之间的联系。[2]其结果被形容为一次"精美的思想延展"(wonderful breadth of ideas),会议讨论了生物多样性的丧失将如何影响生态系统功能的大约 50 种不同假设。会议之后,更多的研究只是在此基础上增加了其广度。[3]

我们可以用很多种方式来思考这一问题。一个经常被引用的类比是"铆钉类比"(rivet analogy)。[4]如果在一架飞机上,随着飞行过程的持续,飞机上的铆钉被随机去除,这架飞机出现故障也就只是时间问题。现在的问题是,有多少铆钉在被去掉之后飞机仍能保持飞行而不从天空掉落呢?有些在机翼上的铆钉,可能会比其他铆钉更为重要。也许飞机可以丢掉很多铆钉仍能正常飞行,但飞机迟早会发生故障,故障的时间取决于除掉的铆钉在飞机上所处的位置。同样,一个生态系统可以承受多少物种的损失而又能保证其功能不被改变或破坏?铆钉类比的最简单形式是,假定所有物种对生态系统功能的贡献是相等的("撑起飞机"),但有些铆钉就是比其他的更为重要,就像有些物种对生态系统的结构更具影响力一样(第十二章)。了解每个物种对其生态系统的影响程度并不容易。

你也许还会记得,一些关键种,像海獭在某些生态系统的功能中发挥着独一无二的影响力(第十二章)。在一个生态系统中可能有许多物种,但只有少数关键种。除非能确切地知道到底哪个物种是所谓的关键种或承载物种,否则生物多样性在维持生态系统稳定性方面的作用仍然是模糊不清的。假设要随机从一个由 50 个物种组成的生态系统中除去 10 个,如果你并没有去除任意一个承载物种,那么生态系统很可能会继续正常运行。但是如果去

---

[1] 会议的结果概述载于 M. Loreau et al., "Biodiversity and Ecosystem Functioning: Current Knowledge and Future Challenges," *Science* 294 (2001): 804-808; M. Loreau, S. Naeem, and P. Inchausti, *Biodiversity and Ecosystem Functioning: Synthesis and Perspectives* (Oxford: Oxford University Press, 2002)。

[2] 这些描述载于 F. Schläpfer and B. Schmid, "Ecosystem Effects of Biodiversity: A Classification of Hypotheses and Cross-system Exploration of Empirical Results," *Ecological Applications* 9 (1999): 893-912。

[3] 例如 A. P. Kinzig, S. W. Pacala, and D. Tilman, *The Functional Consequences of Biodiversity* (Princeton, NJ: Princeton University Press, 2002)。

[4] P. R. Ehrlich and A. *Ehrlich*, *Extinction: The Causes and Consequences of the Disappearance of Species* (New York: Random House, 1981); E. Marris, "What to Let Go," *Nature* 450 (2008): 152-155。

除的物种中有一个是承载物种，生态系统功能就会发生变化。你可能会倾向于认为，20%的物种损失才会改变生态系统的功能，但事实是，只要某一承载物种的消失，就会改变生态系统的功能。

另一个方式是观察生物多样性和生态系统功能之间的相关性。例如，当一块耕地被废弃后，开始进行生态演替。在演替初期，耕地的净初级生产力会随着物种数量和生物量的增加而增加。但到了一定程度，即使物种多样性持续增加，生产力（生态系统功能的一个衡量标准）也可能会趋于稳定，反之亦然。在这一点上，生物多样性和生产力之间似乎"脱钩"了。

对陆地和水生生态系统的控制实验研究，支持了物种多样性与生态系统参数（如稳定性、生产力和养分循环）之间存在联系的假设。[1]这些研究可以简单总结为，一群物种[如"临界质量"（critical mass）]对生态系统的功能至关重要，通过植物生物量等变量来衡量，这反映了净生产力。换句话说，物种丰度和生态系统功能之间，至少在某种程度上存在正相关关系。

生态学家认识到，有两种机制可以解释物种丰度和生态系统功能之间的关系。第一种机制称为生态位决定和促进（niche determination and facilitation），假设物种之间是互补的，这些物种组合就能够增强生态系统功能。第二种机制是随机的，他们的观点是，区域和局部的随机过程能够增加物种数量，其中一些物种在偶然扩散时具有很高的生产力，因此它们的物种增加不同程度地提高了生态系统功能。研究人员很快注意到，这两种观点是一个连续体的两端。它们并不相互排斥，但是是模糊的。

研究人员还一致认为，生物多样性与生态系统功能之间联系最明显的证

---

[1] 许多论文都涉及这一点。以下是一些具有最有见地的观点：S. Naeem, "Ecosystem Consequences of Biodiversity Loss: The Evolution of a Paradigm," *Ecology* 83 (2002): 1537-1552; S. Naeem et al., "Declining Biodiversity Can Alter the Performance of Ecosystems," *Nature* 368 (1994): 734-736; S. Naeem et al., "Empirical Evidence That Declining Species Diversity May Alter the Performance of Terrestrial Ecosystems," *Transactions of the Royal Society of London B* 347 (1995): 249-262; S. Naeem et al., "Biodiversity and Ecosystem Functioning: Maintaining Natural Life Support Processes," *Issues in Ecology* 4 (Washington, DC: Ecological Society of America, 1999); D. Tilman and J. A. Downing, "Biodiversity and Stability in Grasslands," *Nature* 367 (1994): 363-365; D. Tilman, D. Wedin, and J. Knops, "Productivity and Sustainability Influenced by Biodiversity in Grassland Ecosystems," *Nature* 379 (1996): 718-720; D. Tilman et al., "Diversity and Productivity in a Long-term Grassland Experiment," *Science* 294 (2001): 843-845.

据是"超产"（overyielding）现象。这一术语意味着各物种混居时的生产力总是要超过其各自独立生存时的生产力。

研究人员对毛翅蝇种进行了超产的试验。[①]毛翅蝇（caddisflies）是一种有水生幼虫的昆虫（毛翅目，纹石蛾科），其幼虫是悬浮物的食客。这些幼虫能在河床上搭建丝状的网，用来过滤颗粒物质，然后吞食。现在有三种毛翅蝇——*Hydropsyche depravata*、*Ceratopsyche bronta*、*Cheumatopsyche* sp.，它们所搭建的捕食网各不相同。研究人员单独测验了每个物种，同时也与另外两种分别结合进行测验。单种测验包括单一物种的 18 只幼虫，组合测验则由每个物种各 6 只幼虫组成，测量的变量是过滤掉的悬浮颗粒物（SPM）的数量。结果表明，与所有单一养殖品种相比，在混合组的溪流中，SPM 的消耗量比 3 个单种组消耗的总和还要大 66%。混合组优于单一培育的原因与水流的影响有关。物种多样性具有减少水流减速的效果。水流越快，单位时间内的悬浮颗粒物越多，从而增加了混合组的捕获量。由于与提高水流流速相关的生物物理相互作用，每一种毛翅蝇都在不经意间促进了食源向其他两个物种的传递，没有一种单一培育能与混合培育相媲美。因此，在这个实验中，生物多样性明显存在超产现象。但是这种超产与生态系统的稳定性和抗扰动能力之间毫无关联。

超产现象在明尼苏达州锡达克里克（Cedar Creek, Minnesota）的一项长达 7 年的草地研究中也得到了证实。[②]研究人员设立了 168 块实验田，每块的规格都是 9 米×9 米。他们在 1994 年的 5 月播种，每块地种有 1、2、4、8 或 16 种植物，这 5 类实验田的数量从 29 到 39 不等。每块地的实际物种混合是在由 18 种多年生植物（包括 8 种禾本科植物、4 种豆科植物、4 种非豆科杂类草和 2 种木本植物）组成的物种池中随机选择的，每一物种至少做过一次单种组的测验。研究期间，测量每个地块的地上生物量和总（包括根系）生物量。

---

① B. J. Cardinale, M. A. Palmer, and S. L. Collins, "Species Diversity Enhances Ecosystem Functioning through Interspecific Facilitation," *Nature* 415（2002）：426-429.

② D. Tilman et al., "Diversity and Productivity in a Long-term Grassland Experiment," *Science* 294（2001）：843-845.

第十三章 忠于生物多样性（和稳定的生态系统？）

在 1999 年和 2000 年，实验田中物种数量和地上生物量与总生物量之间都表现出显著的正相关。例如，在 2000 年，16 个物种实验田的地上生物量比 8 个物种地上生物量高出 22%。即使与表现最好的单种组相比，16 个物种实验田的地上生物量和总生物量均值都要分别高出 39%和 42%。即使是对能固氮的豆科植物来说，单种组都不能和混种组相比较。

生产力只是生态系统功能的一个参数，另一个是稳定性。罗伯特·M.梅通过对生物多样性与生态系统功能之间的关系进行了理论分析，并得出结论：生物多样性和生态系统稳定性之间并无固定关系。[1]换句话说，更丰富的物种多样性并不一定会带来日益稳定的生态系统，但这只是理论上的分析。数据又告诉了我们什么？

稳定性概念的难点之一是，它在生态学文献中有多种含义。[2]几十年以来，正如我的博士研究工作一样，生态学家一直在进行"生物多样性-稳定性争论"。他们试图搞清楚生物多样性和生态系统稳定性之间的确切关系。在测试物种多样性对生态系统稳定性的影响时，准确地提出了哪些问题是至关重要的。[3]早期演替的生态系统可能会比老的生态系统更快地从环境扰动中恢复，但前者在对入侵物种的抵抗方面则要差些。因此，早期演替的生态系统在某种程度上更稳定（它们恢复得更快），但从另一角度上来看，则不那么稳定（它们更容易被入侵）。

"生物多样性抗性假说"（diversity resistance hypothesis）得到了一些理论和实验的支持，即多样性更高的群落比多样性更低的生态系统更能成功地抵御入侵。在明尼苏达州锡达克里克的另一项研究中，研究人员对多样性假说进行了一组测试。[4]研究人员研究了 147 块草地实验田，并追踪了 13 种成功入侵的物种，包括禾本科植物、豆科植物等。他们采用一种被称为"邻域分析"（neighborhood analysis）的方法，观察了三个变量之间的关系：邻域

---

[1] R. M. May, "Will a Large Complex System Be Stable?" *Nature* 238 (1972): 413-414; R. M. May, *Stability and Complexity in Model Ecosystems* (Princeton, NJ: Princeton University Press, 1973).

[2] K. S. McCann, "The Diversity-Stability Debate," *Nature* 405 (2000): 228-233.

[3] S. L. Pimm, *Food Webs* (London: Chapman and Hall, 1982); S. L. Pimm, *The Balance of Nature* (Chicago: University of Chicago Press, 1991).

[4] T. A. Kennedy et al., "Biodiversity as a Barrier to Ecological Invasion," *Nature* 417 (2002): 636-638.

内植物物种数量、邻域内植物总量以及一个兼顾了邻域内所有植物间距和尺寸的密度指标。实验设计包含 147 块不同的实验田，每个的规格都是 3 米×3 米。每块实验田从一个有 24 个物种的物种池中随机选择 1、2、4、6、8、12 或 24 种。研究人员在两年间记录了大约 53 000 株植物个体，其中 40 000 株为本土种，13 000 株为入侵种（多数来自欧亚大陆）。在实验开始前，实验田已经被除去了杂草和入侵种的种子，以保证实验开始后入侵种是随种子传播而来。

实验结果支持了物种丰度可以更好地抵抗外来物种入侵的观点。物种丰度显著降低了入侵种的覆盖面积以及最大入侵植物的大小。在有 24 个物种的实验田中，与单一种植的地块相比，入侵种的覆盖面积分别减少了 91%（1997 年）和 96%（1998 年）。物种稠密度的增加、物种的增多和邻域的密集可以有效抵御外来物种入侵。研究人员得出结论：当地生物多样性是抵御外来物种入侵者扩散的一条重要防线。

生物多样性对生态系统功能影响的实际机制非常复杂，其中许多涉及营养级（自上而下和自下而上）之间的交互作用，以及同营养级内部的相互作用，如种间竞争。一项研究表明，土壤中的无脊椎动物群落促进了草地的演替和生物多样性。[1]如同上面引用的例子所示，如果植物多样性与生态系统功能是密切相关的，而植物多样性又受到土壤动物群落的影响，那么土壤动物群落要对生态系统功能负根本的责任。

食物网结构可以通过多种方式影响植物多样性。例如，食草动物可能主要以植群中的优势种为食（食草昆虫趋向于食用特定的植物种类或科，所以当它们食物丰富时就容易被吸引去食用优势种植群），由此减轻了劣势种的竞争压力。地下的共生真菌可能会通过帮助某些植物的根系吸收养分，从而使这些植物选择性地受益。同样的道理，根系病原菌也可以显著影响植群的优势种，帮助维持生物多样性。

在上述研究中，将土壤动物群添加到在无菌土壤中建立的实验草地生态

---

[1] G. B. De Deyn et al., "Soil Invertebrate Fauna Enhances Grassland Succession and Diversity," *Nature* 422 (2003): 711-713.

系统中。土壤动物群主要包括线虫、小型节肢动物（如跳虫和螨虫）和甲虫幼虫。实验田分别表示了早期、中期和晚期的演替植物物种组合。当土壤动物区系加入这3种植物群落后，植物间的优势格局发生了变化。具体来说，典型的晚期演替植物种获得了更大的优势。在没有添加土壤动物的对照区，典型的中期演替植物物种的优势更大一些。潜藏在这一现象背后的机制是，早期和中期演替植物的根系生物量减少了，晚期演替植物的根系生物量则增加了。也就是说，土壤动物区系是选择性地食用了早期和中期演替植物的根系，从而使晚期演替物种生长得更快。此外，土壤动物区系的存在增加了植物的物种多样性，因为它们的存在使得优势植物的比例下降。这项研究表明，土壤动物区系直接影响植物的物种丰度，并加快了草地生态系统的演替率，这都是因为土壤动物区系选择性地食用了优势种植物的根系。

关于生物多样性与生态系统功能之间的潜在关系，最令人信服的论文之一是来自鲍里斯·沃尔姆（Boris Worm）等人于2006年发表的一篇名为《生物多样性丧失对海洋生态系统服务的影响》（*Impacts of Biodiversity Loss on Ocean Ecosystem Services*）的文章。[1]这项研究包含了一个悲观的论调：我们所有的商业性捕捞鱼类和其他海产品物种资源，将在21世纪中叶耗尽。不过他们也断言，通过来自32个小尺度实验和其他更大规模的实验研究的确凿数据表明，恢复海洋中的生物多样性是可以使某片完全枯竭的海洋区域的生产力和稳定性得到全面恢复。这篇论文向我们展示了生物多样性与生态系统功能之间的密切关系，但是文中缺少对这种关系内在机制的深入讨论。不过它确实使我们认识到，全球渔业资源稳定性的维护终究还是要集中在生物多样性的保护上。

沙希德·纳伊姆（Shahid Naeem）在一篇讨论生态学"新兴范式"的综述文章中，给出了一个新的观点：生物多样性确实控制着生态系统功能。[2]纳伊姆重申，专业生态学家就生物多样性对生态系统功能影响的问题争论基调

---

[1] B. Worm et al., "Impacts of Biodiversity Loss on Ocean Ecosystem Services," *Science* 314 (2006): 787-790.

[2] S. Naeem, "Ecosystem Consequences of Biodiversity Loss: The Evolution of a Paradigm," *Ecology* 83 (2002): 1537-1552.

太过于尖锐。其实,这分别代表了主张通过部分来认识自然和通过研究整体进程来认识自然的两派人在哲学上的辩证张力。尽管如此,这一争论也带来了丰富的学术成果,就像生物多样性和生态系统功能之间的情况一样。纳伊姆论证了他所谓的自然范式是如何从古希腊学者们的观念逐渐进化到我们如今熟知的生物多样性-生态系统功能范式(biodiversity-ecosystem function paradigm,BEFP),或者可以简称为 BEF。我认为所有的 BEF 差不多说的就是,物种越多越好。但或许它们包含更多的意义,生态学家需要不断探索以扩充他们对此的认识。目前对 BEF 的研究重心已经转向了确定生物多样性是如何影响多种生态系统功能的性能水平、稳定性、冗余度的问题上,而不再是试图去梳理生物多样性对单一功能的影响,如初级生产力和生物地球化学循环。结果表明,生态系统整体功能比单一功能更容易受到物种损失的影响。可以说生物多样性真正体现了物种间的"多功能互补"。[1]换句话说,生物多样性同生态系统功能之间是高度互动的,每个物种都会带来不同的影响,但所有物种都有一定的影响。这种方法的前景可观,但纳伊姆呼吁要有更多的研究,特别是在对自然的生态系统而不是实验组合中的生态系统的研究方面。

那么,生态学在 BEF 中找到范式了吗?它是否因生物多样性在维持生态系统功能方面的重要性,而放弃自然平衡了?也许是吧。正如我母亲经常告诫我的那样,"时间会证明一切"。希望这一天能够早日到来。

---

[1] L. Gamfeldt, H. Heillebrand, and P. R. Jonsson, "Multiple Functions Increase the Importance of Biodiversity for Overall Ecosystem Functioning," *Ecology* 89 (2008): 1223-1231.

第十四章　面对马利的幽灵*

还记得那个旧保险杠贴纸上的那句话"你今天感谢绿色植物了吗？"如果把贴纸带进 21 世纪，那么，这句话就变成了"地球上的生态系统最近为你做了什么？"。你是不是感到很茫然？不只你一个人这样。遗憾的是，大多数人对此都只有非常模糊的概念。但是，想想我们每个人是如何从所有这些海洋、河流、沼泽、田野、森林、热带草原、草地、沙漠等自然资源中获益的。总之，它们共同为我们提供"自然服务"，包括人类在内的所有生命，最终依赖的是自然生态系统功能。从净化空气和水、营养物质的循环和流动、气候的变化、土壤的更新和保存、土壤肥力的恢复，到种子的扩散、农作物和其他植物的授粉，再到生物多样性的维护（包括它所提供的美学意义）。很明显，自然生态系统的功能对于人类福祉来说至关重要。[1]

我要讲的是 40 年来教授 18～25 岁学生的一些生态学课程中的经历，他们都是聪明上进的大学生，鲜有玩世不恭。考虑到我所教授的科目，以及我的年龄较大，学生们经常会来问我有关对他们未来的看法。我现在的大多数学生，如果身体健康，运气也好的话，可能有望迎来下个世纪之交。在我投身于生态学和进化生物学的研究之后，就不太愿意给这些对未来充满希望的年轻人太多的乐观建议。肯尼迪总统曾经说过，全球性的问题本质上是人类造成的，因此人类应该能够解决这些问题（实际引用的是"我们的问题是人为造成的，因此可以由人来解决"）。听起来不错。我经常用它来鼓励我的学生带着希望和乐观的心态去思考问题。但肯尼迪的话也让我感到困扰，因为制造全球性的问题

---

* 本章使用狄更斯小说《圣诞颂歌》(*A Christmas Car*) 中著名的人物雅各布·马利（Jacob Marley）和埃比尼泽·斯克鲁奇（Ebenezer Scrooge）之间的对话，作为人类在当前十字路口选择的隐喻。克里彻尖锐而有说服力地论证，我们需要利用以科学（生态学）知识为基础的环境伦理学指导我们度过全球气候快速变化的时期。——译者注

[1] G. C. Daily, *Nature's Services* (Washington, DC: Island Press, 1967). G. C. Daily et al., "Ecosystem Services: Benefits Supplied to Human Societies by Natural Ecosystems," in *Issues in Ecology*, no. 2 (Washington, DC: Ecological Society of America, 1997).

远比解决它要容易得多，至少在过去的 10 000 年里，情况确实是这样。

1970 年 4 月 22 日是第一个世界地球日，当时我在研究生院读书。那时候的公众对环境问题的关注度突然高涨起来，我们的教授以及全国各地的生态学家，都被媒体找来采访，有时还会进行更深度的采访。环境污染、生物多样性、杀虫剂、物种灭绝、人口增长等问题到底怎么样了？世界陷入了多大的环境困境？在新的世界秩序中，生态学会反超经济学吗？

生态学的整体性质确实导致了一种不同于传统的与西方经济学追求相联系的观点。因此，生态学家保罗·西尔斯（Paul Sears）给生态学起了个绰号，称生态学为"颠覆性科学"（subversive science）。[①]西尔斯问道："生态学是利益和效用有限度的科学吗？或者，如果把它当作人类长期获得福利的工具，那么无论其理论承诺是什么，它会危及现代社会所接受的假设和实践吗？"换句话说，生态学是社会范式的潜在破坏者吗？

当第一个世界地球日为生态学家们提供了一个讨论场所时，他们几乎无话可说，更不用说颠覆性的本质了。哦，请注意，他们说了很多，但仔细分析后，我们发现大多数生态学的预言和可怕的警告，更不用说那些武断的说法，都是基于稀疏的数据、新生的理论和大量的夸张的言辞。但这不是生态学家的错，他们真诚地解答公众对他们所提出的一些新理论和词汇的疑问，即使他们的回应有些过头。生态学家利用他们仅有的一点可靠数据，尽最大努力去回应公众所关切的问题，也因此，得到了人们应有的尊重和好评。如今的情况有了很大改善。自第一个世界地球日以来的几十年里，生态学逐渐变得强大，成为一门相对具有预测性的科学，至少可以为一些令人生畏的环境问题提供规范性的解决方案，虽然这些解决方案并不一定会被付诸实践。生态学家要"把话传出去"还有很长的路要走。甚至在得到足够重视方面还有更长的路要走。生态学家作为一个群体，仍然是一个更广泛和强烈的以人类为中心的全球社会的一小部分。它仍然是"关于我们的一切"的科学。在哲学上，人类与地球上庞大的非人类生命形式之间的二元论一直存在，甚至在繁荣发展。这是有因果关系的。

[①] P. Sears, "Ecology—A Subversive Subject," *Bioscience* 14 (1964): 11.

这种以人类为中心的观点曾经让人们深信不疑。因为大自然是坚韧的，人类把森林改造成牧场或农田，盖房子或在公海捕鱼等行为，都不是一件容易做的事情。而且，大自然被认为是一个新的领域，人们有权为个人利益去开发它。人们认为自然是无边无际的，自然中的资源取之不尽，用之不竭，至少在大多数人看来确是如此。哲学家约翰·洛克（John Lock）主张，人类有改善和"教化"地貌的道德责任，只有当土地得到如此"改善"时，土地的所有权才会有效。①他的观点在构建美国赖以存在的哲学体系中起了关键的作用。洛克认为，自然没有内在价值，除非它被人类劳动改变、改善和增强。这是何等的人类中心主义啊！

历史学家林恩·怀特（Lynn White Jr.）在一篇颇具影响力的文章②中指出，犹太-基督教神学促进了西方社会共同的观点，即自然与人类（人类是唯一按照上帝的形象创造出来的）截然不同。因此，人类认为自己与自然完全"分离"。然而达尔文彻底驳斥了这一观点，但现实是几乎所有哲学家和非科学家的其他人（还有许多科学内部的人），都很少或根本没有注意到这一点。人类中心主义范式的强大传统仍然在世界各地盛行，不仅在犹太-基督教社会，而且在几乎所有工业化社会。

加勒特·哈丁（Garrett Hardin）将"公地"作为地球可持续发展受到威胁的一个类比。公地是指不属于任何人，但可供所有人使用的区域。以殖民时期的新英格兰为例，公地是所有村民都可以放牧的地方，但需假设公地的生产力超过了来自牲畜的放牧压力。只有这个假设成立，公地才是可行的。在一篇题为《公地的悲剧》（*The Tragedy of the Commons*）③的文章中，哈丁将地球上的水、大气、土壤和包括生物多样性在内的其他资源与公地概念等同起来，因为公地概念传统上适用于放牧和公海自由等活动。他指出，只要人口或开发率与所讨论的公地容量相比相对较低，该资源就可以被视为一块公地，可以对所有人开放，但不属于任何人。但当人口和技术超过了公地的承载能力时，"悲剧"就会随之而来。因为没有什么能诱使各开发方停止已

---

① 要快速了解洛克的观点，可参阅 http://www.philosophypages.com/hy/4n.htm。
② L. White, Jr., "The Historical Roots of Our Ecological Crisis," *Science* 155 (1967): 1203-1207.
③ G. Hardin, "The Tragedy of the Commons," *Science* 162 (1968): 1243-1248.

成为过度开发的行为。现实往往是,对最富裕的一方来说,增加开发率、使他们的利益最大化,是最符合他们利益的。因为在短期内,即使公地被迅速破坏,对这些富裕的人来说,他们所得到的也比失去的要多。哈丁的结论是,一旦公地不再作为公地存在,只有强制才能成功地维持资源。利益相关者必须同意遵守严格的规则(法律),并对违反规则的人进行惩罚。

在我看来,20 世纪最重要的发展是作为一种功利主义现实的全球公地(以多种形式)的丧失,任何海洋、湖泊、森林、草原或沙漠都不再免受人类的影响。全球大气也是如此。公地概念不再适用于任何地方,取而代之的是认识到人类活动现在正在造成全盘改变,在许多情况下,几乎所有的生态系统都在退化。地球的可持续性是个问题(见下文)。这当然是由于经济实践反映了亚当·斯密的资本主义自由市场的观点(甚至在社会主义国家也是如此),加上缺乏对自然生态系统所提供的服务价值的洞察力,而这些服务是隐含在公地概念中的。

我们应当如何衡量人类对全球生态系统的影响?全球人口目前约为 67 亿,单凭人口数量并不能衡量人类活动的累积影响。理论上可能涉及成千上万个变量,问题显然更复杂。当人们为农业或住房而砍伐一小片林地或森林时,所带来的影响显而易见。当溪流和河流(如密西西比河)中的氮含量因肥料流失而增加,最终流入海洋并形成"死区"(dead zones)时,人类对地球生态系统累积的影响就不那么明显了。在"死区"中,由于额外的氮输入带来的微生物刺激,会导致海洋内的氧气耗尽。当大量海洋生物,如海豚和信天翁在巨大的人类捕鱼网中作为"附带混获物"(bycatch)(非目标物种)而被杀死时,即使渔业资源在持续下降,人类对地球生态系统所造的累积影响就更不明显了。尽管如此,评估人类活动对全球的影响也是一个至关重要的问题,因为它的答案显然会影响地球的未来。

通过考虑公式 $I = P \times A \times T$,即所谓的"IPAT 公式",可能有助于我们理解人类活动给自然环境所造成的影响。[1] I 代表人类活动对环境的影响;P 代

---

[1] P. Harrison and F. Pearce, *AAAS Atlas of Population and Environment* (Berkeley: University of California Press, 2000).

表人口数量；A 为人类的富裕程度；T 为科学技术；请注意，几个变量是相乘关系而非相加。这意味着每一个变量随着其值的增大，会加速人类对环境所产生的影响。因此显而易见的是，人口增长必定会带来额外的影响，人口与科学技术以及富裕程度之间会相互影响，富人的消费能力远远超过穷人（以石油等资源的形式）。特别是对富裕国家来说，科学技术的进步对生态系统的影响更大。

IPAT 公式很显然将问题过于简化了，但它确实表明，人口本身并不是人类对地球造成的全部生态影响的原因。由于农业的工业化，人类现在控制着全球近 40% 的净初级生产力。[1]如果没有后工业革命时代的技术，这种主导地位是不可能的。现在通过这些技术，石油可以用来生产玉米。

尽管生态学和经济学有着相同的希腊语词根 oikos，但生态学家和经济学家在分享各自学科见解的方式上存在着明显的鸿沟。最近，有人尝试将生态学和经济学结合起来，以期为人类的生存提供理解和指导，其中就有一项关于计算人类"生态足迹"（ecological footprint）的研究[2]。生态足迹被定义为生产个人每年所消耗的食物、商品和其他资源所需的地域总面积。威尔逊[3]引用的数据指出，美国的生态足迹相当于 24 英亩（能源 14.7 英亩，农作物 3.6 英亩，建筑面积 0.9 英亩，牧场 0.8 英亩，渔场 0.8 英亩，等等）（1 英亩≈4046.86 米^2），这是迄今为止世界上最大的生态足迹。德国和美国一样是工业发达国家，生态足迹为 11.6 英亩。莫桑比克是发展中国家，其生态足迹为 1.2 英亩。全球平均生态足迹为 5.6 英亩，这意味着一个美国公民从全球获得的资源以及对全球环境产生的影响，相当于 4.3 个非美国人。也就是说，在莫桑比克，一个有 40 个孩子的家庭产生的集体环境影响，相当于有 2 个孩子的美国家庭产生的影响。

彼得·M. 维图塞克（Peter M. Vitousek）等[4]总结了人类控制地球生态

---

[1] E. O. Wilson, *The Future of Life* (New York: Knopf, 2002).

[2] W. E. Rees and M. Wackernagel, "The Ecological Footprint," in A. M. Jansson et al., eds., *Investing in Natural Capital: The Ecological Economics Approach to Sustainability* (Washington, DC: Island Press, 1994).

[3] 出处同[1].

[4] P. M. Vitousek et al., "Human Domination of Earth's Ecosystems," *Science* 277 (1997): 494-499.

系统所产生的集体效应，包括这样一些类别：土地改造，对海洋（特别是沿海）生态系统的影响，生物地球化学循环的改变，生物变化（如生物多样性的丧失和入侵物种的日益增多）。每一种类别都包括由自然生态系统功能所提供的各种生态服务。我重复一遍，通常在经济学分析中并不会考虑这些功能（见下文）。只要生态系统保持完整，它们看起来似乎就是"自由的"。然而现在的生态系统正在被破坏。

人类号称拥有陆地上超过40%的生物净生产力，也正在使用约50%的可再生淡水。自1800年以来，大气中二氧化碳和其他温室气体的浓度持续增加。与历史相比，二氧化碳增加了近35%，甲烷高出135%。随着人类使用化石燃料的增多，全球氮循环的各方面也发生了改变。[1]高层大气中臭氧已经减少，这一事件显然与氯化烃（chlorinated hydrocarbon）的排放有关。几乎可以肯定，正是人类排放的温室气体导致了地球气候的持续变化。据估计，在过去的50年里，由于人类对土地的过度使用，导致全球表层土壤流失约20%，同期农业用地损失约20%。生境恶化和外来物种入侵导致地球生物多样性的丧失仍在继续。国际鸟盟（Birdlife International）[2]的一项评估指出，在21世纪内，全球共有9797种鸟类，其中1186种（12%）濒临灭绝。当然，这还不是全部。

S. R. 帕伦比（S.R. Palumbi）[3]描述了人类活动是如何加速细菌、病毒、有害杂草和节肢动物的进化过程，并且甚至改变了渔业物种的生活史。总之，人类活动对地球的影响是惊人的，而且是与日俱增的。

维图塞克等[4]就如何处理人类对地球生态系统的管理提出了三点建议。首先，他们认为通过降低对自然的开采率实现人类生态足迹的稳定。其中，减少温室气体的排放就是这样一个例子。其次，加快基础生态学理论研究，以便更精确地了解地球生态系统，以及它们如何与人类造成的全球变化的众

---

[1] J. N. Galloway et al., "Transformation of the Nitrogen Cycle: Recent Trends, Questions, and Potential Solutions," *Science* 320 (2008): 889-897. 这项研究的作者认为，人类活动在空气、水和土地中释放了大量的氮，导致许多环境和人类健康问题，他们呼吁采取"综合的跨学科方法"减少含氮废物。

[2] Birdlife International, *Threatened Birds of the World* (Barcelona: Lynx Edicions, 2000).

[3] S. R. Palumbi, "Humans as the World's Greatest Evolutionary Force," *Science* 293 (2001): 1786-1790.

[4] P. M. Vitousek et al., "Human Domination of Earth's Ecosystems," *Science* 277 (1997): 494-499.

多因素相互作用的。例如，生物多样性与生态系统各功能（如净生产力、生态系统稳定性）之间的关系尚不清楚。最后，人类必须承认，人类应该负责任地管理地球的时代已经到来。无论过去还是现在，自然界都不存在自然平衡。考虑到人类活动对地球生态系统的巨大影响，我们现在必须作出选择。管理生态系统不仅是为了继续给人类提供服务和货物流通，也是为了维持各种种群、物种和多样化的生态系统。

因此，对全球所有的公民来说，问题变成了如何在没有潜在灾难性破坏的情况下，确保地球上各种重要的生态服务的可持续性。这是我的学生们一生都要面临的问题。这一问题的提出似乎令人难以置信，但现实表明并非如此。保护现在不仅仅意味着保护濒危物种或建立野生动物保护区，还涉及整个陆地和海洋层面的广度，包括如何将经济、社会和环境利益（通常称为"利益相关者"）结合在一起，使生态系统服务能够继续为社会带来集体经济利益。保护生物学与理论生态学、种群遗传学、景观生态学、恢复生态学和生态系统管理紧密重叠，这种努力的目标日益集中于制定自然资源的可持续利用战略。

在对美国科学促进学会的讲话中，生态学家彼得·H. 瑞文（Peter H. Raven，当时的美国科学促进学会主席）[①]说："我们必须找到新的方法，来为目前已经超出全球可持续能力极限的人类社会提供支持。"瑞文指出，尽管美国控制着世界 25%的财富，制造了 25%～30%的污染，但美国人口只占全球人口的 4.5%。发达国家和发展中国家之间的不平等，导致了许多对生态系统造成消极影响的行动，包括对全球公地的过度开发。

为了实现地球生态系统的可持续性，显然有必要认识所有利益方之间进行强有力合作的必要性。通过博弈论和模拟技术，我们可以证明基于名誉互惠的互惠合作，将克服消弱公地的贪婪倾向。实际上，模拟结果表明，公有资源是有可能保持高产、高效和稳定的。[②]

但从博弈论模拟到全球性的政治和经济，还有很长的路要走。毕竟，现实就是现实。考虑到当今世界的政治现实，各国应该如何实现地球生态系统

[①] P. H. Raven, "Science, Sustainability, and the Human Prospect," *Science* 297（2002）: 954-958.

[②] M. Milinski, D. Semmann, and H.J. Krambeck, "Reputation Helps Solve the 'Tragedy of the Commons'," *Nature* 415（2002）: 424-426.

的可持续性？也许阻止国家间自私自利的最佳论据需要最终诉诸自私自利这一品质。鉴于地球只有一个，以有助于可持续性的方式行事符合每个人（因此也符合每个政府）的自身利益。[1]但要使这一明显符合逻辑的观念占上风，就需要扩展经济学的范畴，将全球可持续性作为一个目标。同时还需要将环境因素纳入到伦理判断中去考量。这些要求是令人望而却步的，因为它们相当于社会范式的转变。

那么我们该如何着手解决这些问题？也许要问的是以美元价值计算，大自然的服务价值到底有多少？

由罗伯特·科斯坦萨（Robert Costanza）领导的一个研究小组[2]利用大量的数据库估算了自然服务的价值。如果人类必须以某种方式向大自然"付费"，大自然每年提供的服务价值约为33万亿美元，这一价值大约是全球生产总值（当时所有的国民生产总值约为18万亿美元）的两倍。巴尔福德（Balmford）等[3]在2000年进行了重新估算，认为自然服务的价值处于18万亿～61万亿美元之间，粗略的平均值约为38万亿美元。对自然服务价值的估值差距之大，也间接反映了试图衡量所有生态系统商品和服务的宏观经济价值的困难。

一些经济学家批评了科斯坦萨等人的研究结果，因为科斯坦萨等所做的推断与公认的经济学理论原则并不一致。作为回应，以巴尔福德为首的19名研究人员，包括经济学家和生态学家（科斯坦萨也在其中）对300多个具体案例进行了研究，试图比较他们所谓的"生物群落在相对完整的情况下以及在转化为人类的使用形式时，所提供的商品和服务的边际价值"。[4]所得的结果与上述结论一致。这表明，与为狭隘的经济目标而改造的生态系统相比，自然生态系统具有更大的社会经济收益潜力。

我们来看第一个例子，马来西亚热带森林的砍伐减少，并没有像高强度

---

[1] E. Ostrom et al., "Revisiting the Commons: Local Lessons, Global Challenges," *Science* 284 (1999): 278-282.
[2] R. Costanza et al., "The Economic Value of the World's Ecosystems," *Nature* 387 (1997): 253-260.
[3] A. Balmford et al., "Economic Reasons for Conserving Wild Nature," *Science* 297 (2002): 950-953.
[4] 出处同③。

的不可持续的砍伐那样为个人提供直接的经济效益。而那里通常是这样做的。然而，不可持续的砍伐，将会损失森林产品（木材除外）、降低防洪功能、减少碳封存并危及生物物种，最终损害社会和全球利益。当使用减少影响的伐木技术，以实现可持续发展时，森林的总经济价值将增加约14%。

在第二个例子中，泰国的红树林生态系统被改成水产养殖生态系统（虾养殖），这种情况正在全球的许多热带地区持续发生。毫无疑问，这样的政策给人类带来了短期的经济利益。然而如果将保持完好的红树林生态系统的社会效益考虑进来的话，结果就变得不一样了。例如，在碳封存、风暴防护和鱼类保护方面，完整的红树林生态系统带来的价值要比水产养殖生态系统带来的价值大得多。估计结果显示，完整的红树林生态系统的价值，比水产养殖生态系统的价值高出约70%。请注意，在这里，时间尺度效应是一个重要的衡量因素。红树林生态系统向农业生态系统的转变，在短时间会产生一定的利润，然而完整的红树林提供的全部生态服务所需的时间跨度要大得多，产生的利润延续间隔时间要长得多，这就如同一笔小年金和一笔暴利的对比。

其他研究结果表明，加拿大完整的湿地比排干水并转为集约化农业更有价值。菲律宾珊瑚礁上的可持续捕鱼的做法，远远超过了破坏性捕鱼的经济价值。将喀麦隆（Cameroon）的热带森林改造成种植园实际上是赔钱的，但是利用完整的喀麦隆热带森林生态系统，进行小规模伐木或进行影响较小的伐木活动则会获得经济收益。

巴尔福德等人的研究还表明，随着人类将自然生态系统转变为人工生态系统，6种生物群落中的5种已经在10年间产生了总计约11%的净损失。

生态系统持续丧失的原因并不令人惊讶。关于生态系统服务的实际经济价值，人们仍然知之甚少，而且往往也难以确定某些生态变量的经济价值。此外，传统上经济学家将生态系统的功能视为"外部效应"，而转化的经济利益是"内部效应"。外部效应和内部效应的区别可以追溯到公地的概念。内部效应是投资项目的个体所获得的利润，但外部效应由所有的人一起承担，是由转换而导致的栖息地的破坏和生态系统服务的损失的成本。换句话说，投资者不必为他们造成的生态系统服务功能的恶化而付费、纳税或承担责任，这些成本不在利润之内。颁布《清洁空气法》（Clean Air Act）和《清洁水法》（Clean Water Act）等法规，就是将外部效应转变为内部效应。自亚当·斯密从根本上定义资本主义以来，外部效应范式已经主导了经济学几个世纪。最后，这也导致人们为了短期利润而对生态系统大肆开发。如上所述，喀麦隆的种植园在获得经济效益上的失败就是很好的例子。对人们来说，较为明智的做法其实是利用完整的森林生态系统来减少对森林的砍伐。当前推动在大陆架和北极国家野生动物保护区进行石油钻探可能就是典型的例子。

巴尔福德等人最后总结道，即使宏观经济学没有进入西方的自然道德观，也将是一个重大的范式转变。他在结束发言后呼吁："为了短期的私人经济利益，我们对现存自然栖息地的无情改造和破坏，正在侵蚀人类的整体福祉。在这种情况下，通过结合可持续利用、保护政策以及（必要时）对由此产生的机会成本进行补偿，尽可能多地保留野生动物的遗迹，这将具有重大的经济和道义意义。"这样的呼吁把我们带到了环境伦理学的问题上。

伦理学是道德哲学的一个分支，研究人类在各种情况下"应该"做什么，作为社会的一员"应该"如何去做，让人们努力为共同的福祉而行动。伦理学是哲学的一个分支，侧重于个人对自身和社会的责任。伦理是基于道德的适当和荣誉的规范性行为。有些古老的伦理真理是显而易见和普遍的。伦理学包括权利的概念，例如，人不应该谋杀，因为人有固有的生存权利。

随着社会日益开明，伦理也在变化和发展。谋杀一直都被认为是有罪的，但对另一个族类却并不总是如此。曾经有一段时间人们认为，某些种族的人在智力上不如其他种族的想法，是不违反道德的。美洲印第安人（更确切地说是美洲原住民）直到1924年才获得美国公民身份。直到1920年8月26日，美国宪法第19条修正案通过后，美国妇女才被给予投票权。直到1964年通过《民权法案》（Civil Rights Act），美国政府才明确禁止在雇佣、晋升和解雇员工方面的种族和性别歧视。曾经有一段时间人们普遍认为，允许未成年人在工厂长时间工作是合乎伦理的。但是，现在伦理正随着社会的启蒙而扩展。

在人类历史的大部分时间里，环境伦理在任何规范的意义上都是未知的。有些宗教奉行万物有灵论，尊崇并给予诸如岩石、水和各种动植物等物体以神圣的地位。但是抛开宗教信仰不谈，直到20世纪，人类才完全意识到是时候采取某些行动以应对环境恶化的问题了。对这种行动的渴求最终影响到伦理。在1949年，奥尔多·利奥波德（Aldo Leopold）撰写了一篇关于大地伦理的文章，他呼吁人们要认识到生态系统服务的价值，采取能确保其存续的方式而行动。①

在利奥波德之前，约翰·缪尔（John Muir）在1912年曾描述过宏伟的约塞米蒂山谷和内华达山脉的壮丽景色。赫奇赫奇河谷与约塞米蒂山谷非常相似，是一个美丽而原始的自然区域。②当时人们正按计划进行修建赫奇赫奇河谷大坝。为此在《约塞米蒂山谷》(*The Yosemite*)一书的最后一章，缪尔发出了呼吁：

> 这是约塞米蒂最珍贵、最壮观的景观国家公园，是我们最伟大的资源之一。它给人们带来了欢乐、和平和健康。但遗憾的是，为了给旧金山提供水和光源，它正面临着被筑坝成为一个水库的危险，从而使洪水从一堵墙泛滥到另一堵墙，并将花园和树林淹没在一两百英尺深的水中。这种极具破坏性的商业方案计划已久（尽管可以从人民公园之外的十几个不同的地方获得纯净而丰足的水）并实施，因为相对便宜的建坝和土地成本，人们试图将它从1890年建立约塞米蒂国家公园法案所致力的巨大用途转移。

缪尔的呼吁并没有扭转当时的局势，位于赫奇赫奇河谷的奥肖内西大坝（O'Shaughnessy Dam）于1923年竣工了。这并不奇怪，在缪尔所处的时代，环境似乎仍然是一种"取之不尽，用之不竭"的资源，生态系统服务在很大程度上并未被人们所认识。环境美学，即美学，被认为是工业发展的第二优先事项。但是，时代可能已经改变。

受到蕾切尔·卡逊（Rachel Carson）及其著作《寂静的春天》(*Silent*

---

① A. Leopold, *A Sand County Almanac* (Oxford: Oxford University Press, 1949). 这本书包含了一篇关于土地伦理的论文，有许多版本可供选择。

② J. Muir, *The Yosemite* (New York: Century Company, 1912).

Spring, 1962）的启发,①一些哲学家开始关注人类应该如何与环境互动并尊重环境的问题。②哲学上的绊脚石是人类中心主义,即"只有人类才是固有价值的核心,所有其他客体的价值都源自它们对人类价值的贡献"。③例如,人类中心主义允许动物保护法适用于像家猫和家狗这样的物种,因为它们确实对人类,尤其是对它们的主人来说有固有价值。但是,一个以人类为中心的观点并不那么容易考虑到北极熊、原始森林或清洁空气的价值,尽管在每种情况下都有明显的理由应该这样做。

从 20 世纪 60 年代开始,美国颁布了保护濒危物种和确保空气和水清洁的法案。这些法案为环境成分（空气、水、生物）提供了一种准权利形式,在本质上创造了经济内部效应。法律必然会反映社会的道德价值观念,因此《清洁水法》、《清洁空气法》以及《濒危物种法》也反映了美国公民对环境认识的转变。如今,美国的大多数开发项目,从建造房屋到建造购物中心和高速公路,通常都会在开工前进行广泛的环境影响评估。

威尔逊提出了"亲生命性"（biophilia）的概念来表达自己对有关环境伦理问题的独特看法。④威尔逊断言,人类在情感上对自然享有一种归属感,这是人与生俱来的特性。他认为,人们通常会寻找能看到水或零星树木的家园,这样的环境会让人联想到人类在进化过程中,与开放的草原生态系统之间的联系。威尔逊关于亲生命性的观点可以被解释为新达尔文主义伦理学（neo-Darwinian ethics）,因为它主张进化论的基础。如果"亲生命性"是真实的,那么我们人类在进化过程中就有了珍视自然的倾向,至少在美学意义上是这样。

---

① R. Carson, *Silent Spring* (Boston: Houghton Mifflin Company, 1962).

② P. Singer, *The Expanding Circle: The Ethics of Sociobiology* (New York: Farrar, Strauss, & Giroux, 1981); H. Rolston III, *Philosophy Gone Wild: Essays in Environmental Ethics* (Buffalo, NY: Prometheus, 1986); B. G. Norton, *Why Preserve Natural Variety?* (Princeton, NJ: Princeton University Press, 1987); S. R. Kellert and E. O. Wilson, eds., *The Biophilia Hypothesis* (Washington, DC: Island Press, 1993); N. S. Cooper and R.C.J. Carling, eds., *Ecologists and Ethical Judgments* (Cambridge: Cambridge University Press, 1996).

③ B. G. Norton, *Why Preserve Natural Variety?* (Princeton, NJ: Princeton University Press, 1987), p.135.

④ E. O. Wilson, *Biophilia* (Cambridge, MA: Harvard University Press, 1984).

第十四章 面对马利的幽灵

一个进化事实是：随着时间的推移，人类与曾经占据地球的所有其他物种都有着起源上的关系。生物多样性一直是所有原始人类进化中的一个明显的部分。随着人类智力的发展，我们开始把自然看作是最熟悉的事物，并将其视为我们作为人的本质的一部分。因此，我们应该与自然世界有一些模糊但真实的情感联系。从人类智慧的角度来看，这种联系可以被视为将（某种）伦理权利赋予生物甚至生态系统的先决条件。

坦率地说，人类是否有权采取导致北极熊等物种灭绝的行动？今天，大多数开明的人士会说没有。但是由于全球气候变暖，北极熊正受到北极冰层融化的威胁。我们欠它们什么呢？我们应该采取什么行动呢？

环境伦理涉及选择问题，但也不绝对。这些选择必须基于人类对生态系统及其生物组分功能的了解。说我们有道德义务保护巴西的雨林以维持自然平衡是不恰当的。生态学家现在知道没有自然平衡。我们需要更严谨的信息，才能为保护整个生态系统提供合理的理由。例如，有人可能会说，巴西雨林中的某些地区有特有物种集合，因此值得保护。正是这种论点，有人已经提出，将这些地区称为生物多样性的"热点地区"。

丹尼尔·H.詹曾（Daniel H. Janzen）[①]写道，自然生态系统及其组成物种，应该与"图书馆、大学、博物馆、交响音乐厅和报纸"等社会需求同等看待。这种以伦理为基础来管理自然的呼吁似乎太过牵强，过于理想化，而且也非常不切实际，但反对奴隶制、争取平等权利、争取妇女投票权、支持童工法的主张，曾经也被视为过于理想化、牵强附会和不切实际。有些人会说，反对全民医保、反对同性恋权利和反对环保的观点仍然存在，但对我们大部分人来说，这样的观点早已被抛弃。时代在变化，社会也在发展。

环境伦理必须包含人类与自然之间的情感联系，并认识到人类的福祉依赖于自然提供的功能。因此，环境伦理既有感性的一面，也有实用的一面。人类应该以维持地球生存的方式行动，这样做符合我们的自身利益，尽管这可能是一项艰巨的任务。

---

① D. H. Janzen, "Tropical Ecological and Biocultural Restoration," *Science* 239（1988）：243-244.

将自然视为值得伦理考量的对象，对人类来说最终是实用的。它满足了人类共有的两大需求。首先，它确保生态系统因其提供的公共服务而受到重视，以此来维持一个舒适、宜居的环境。自然因此"回报"了我们对它的保护。尽管它不会说"谢谢"，但它会回报我们。其次，正如威尔逊所言，自然是人类一种真正的情感需求。当自然生态系统比今天的更为广阔时，这种需求就不那么明显了。当然，生态旅游作为一种产业，在20世纪后半叶的发展（目前主要局限于社会的富裕阶层）表明，人们有必要"看看大自然"最好的一面。

埃比尼泽·斯克鲁奇面对他以前的商业伙伴马利的幽灵时，马利的幽灵戴着一条笨重的链子。[①]正如马利向斯克鲁奇解释的那样："我戴着的锁链是我自己生前打造的，我一环又一环，一码又一码地把它打造起来；我心甘情愿地把它缠在身上，也心甘情愿地戴着它。"

仅一个晚上，斯克鲁奇就在马利和其他三个幽灵的帮助下，理解了这一寓意。他改变了自己以前的自私行为、冷漠的态度、吝啬的生活和薄情的人性。也许有人会说，如今人类在集体自由意志的驱使下，将继续锻造着一条非常强大的锁链。像老埃比尼泽一样，我们需要去改变了。就像斯克鲁奇看到他的未来一样去想象我们的未来，像斯克鲁奇看到他的过去一样去评估我们的过去。我们需要马利的幽灵来访。当然这不可能。对大多数人来说，环境问题往往被视为相当神秘，远不如人类其他日常事务重要。但如果仔细观察今天发生的情况，就会清楚地发现，环境问题正成为人们日益关注的问题。希望这能引起人类的注意。

康德在《纯粹理性批判》（*Critique of Pure Reason*）中写道："理想与现实冲突，因为这就是它们的运行方式……它们引导和鞭策我们使现实符合理想。"[②]这是好的形而上学和坏的科学。我想说的是，纵观地球史，现在这个时候正是形而上学需要让位给科学和理性来进行决策的时候了。21世纪

[①] 查尔斯·狄更斯的小说《圣诞颂歌》于1843年12月19日出版。它的全称是《一首散文的圣诞颂歌，是一个关于圣诞节的鬼故事》（*A Christmas Carol in Prose, Being a Ghost Story of Christmas*）。有许多版本，也可以在几个网站上看到。

[②] 可在 http://arts.cuhk.edu.hk/Philosophy/Kant/cpr/ 上看到。

应该是基于科学知识的环境伦理学的世纪,这是一种新的范式。现在是时候面对地球生态的现实了。

选择权在我们手中。面对环境问题,如果我们什么都不做,地球不会恨我们;如果我们采取行动,地球也不会感谢我们。我们肯定不会毁灭我们的星球,但作为一个物种,人类的未来仍然没有保障。自然平衡,无论它是什么,无论它将变成什么,都是我们人类的选择,而且我认为,是我们的道德责任。人类未来的福祉取决于人类对地球生态系统所采取的行动。

马利的幽灵正盯着我们。

结　语

　　生态学是否已经找到了它的范式，一个能够帮助人类度过21世纪的范式？生物多样性是否与地球生态系统层级的服务紧密相连，积极干预地球生态系统以维持生物多样性，从而确保可持续发展指导人类在未来几年的行动？嗯，也许吧。这还有待观察。

　　我不认为生态学家所描述的范式转变真的等同于这种事。我曾经认为确实如此，甚至还为一次演讲和一篇论文取了反映这一观点的题目。[①]但现在我认为，生态学家只是从一个新的视角看待生物多样性，他们摆脱了曾经隐含的平衡的哲学假设。从这个意义上说，生态学的新范式不过是一个智力上的内克尔立方体（Necker cube）：当你从一个角度看它时，它似乎是嵌在纸上，但如果从另一个角度看它时，它就会突然出现在你眼前，这是一个感知的问题。生态学家现在认为，自然的运作方式不受某种最佳的自然平衡状态的约束（因此也是错误的假设）。均衡模型（equilibrium model）已经让位于随机的现实。在我看来，生态学的范式转变只不过是观念上的改变，是通过更坚固的模型、大量数据和对良好的现实检验带来的。但这并不意味着这样的观点不重要。情况恰好相反。从广义上讲，无论生态学是否找到了它的范式，人类都应当采取一个不同的范式来看待自然和自然生态系统所提供的各种服务，这就是真正重要的范式转变。

　　回想一下约翰·特伯格对支离破碎的热带森林生态崩溃的研究（第十二章）。特伯格指出，一旦崩溃完成，生态系统仍将存在，只是它不再像过去那样仍然是一个多样化的生态系统。现在的生态系统已经枯竭，但依然存在。果真如此，人类还要继续这样对待地球吗？

　　我有一个从事社会学研究的同事，他认为人类永远都应该被排在第一

----

① J. C. Kricher, "Nothing Endures but Change: Ecology's Newly Emerging Paradigm," *Northeastern Naturalist* 5（1998）: 165-174.

位。自然生态系统只有在被保护的同时又不会给人类带来不必要困难时,他才会赞同保护目标。这种观点再一次表明人与自然之间持久存在的、虚假的哲学二元论思想。例如,2008年5月袭击缅甸的热带风暴造成数千人丧生,如果这里的红树林生态系统被保护起来,作为缓冲带抵御这种偶然的气象灾害,生命可能就不会丧失。但在缅甸的伊洛瓦底江三角洲,红树林已经消失,取而代之的是养虾场和稻田。我的同事可能代表了如今地球上大多数人的观点。在我写这本书的时候,正值美国举行总统大选。总统候选人很少提及与环境有关的问题(包括全球气候变化)。这些人似乎从未听说过生态足迹的概念。尽管一位前副总统(曾是总统候选人)——艾伯特·戈尔(Albert Gore Jr.)*正在努力让这些环境问题引起美国人民的注意。

我的学生这一代,将不得不面临一个环境伦理困境。他们需要对多样化的生态系统功能,以及如何提供和维持对人类福祉至关重要的生态系统服务,有一个更明智和更全面的认识。他们需要努力争取非人类生物的权利,仅仅是生存的权利。到21世纪中叶,全球人口可能达到80亿~100亿,他们需要在这些见解与全球人口的需求之间取得平衡。如果他们成功了,一个真正有意义的自然平衡、一个完全不同于最初概念的自然平衡可能会实现。他们的选择和行为,尽管受到科学尤其是生态学的影响,但很大程度上仍然是社会伦理决定的。伦理学是否应该扩展到包括生态系统层面的关注?如果应该,会吗?

我给学生的建议与我大一时的历史系教授赛姆先生(Mr. Syme)在我的纪念册上的寄语如出一辙:

"做正确的事情。"(Do right.)

---

* 艾伯特·戈尔(Albert Gore Jr.),1948年3月31日出生于华盛顿(Washington)。美国政治家,曾于1993~2001年担任副总统。曾经是一名国际上著名的环境学家,由于在全球气候变化与环境问题上的贡献受到国际的肯定,因而与联合国政府间气候变化专门委员会(IPCC)分享了2007年度的诺贝尔和平奖。——译者注

致　　谢

我在生态学领域的职业生涯已经持续了40多年，许多人对我产生过影响。我对他们，特别是那些指导过我的人感激不尽。我曾在美国生态学会的年会上与唐·舒尔（Don Shure）、弗兰克·库舍克（Frank Kuserk）和迪安·科金（Dean Cocking）进行过多次长时间而富有成效的交谈，其中我们讨论过的一些内容也出现在这本书里。尤其记得与弗兰克的一次深夜谈话，是关于生态学中存在哪些范式（如果有的话）的内容。

本书的一些内容是我于1998年发表在《东北部博物学家》（*Northeastern Naturalist*）第5卷第2期论文的一部分。我非常感谢乔-亨纳·洛兹（Joerg-Henner Lotze）允许我将其中的一些内容写入本书。

我还要感谢有声书籍公司（Recorded Books）的约翰·亚历山大（John Alexander）。他允许我从所出版的现代学者系列讲座"看那强大的恐龙"和"生态星球：地球主要生态系统导论"中改编一些内容，以供本书使用。

在写作本书的时候，我有幸成为惠顿学院（Wheaton College）的霍华德·梅尼利（Howard Meneely）生物学教授，该学院为我提供了一整年的休假时间。我感谢惠顿学院教务长苏珊娜·伍兹（Susanne Woods）和莫莉·伊斯索·史密斯（Molly Easo Smith）为我提供了写作的必要时间。下列人士也已经阅读过并对本书的不同章节进行过评论：玛莎·沃恩（Martha Vaughan）、威廉·E. 戴维斯（William E. Davis, Jr.）、贝齐·戴尔（Betsey Dyer）、唐纳德·舒尔（Donald Shure）、泰伯·艾利森（Taber Allison）、杰弗里·科林斯（Geoffrey Collins）、斯科特·沙姆韦（Scott Shumway）和罗伯特·阿斯金斯（Robert Askins），非常感谢他们的意见和建议。本书所出现的任何错误或其他问题，完全由我一人承担。最重要的是，我非常感谢普林斯顿大学出版社编辑罗伯特·柯克（Robert Kirk）的支持，他的热情和鼓励使一个酝酿已久的想法有幸成为一本书。再次感谢罗伯特！

索 引

A

阿巴拉契亚山（Appalachian Mountains）...............131

阿波菲斯（Apophis）.............128

阿波罗计划（Apollo program）...112

阿尔弗雷德·罗素·华莱士（Alfred Russel Wallace）..............8, 46

阿法南方古猿（Australopithecus afarensis）...............22, 23

阿利斯塔克（Aristarchus）........20, 29, 30

阿留申群岛（Aleutian Islands）..............................148

阿那克萨哥拉（Anaxagoras）.....29

阿纳克西曼德（Anaximander）..............................28, 29

阿萨赖特中心（Asa Wright Centre）.........................156

阿瑟·C.克拉克（Arthur C. Clarke）..............................36

阿瑟·坦斯利（Arthur Tansley）..................................65

埃比尼泽·斯克鲁奇（Ebenezer Scrooge）.......................184

埃博拉出血热（Ebola hemorrhagic fever）.........................162

埃德温·哈勃（Edwin Hubble）..19

埃尔顿食物链（Eltonian food chain）..........66, 67, 142, 145

爱奥尼亚（Ionia）....................29

艾草松鸡（Centrocercus urophasianus）..................77

爱德华·威尔逊（Edward Wilson）..................................74

爱尔兰大鹿（Megaloceros giganteus）...............118

《爱丽丝镜中奇遇记》（Alice Through the Looking Glass）...........44

艾伦·希尔德布兰特（Alan Hildebrand）...............123

艾米·于格纳尔（Amie Huguenard）.................157

爱琴海（Aegean Sea）...............28

艾萨克·牛顿（Isaac Newton）...52

爱因斯坦的相对论（Einsteinian relativity）...............20, 21

安第斯山脉（Andes Mountains）...38

安东·范·列文虎克（Anton van Leeuwenhoek）..................38

暗眼灯草鹀（Junco hyemalis）..............................140

奥尔多·利奥波德（Aldo Leopold）..............................181

奥古斯特·魏斯曼（August Weismann）.........................43

奥林匹斯山（Mount Olympus）...29

奥陶纪（Ordovician Period）..........................119, 135

B

巴尔福德（Balmford） 178-180
巴芬岛（Baffin Island） 131
巴拿马运河（Panama Canal） 130
霸王龙，恐龙类（*Tyrannosaurus rex*, Dinosauria） 69, 119
白垩纪（Cretaceous Period）
.... 119-125, 128
白垩纪-第三纪（K-T）界线（Cretaceous-Tertiary K-T boundary）
.... 123
白栎（*Quercus alba*） 151
白鼬（*Mustela erminea*） 59
白足鼠（*Peromyscus leucopus*）
..............................96, 99, 101, 102
斑林鸮（*Strix occidentalis occidentalis*） 158
斑龙，恐龙类（*Megalosaurus*, Dinosauria） 39
板块构造学说（plate tectonics） 21
半人马座（Proxima Centauri）
....107
保罗·埃利希（Paul Ehrlich） 146
保罗·科林沃克斯（Paul Colinvaux）
.... 67
保罗·西尔斯（Paul Sears） 172
鲍里斯·沃尔姆（Boris Worm）
....169
抱球虫软泥（Globigerina ooze）
....121
北方针叶林（boreal forest） 132
北海（North Sea） 66
北极国家野生动物保护区（Arctic National Wildlife Refuge） 180
北极圈（Arctic Circle） 133
北极熊（*Ursus maritimus*） 130, 131, 140, 157,158,182, 183
北美浣熊（*Procyon lotor*） 86, 95
《北美生态学》（*The Ecology of North America*） 61
北美圆柏（*Juniperus virginiana*） ... 84
"贝格尔"号（HMS Beagle） ... 38
本质主义（essentialism） 32
彼得·D. 沃德（Peter D. Ward）
....110
彼得·H. 瑞文（Peter H. Raven）
....177
彼得·M. 维图塞克（Peter M. Vitousek） 175
蝙蝠，翼手目（bat，Chiroptera）
....92, 151
滨螺（periwinkle） 144, 145
《濒危物种法》（Endangered Species Act） 158, 182
博迪镇，加利福尼亚（Bodie，Town of，California） 76, 77
柏拉图（Plato） 31, 32
伯氏疏螺旋体（*Borrelia burgdorferi*）
....101
捕蝇草（*Dionaea muscipula*） 93
《不可饶恕》，电影（*Unforgiven*, film） 25
布鲁斯·卡里克（Bruce Carrick）
....143

C

草履虫（*Paramecium*） 71
草原林莺（*Dendroica discolor*） ... 84

查尔斯·埃尔顿（Charles Elton）
.... 66
查尔斯·达尔文（Charles Darwin）
.... 8
查帕拉尔群落（chaparral）........132
长期生态研究（Long Term Ecological Research，LTER）... 75
超产（overyielding）....................166
超新星（supernova）...................... 2
朝圣者（Pilgrims）....................... 80
承载物种（load-bearing species）
............................149, 164, 165
齿栗（*Castanea dentata*）......... 82, 149, 150
赤猞猁（*Lynx rufus*）..................... 81
虫体，吸虫纲（shistosome, Trematoda）..............................11
除虫菊素（pyrethrum）................ 10
处女座（Virgo）.......................... 108
《创世的自然志遗迹》（*Vestiges of the Natural History of Creation*）... 49
《创世作品中显现的上帝智慧》（*Wisdom of God Manifested in the Works of Creation*）.................. 40
《纯粹理性批判》（*Critique of Pure Reason*）...............................184

D

大达夫尼（Daphne Major）......... 54
《大力水手》（*Popeye*）................ 13
大量结实（masting）.................... 97
大盆地沙漠（Great Basin Desert）
............................76, 78, 135
大碰撞假说（giant impact hypothesis）...........................113
大山雀（*Parus major*）...............151
大卫·M. 劳普（David M. Raup）
....128
大卫·林德伯格（David Lindberg）
....31
大猩猩（gorilla，*Gorilla gorilla*）
....37, 162
大熊猫（*Ailuropoda melanoleuca*）
....157
戴安·福西（Dian Fossey）......... 37
戴尔·罗素（Dale Russell）......127
丹尼尔·H. 詹曾（Daniel H. Janzen）..................................183
单宁（tannin）............................... 96
单向性选择（directional selection）
.... 55
《岛屿生物地理学理论》（*The Theory of Island Biogeography*）.......... 74
道格拉斯·S. 罗伯逊（Douglas S. Robertson）.............................124
德雷克方程（Drake equation）....110
登革热（dengue fever）................. 9
等级斑块动力学（hierarchical patch dynamics）............................. 83
狄奥多西斯·杜布赞斯基（Theodosius Dobzhansky）...... 60
笛卡儿（Descartes）...................103
帝国大厦（Empire State Building）
.... 10
《蒂迈欧篇》（*Timaeus*）.........31, 32
蒂莫西·特雷德韦尔（Timothy Treadwell）..............................157
地球日（Earth Day）.............74, 172
第三纪（Tertiary Period）..........123, 125

颠覆性科学（subversive science）
....172
顶极群落（climax community）
....................................62, 63
东部落叶林（Eastern Deciduous Forest）..............78, 131, 132, 149
东草地鹨（*Sturnella magna*）
.... 86
东美角鸮（*Otus asio*）................. 94
东印度公司（East India Company）
.... 37
《动物的分布与丰度》（*The Distribution and Abundance of Animals*）........................... 71
《动物生态学》（*Animal Ecology*）
.... 66
《动物生态学原理》（*Principles of Animal Ecology*）..................... 89
《动物志》（*History of Animals*）
.... 32
渡渡鸟（*Raphus cucullatus*）......160
多元宇宙（multiverse）............116

E

厄尔多瓜（Ecuador）................. 54
厄尔尼诺现象（El Niño）.......... 54
厄拉多塞（Eratosthenes）......29, 30
恶性疟原虫（*Plasmodium falciparum*）................................ 11
恩斯特·海克尔（Ernst Haeckel）
.... 35
恩斯特·迈尔（Ernst Mayrt）..... 32
二叠纪（Permian Period）
....................................119, 126

F

繁殖鸟类调查（Breeding Bird Survey）....................................... 85
范艾伦辐射带（Van Allen radiation belts）......................................115
非密度制约（density independence）
....................................70, 72
非洲南方古猿（*Australopithecus africanus*）................................ 23
非洲热带草原（African savanna）
.... 22
非洲狮（*Panthera leo*）................ 51
腓尼基字母（Phoenician alphabet）
.... 27
费迪南·麦哲伦（Ferdinand Magellan）................................ 37
狒狒，狒狒属（baboon，*Papio* spp.）
.... 23
分裂选择（disruptive selection）
.... 56
凤凰号火星探测器（Phoenix Mars Lander）................................107
弗吉尼亚负鼠（*Didelphis virginiana*）
....................................82, 139
弗拉格斯塔夫，亚利桑那州（Flagstaff，Arizona）..............132
弗兰克·卡普拉（Frank Capra）
....126
弗朗西斯·培根（Francis Bacon）
.... 42
弗雷德·霍伊尔（Fred Hoyle）
....................................104, 115
弗雷德里克·克莱门茨（Frederic Clements）................................ 61

佛罗里达群岛（Florida Keys）...131
蜉蝣,蜉蝣目（mayfly, Ephemeroptera）
.... 99

G

盖伦（Galen）..........................30, 34
盖娅（Gaia）............................79, 80
刚果（布）（Republic of Congo）
....162
更新世（Pleistocene Period）...... 84
更新世巨型动物（Pleistocene megafauna）................................ 84
工业革命（Industrial Revolution）
.... 136-138
工业黑化现象（industrial melanism）
....54, 137
古生代（Paleozoic Era）............126, 135, 136
古生态学（paleoecology）.......... 88
古新世（Paleocene Epoch）......135
古原狐猴（*Palaeopropithecus ingens*）......................................160
关岛（Guam）......................161, 162
冠蓝鸦（*Cyanocitta cristata*）
.... 66, 80, 87, 94-97, 99, 100, 142
国际鸟盟（Birdlife International）
....176
国际生物学计划（International Biological Program, IBP）...... 69
果蝇（*Drosophila* spp.）............ 71
过渡区（transition zone）.......... 133

H

哈代-温伯格种群遗传学（Hardy-Weinberg population genetics）... 56
哈特·梅里亚姆（Hart Merriam）
....132
哈得孙区（Hudsonian Zone）....133
哈得孙湾（Hudson Bay）...........131
哈罗德·尤里（Harold Urey）...112
海獭（*Enhydra lutris*）.............147, 148, 150, 160
海王星（Neptune）.............. 110, 111
海星（*Pisaster* spp.）...................150
汉坦病毒肺综合征（hantavirus pulmonary syndrome, HPS）....154
赫伯特·斯宾塞（Herbert Spencer）
.... 53
褐家鼠（*Rattus norvegicus*）......155
赫拉克利特（Heraclitus）........... 77
褐鹈鹕（*Pelecanus occidentalis*）
.... 15
褐弯嘴嘲鸫（*Toxostoma rufum*）
....84
黑暗时代（Dark Ages）............... 36
黑洞（black hole）.......................111
黑冠山雀（*Poecile atricapilla*）...140
黑喉蓝林莺（*Dendroica caerulescens*）............................ 36
黑喉绿林莺（*Dendroica virens*）
.... 73
黑松鼠（*Sciurus niger*）............. 95
黑头美洲鹫（black vultures, *Coragyps atratus*）....................139
黑猩猩（*Pan troglodytes*）....23, 37, 109, 162
黑熊（*Ursus americanus*）............ 95
亨利·A. 格利森(Henry A. Gleason)
.... 63
亨利·梭罗（Henry Thoreau）.... 78

红腹啄木鸟（*Melanerpes carolinus*）
.... 82
红狐（*Vulpes fulva*） 86
"红皇后"假说（Red Queen hypothesis） 44
红毛猩猩（*Pongo pygmaeus*） 37
红头美洲鹫（*Cathartes aura*） ... 82
红头啄木鸟（*Melanerpes erythrocephalus*） 96
虎鲸（*Orcinus orca*） 148
虎头海牛（*Hydrodamalis gigas*） ..160
互花米草（*Spartina alterniflora*）
....143
互惠的利他主义（reciprocal altruism） 23
互利共生（mutualism） 31, 74, 88
花栗鼠（*Tamias striatus*） 96, 97, 99, 142
荒漠林鼠（*Neotoma lepida*） 91
荒漠鹿鼠（*Peromyscus eremicus*）
....91
黄道带（zodiac） 3
黄热病（yellow fever） 9
灰狐（*Urocyon cinereoargenteus*）
....86
灰蓝蚋莺（*Polioptila caerulea*） 82
灰狼（*Canis lupus*） 86
灰松鼠（*Sciurus carolinensis*）
................................96, 99, 146
灰胸长尾霸鹟（*Sayornis phoebe*）
....139
蛔虫，线虫动物门（roundworm, Nematoda） 11
火鸡（*Meleagris gallopavo*） 87, 97, 139

火鸡州立公园（Turkey Run State Park） 61
火星（Mars） 107, 112, 113
火星轨道（Mars Orbiter） 107
霍华德·奥德姆（Howard Odum）
....68, 69

J

基础生态位（fundamental niche） ...72
吉尔伯特·怀特（Gilbert White） ...45
吉米·巴菲特（Jimmy Buffett） 130
脊索动物门（Chordata） 127
《寂静的春天》（*Silent Spring*）
....181
加拉帕戈斯群岛（Galápagos Islands）
.............................38, 54, 55, 72, 125
加勒比海（Caribbean Sea） 131
加勒特·哈丁（Garrett Hardin）
....173
加里·巴雷特（Gary Barrett） 89
加里·纳卜汉（Gary Nabhan） .. 91
伽利略（Galileo） 20
家麻雀（*Passer domesticus*） 82
加拿大区（Canadian Zone） 133
加拿大铁杉（*Tsuga canadensis*）
.... 84
加蓬（Gabon） 162
加通湖，巴拿马（Gatun Lake, Panama） 1130, 131
家朱雀（*Carpodacus mexicanus*） ...82
简·古道尔（Jane Goodall） 37
剑龙，恐龙类（*Stegosaurus stenops*, Dinosauria） 119
剑桥大学（Cambridge University）
.... 38

《剑桥郡植物名录》(*Catalogue of Cambridge Plants*) 40
郊狼(*Canis latrans*) 86, 141
角龙,恐龙类(ceratopsian, Dinosauria) 120, 125
角宿一(Spica) 108
金翅虫森莺(*Vermivora chrysoptera*) 86
金发女孩效应(Goldilocks effect) 106, 110, 114, 115, 137
金星(Venus) 80, 112, 138
近地天体(Near Earth Object, NEO) 128
《精彩人生》(*Wonderful Life*) ... 126
旧金山山脉(San Francisco Peaks) 132
菊石,头足纲(ammonite, Cephalopoda) 121

K

喀麦隆(Cameroon) 177, 180
喀斯喀特山(Cascade Mountains) 134, 135
卡尔·波普尔(Karl Popper) 19
卡尔·莫比乌斯(Karl Möbius) 59
卡尔·萨根(Carl Sagan) 23
卡罗利纳山雀(Carolina chickadee, *Poecile carolinensis*) 140
卡罗苇鹪鹩(*Thyothorus ludovicianus*) 82, 139
开普卡纳维拉尔(Cape Canaveral) 131
康德(Kant) 20, 184
抗生素(antibiotics) 9

科德角,马萨诸塞州(Cape Cod, Massachusetts) 86, 98, 138, 139
科瓦利斯,俄勒冈州(Corvallis, Oregon) 134
克里斯托弗·哥伦布(Christopher Columbus) 37
克林特·伊斯特伍德(Clint Eastwood) 25
恐龙(dinosaur) 12, 69, 81, 113, 116, 118-125, 127, 137
鵟(*Buteo* spp.) 87

L

辣椒素(capsaicin) 90, 92
莱姆病(Lyme disease) 101, 102, 154
蓝翅虫森莺(*Vermivora pinus*) 86
蓝蟹(*Callinectes sapidus*) 144
雷门德·林德曼(Raymond Lindeman) 87
蕾切尔·卡逊(Rachel Carson) 181
类人猿(ape) 6, 22, 37, 45, 95
理查德·费曼(Richard Feynman) 19
栗颊林莺(*Dendroica tigrina*) ... 73
栗面林莺(*Dendroica cantanea*) 85
栗胸林莺(*Dendroica castanea*) 73, 85
量子力学(quantum mechanics) 19, 20
列奥纳多·达·芬奇(Leonardo da Vinci) 36
猎豹(*Acinonyx jubatus*) ... 44, 67, 158

林恩·怀特（Lynn White Jr.）....173
林柳莺（*Phylloscopus sibilatrix*）....46
林奈（Linnaeus）.....................40, 41
林奈学会，伦敦（Linnaean Society, London）.........................48, 68
刘易斯·卡罗尔（Lewis Carroll）..44
颅相学（phrenology）............... 38
鹿蜱（*Ixodes scapularis*）...........101
路易斯·阿尔瓦雷斯（Luis Alvarez）...123
《论动物部分》（*On the Parts of Animals*）........................... 32
罗伯特·M. 梅（Robert M. May）..159, 167
罗伯特·菲茨罗伊（Robert FitzRoy）...................................... 38
罗伯特·胡克（Robert Hooke）....39
罗伯特·惠特克（Robert Whittaker）.. 65
罗伯特·科斯坦萨（Robert Costanza）..............................178
罗伯特·利奥·史密斯（Robert Leo Smith）................................ 90
罗伯特·麦克阿瑟（Robert MacArthur）........................... 72
罗伯特·佩因（Robert Paine）...150
罗伯特·钱伯斯（Robert Chambers）...................................... 49
罗马天主教会（Roman Catholic Church）................................. 20
罗纳德·费希尔（Ronald Fisher）..56
罗斯韦尔，新墨西哥州（Roswell, New Mexico）.....................127

落基山脉中部（Central Rocky Mountains）..............................133
旅鸫（*Turdus migratorius*）......... 41
旅鸽（*Ectopistes migratorius*）.. 82, 83, 85, 96, 97, 98
绿纹霸鹟（*Empidonax virescens*）..82
氯化烃（chlorinated hydrocarbon）...176

M

马尔萨斯经济学（Malthusian economics）.....................51, 52
马可·波罗（Marco Polo）......... 37
马来群岛（Malay Archipelago）....48
马萨诸塞州的彩票（Massachusetts State Lottery）..........................117
马斯特里赫特期（Maastrichtian epoch）.................................123
迈阿密，佛罗里达州（Miami, Florida）................................131
脉冲星（pulsar）........................ 2
毛翅蝇，毛翅目（caddisflies, Trichoptera）..........................166
茅膏菜（*Drosera* spp.）............... 93
铆钉类比（rivet analogy）..........164
玫红丽唐纳雀（*Piranga rubra*）..140
美国国家海洋和大气管理局（National Oceanographic and Atmospheric Association, NOAA）...............................140
《美国国家科学院院刊》（*Proceedings of the National Academy of Sciences*）.................................144

美国科学促进学会（American Association for the Advancement of Science，AAAS）..............177
美国鸟类保护协会（American Bird Conservancy）..........................140
美国生态学会（Ecological Society of America）.....................61, 134
美国宪法第19条修正案（Nineteenth Amendment）....................180
美洲凤头山雀（*Parus bicolor*）... 82
美洲豪猪（*Erethizon dorsatum*）.....81
美洲河狸（*Castor canadensis*）................................81, 84
美洲红树（*Rhizophora mangle*）..... 51
美洲狮（*Felis concolor*）.............. 86
孟德尔遗传学（Mendelian genetics）.. 56
米利都（Miletus）....................... 29
密度制约（density dependence）.....................................71, 72
密西西比河（Mississippi River）... 78
《灭绝：坏基因还是坏运气？》（*Extinction: Bad Genes or Bad Luck?*）....................128
《民权法案》（Civil Rights Act）...180
民族植物学（ethnobotany）......... 26
冥王星（Pluto）..................107, 111
谬龙，恐龙（*Apatosaurus*, Dinosauria）.......................120
默里·马克斯韦尔湾（Murray Maxwell Bay）....................131
莫诺湖，加利福尼亚洲（Mono Lake, California）......................... 76

目的论（teleology）........14, 20, 21, 25, 28, 30, 33, 34, 49, 106, 118
木卫二（Europa）.......................107
木卫三（Ganymede）.........107, 111
木卫四（Callisto）.......................107
木星（Jupiter）...............2, 107, 110, 111, 113, 114

N

南美巨蝮（*Lachesis muta*）........156
能人（*Homo habilis*）.................. 23
尼尔·阿姆斯特朗（Neil Armstrong）...112
尼古拉斯·哥白尼（Nicholas Copernicus）........................... 36
尼罗鳄（*Crocodylus niloticus*）... 31
泥盆纪（Devonian Period）........119
拟八哥（*Quiscalus quiscula*）...... 87
拟谷盗（*Tribolium* spp.）............. 71
牛顿力学（Newtonian mechanics）.. 19
牛津大学（Oxford University）..45, 66
牛羚（wildebeest，*Connochaetes* spp.）..................70, 142, 145
疟疾（malaria）...................9, 11, 16
疟原虫（plasmodium）...11, 15, 16

O

欧柳莺（*Phylloscopus trochilus*）.. 46
欧亚鸲（*Erithacus rubecula*）...... 41

P

蜱虫（tick）..............101, 102, 147

蜱传脑炎（tick-borne encephalitis）
....154
苹蓟马（*Thrips imaginis*）...........71
婆罗洲（Borneo）..................37
圃拟鹂（*Icterus spurius*）............82
普通鸸（*Sitta europaea*）.........151

Q

强人择原理（strong anthropic
　　principle，SAP）......................106
乔治·贝利（George Bailey）....126
乔治·盖洛德·辛普森（George
　　Gaylord Simpson）................60
乔治·居维叶（Georges Cuvier）
....39
乔治·夏勒（George Schaller）..37
鞘翅目，甲虫类（Coleoptera, beetles）
....12
切叶蚁（leaf-cutter）..........152, 154
亲生命性（biophilia）.............182
《清洁空气法》（Clean Air Act）
....180, 182
《清洁水法》（Clean Water Act）
....180, 182
犰狳（armadillo）........................82
蛆虫，双翅目幼虫（maggot，larval
　　dipteran）........................13, 41
雀鹰（*Accipiter* spp.）...................87

R

《人口论》（*An Essay on the Principle
　　of Population*）..........................52
《人类的起源和性别选择》（*The
　　Descent of Man and Selection in
　　Relation to Sex*）.......................50
《人类和动物的情感表达》（*The
　　Expression of Emotion in Man and
　　Animals*）...................................50
人择原理（anthropic principle）
..............................105, 106, 112, 115
《蠕虫活动对植物形成的影响》（*The
　　Formation of Vegetable Mould,
　　through the Action of Worms*）.. 50
弱人择原理（weak anthropic
　　principle，WAP）....................106

S

萨满（shaman）............................26
萨摩斯岛（Samos）....................29
赛达伯格湖，明尼苏达州（Cedar Bog
　　Lake，Minnesota）..............67-69
塞尔伯恩（Selborne）................45
《塞尔伯恩博物志》（*The Natural
　　History of Selborne*）.............45
塞伦盖蒂，坦桑尼亚（Serengeti，
　　Tanzania）..............................142
三叠纪（Triassic Period）..........119，
　　120, 126
三角龙，恐龙类（*Triceratops*,
　　Dinosauria）..........................120
三叶虫，三叶虫纲（trilobite,
　　Trilobita）................................39
森莺科（Parulidae）..............72, 73
沙漠朴果（*Celtis pallida*）..........91
沙希德·纳伊姆（Shahid Naeem）
....169
山毛榉（beech）...........................97
伤齿龙，恐龙类（*Troodon*,
　　Dinosauria）..........................127

蛇颈龙，蛇颈龙目（plesiosaur, Plesiosauria）.................121
神创论（creationism）.................11, 12, 34, 38
生存斗争（struggle for existence）.................53
《生活多美好》（It's a Wonderful Life）.................126
生命带（life zone）............132, 133
生命之树（tree of life）............... 50
生态崩溃（ecological meltdown）.................151, 152
《生态的剧场和进化表演》（The Ecological Theater and the Evolutionary Play）...................... 89
《生态学和田野生物学》（Ecology and Field Biology）...................... 90
《生态学基础》（Fundamentals of Ecology）.................61, 88, 89
生态学家联盟（Ecologists' Union）.................. 61
生态演替（ecological succession）.................. 62, 78, 79, 86, 88, 90, 165
生态足迹（ecological footprint）.................175
生物多样性抗性假说（diversity resistance hypothesis）............167
生物多样性-生态系统功能范式（biodiversity-ecosystem function paradigm，BEFP）.................170
生物多样性-稳定性争论（diversity-stability debate）......167
生物碱（alkaloid）.................154
生物群系（biome）............ 130-133
《生物生态学》（Bio-Ecology）.... 61

圣海伦斯山（Mount St. Helens）.................125
食虫莺（Helmitheros vermivorus）.................. 82
实际生态位（realized niche）..... 72
石炭纪（Carboniferous Period）.................136
始新世（Eocene Epoch）......44, 135
适合度（fitness）.......................... 53
世界卫生组织（World Health Organization）.............................. 9
《是什么困扰了恐龙？》（What Bugged the Dinosaurs?）.........121
适者生存（survival of the fittest）.................................... 53
鼠疫耶尔森菌(Yersinia pestis).................155
双色树燕（Tachycineta bicolor）.................139
水龙兽，合弓纲（Lystrosaurus, Synapsida）.................126
水星（Mercury）.................112
斯蒂芬·福布斯（Stephen Forbes）.................. 59
斯蒂芬·杰·古尔德（Stephen Jay Gould）..................97, 126
斯匹次卑尔根岛（Spitsbergen）.................66
苏格拉底（Socrates）.................. 31
苏格拉底问答法（socratic method）.................................... 31
苏梅克-列维彗星（Comet Shoemaker-Levy）.........2, 113
索诺拉带低海拔地区（Lower Sonoran Zone）.................133

索诺拉带高海拔区（Upper Sonoran Zone）...... 133
索诺拉沙漠（Sonoran Desert）....78

T

太阳风（solar wind）.......... 114, 115
太阳系（Solar System）...........2, 20, 27, 106, 109, 111, 113, 114, 128
唐纳德·布朗利（Donald Brownlee）..110
糖槭（*Acer saccharum*）.............. 84
绦虫，绦虫纲（tapeworm，Cestoda）..11
特里·鲁特（Terry Root）..........139
体外寄生虫（ectoparasite）......... 13
《天文学大成》（*Almagest*）......... 29
田雀鹀（*Spizella pusilla*）............ 84
条纹臭鼬（*Mephitis mephitis*）... 95
土星（Saturn）.......................3, 113
托勒密（Ptolemy）..................... 29
托马斯·亨利·赫胥黎（Thomas Henry Huxley）..................... 50
托马斯·杰斐逊（Thomas Jefferson）.. 39
托马斯·纳托尔（Thomas Nuttall）.. 85
脱氧核糖核酸（DNA）................ 7

W

瓦斯科·达·伽马（Vasco da Gama）................................. 37
弯嘴嘲鸫（*Toxostoma curvirostre*）................................91, 92, 95
威廉·穆尼（William Munny）.. 25
威廉·佩利（William Paley）..... 41
威廉·"西瓜"·博迪（William "Watermelon" Bodie）............. 76
威廉·詹宁斯·布赖恩（William Jennings Bryan）..................... 20
威斯康星的冰川（Wisconsin Glacier）..............................135
维克多·E.谢尔福德（Victor E. Shelford）............................. 61
唯物主义（materialism）........20, 28
《为什么大型凶猛的动物是稀有的》（*Why Big Fierce Animals Are Rare*）................................. 67
卫星卡戎（Charon）...........111
温科特鸟类俱乐部（Wyncote Bird Club）................................143
温室效应（greenhouse effect）...137
文艺复兴（Renaissance）............ 26
稳定选择（stabilizing selection）.. 55
沃尔特·阿尔瓦雷斯（Walter Alvarez）...............................123
乌步德，巴厘岛（Ubud，Bali）...10
无定（apeiron）....................... 29
无花果树，榕属（fig，*Ficus* spp.）...149
无毛辣椒（*Capsicum annuum* var. *glabriusculum*）.......................... 91
舞毒蛾（*Lymantria dispar*）...100-102
《物种起源》（*On the Origin of Species*）............ 35, 36, 41, 49-51, 56-58, 70, 75, 76

X

希波克拉底（Hippocrates）........ 30

吸虫，吸虫纲（fluke，Trematoda）
.... 11
锡达克里克，明尼苏达州（Cedar Creek，Minnesota）........166, 167
希克苏鲁伯（Chicxulub）..........123
希罗多德（Herodotus）..........30, 31
西尼罗病毒（West Nile virus）..... 9
喜帕恰斯（Hipparchus）.............. 29
夏威夷群岛（Hawaiian Islands）....37
现代人（*Homo sapiens*）............4, 5
小嘲鸫（*Mimus polyglottos*）.....142
小丘鹬（woodcock，*Scolopax minor*）................................. 16
小亚细亚（Asia Minor）............. 28
新生代（Cenozoic Era）
..............44, 81, 119, 120, 135, 162
熊岛（Bear Island）..................... 66
休厄尔·赖特（Sewall Wright）... 56

Y

鸦科（Corvidae）....................... 95
鸭嘴龙，恐龙类（hadrosaur，Dinosauria）...............................125
牙买加巨草蜥（*Celestus occiduus*）
....160
雅各布·马利（Jacob Marley）...171
亚伯拉罕·林肯（Abraham Lincoln）
.... 47
亚当·斯密（Adam Smith）
....51, 174, 180
亚当和夏娃（Adam and Eve）.... 18
亚里士多德（Aristotle）...28, 32, 34
亚利桑那州（Arizona）............. 91, 92, 132

亚历山大·冯·洪堡（Alexander von Humbold）................ 38
严重急性呼吸综合征（severe acute respiratory syndrome，SARS）
....154
盐肤木（*Rhus* spp.）..................... 84
叶绿素（chlorophyll）................. 93
伊甸园（Garden of Eden）...18, 104
伊夫林·哈钦森（Evelyn Hutchinson）
.... 72
伊洛瓦底江三角洲，缅甸（Irrawaddy Delta，Burma）........................187
一枝黄花（*Solidago* spp.）......... 84
异龙，恐龙类（*Allosaurus*，Dinosauria）................................ 39
翼龙，翼龙目（pterosaur，Pterosauria）
....122
银河（Milky Way）...................... 2
银泉，佛罗里达州（Silver Springs，Florida）................................ 69
银杏（*Ginkgo biloba*）..............118
英国自然历史博物馆（British Museum of Natural History）... 46
营养级联（trophic cascade）......145
尤金·奥德姆（Eugene Odum）
....61, 68, 79, 88, 89
尤卡坦半岛（Yucatan Peninsula）
....122, 123
有孔虫（foraminiferans）...........121
游隼（*Falco peregrinus*）.......15, 87
渔貂（*Martes pennanti*）............. 86
鱼鹰（*Pandion haliaetus*）.....15, 16
宇宙大爆炸（big bang）.......19, 21
原动力（Prime Mover）.............. 33
原鸽（*Columba livia*）................ 51

原核细胞（prokaryotic cell）.......109
原教旨主义基督徒（fundamentalist Christians）................................11
约翰·赫歇尔（John Herschel）.. 47
约翰·雷（John Ray）................. 40
约翰·洛克（John Locke）......173
约翰·缪尔（John Muir）..........181
约翰·斯格普斯（John Scopes）.. 20
约翰·特伯格（John Terborgh）..................................149, 151
约翰·詹姆斯·奥杜邦（John James Audubon）..........77
约塞米蒂国家公园（Yosemite National Park）......................... 76
约瑟夫·班克斯（Joseph Banks）...37
约瑟夫·胡克（Joseph Hooker）.. 48
约书亚·图克斯伯里（Joshua Tewksbury）........................ 91
月球（Moon）.............29, 111-113

Z

詹姆斯·E. 洛夫洛克（James E. Lovelock）............................... 79
詹姆斯·赫顿（James Hutton）... 39
詹姆斯·库克（James Cook）..... 37
詹姆斯·斯图尔特（James Stewart）................................126
占星家（astrologer）............3, 27
沼泽地（everglade）..........16, 144
真核细胞（eukaryotic cell）....109

《珍贵的地球：为什么复杂生命在宇宙中不常见》（*Rare Earth: Why Complex Life Is Uncommon in the Universe*）.......................... 110
真菌（fungi）............4, 5, 13, 95, 96
政府间气候变化专门委员会（Intergovernmental Panel on Climate Change）................................139
直立人（*Homo erectus*）............ 23
植物社会学家（phytosociologist）... 62
智能设计（intelligent design）.... 31
中地雀（*Geospiza fortis*）.......54, 55
终极生存游戏（ultimate existential game）.................................... 12
中生代（Mesozoic Era）............ 81, 113, 120, 127
中新世（Miocene Epoch）..........120
重要值（importance values）..64, 65
《侏罗纪公园》（*Jurassic Park*）... 12
主红雀（*Cardinalis cardinalis*）..82, 139
锥虫，原生生物界（trypanosome, Protista）...............................11
紫翅椋鸟（*Sturnus vulgaris*）...... 82
紫菀（*Aster* spp.）..................... 84
紫崖燕（*Progne subis*）............. 15
自然保护协会（Nature Conservancy）... 61
自然等级, 存在的巨链（scala naturae, the Great Chain of Being）...33, 127
自然经济（economy of nature）............................35, 41, 57, 61

《自然经济学标本学院》(*Specimen Academicum de Oeconomia Naturae*) 41
《自然神学》(*Natural Theology*) 41
《自然系统》(*Systema Naturae*) 40
自然选择 (natural selection) 47-58
自然主义谬误 (naturalistic fallacy) 6
自上而下的力量 (top-down force) 145, 151
自下而上的力量 (bottom-up force) 145
棕林鸫 (*Hylocichla mustelina*) 84, 87
棕柳莺 (*Phylloscopus collybita*) 46
棕树蛇 (*Boiga irregularis*) 161
棕熊 (*Ursus arctos*) 157
钻纹龟 (*Malaclemys terrapin*) 144

L. C. 伯奇 (L. C. Birch) 71, 146
M. D. 贝尔特尼斯 (M. D. Bertness) 144
n 维超体积 (n-dimensional hypervolume) 72
O. 帕克 (O. Park) 89
S. R. 帕伦比 (S. R. Palumbi) ...176
T. 帕克 (T. Park) 89
W. C. 阿利 (W. C. Allee) 89

其他

A. E. 埃默森 (A. E. Emerson) ... 89
B. S. 西利曼 (B. S. Silliman) 144
C. G. 琼斯 (C. G. Jones) 101
H. G. 安德鲁阿萨 (H. G. Andrewartha) 71
IPAT 公式 (IPAT formula) 174, 175
J. B. S. 霍尔丹 (J.B.S. Haldane) 11
K. P. 施米特 (K.P. Schmidt) 89